풍력발전사업
이론과 실제

풍력발전사업 이론과 실제

이 책은 공학적 지식이 부족해도 읽고 이해할 수 있도록 쉽게 설명되었다. 본문에 풍력의 기초 배경지식과 풍력개발의 개요를 먼저 설명하고, 풍력자원과 풍력터빈 기술, 풍력터빈이 줄 수 있는 환경영향(소음, 그림자 깜빡임, 경관, 조류 등) 및 민원사항을 다룬다. 나아가 전력시스템에서 풍력의 역할, 풍력사업개발 절차, 풍력발전단지 선정 및 배치 방법, 경제성 검토 방법과 신재생에너지 제도에 대해서도 포괄적으로 설명한다.

토어 위젤리어스(Tore Wizelius) _저
고경남, 김범석, 양경부, 허종철 _역

씨아이알

본 서적은 2016년도 산업통상자원부의 재원으로 한국에너지기술평가원(KETEP)의 에너지인력양성사업 「육해상 풍력터빈 신뢰성 및 발전량 향상을 위한 O&M 기술 고급트랙」으로 지원받아 수행한 인력양성 성과입니다. (No. 20164030201230)

저자 서문

풍력발전산업은 현재 세계의 백여 개국 이상에 새롭게 설치된 풍력발전단지의 규모면에서 급속히 성장하였다. 이 재생에너지원은 경쟁력이 있고, 기후변화의 대안이 될 수도 있으므로 앞으로도 계속 설치되어야 한다. 이러한 사실로부터 정책 입안자, 비정부기구, 연구원, 산업계와 일반 대중들이 풍력에 대한 기본 이해가 있어야 하는 것은 필수이다.

현재 풍력에 대한 서적의 대부분은 주로 엔지니어나 정책분석가 위주로 쓰였다. 이 책은 풍력 프로젝트에 관심이 있거나 계획하는 사람들을 위하여 특별히 집필되었고, 풍력 사업개발에 흥미가 있는 전문가와 비전문가 모두가 이해할 수 있도록 구성되었다.

풍력의 배경지식과 풍력단지 개발의 개요를 보여주고, 풍력자원과 풍력발전 기술을 설명하면서 저자는 풍력과 사회, 그리고 전력시스템에서 풍력발전의 역할과 그 상호작용을 탐사한다. 마지막으로 풍력단지 개발, 경제성과 신재생에너지 제도를 포함하는 사업개발의 주요 측면을 설명한다.

이 책은 새로운 풍력발전단지를 개발하는 전문가, 그리고 개발에 관계되거나 인허가 과정에 관계된 정부 공무원 및 컨설턴트에게 중요한 기준, 나아가 매뉴얼이 될 것이다. 또한 이 책은 학교나 대학에서 풍력에 관한 교과서로도 사용될 수 있을 것이다.

역자 서문

우리나라도 풍력발전단지가 육상을 넘어서 해상에도 건설되어 운전 중이다. 이제 재생에너지원 중 하나인 풍력은 과거와 같이 해도 되고 안 해도 되는 선택사항이 아니라 '해야만 하는' 필수사항이 되었다. 실제로 풍력단지를 건설하기 위하여 사업예정자는 어떻게 사업 전반을 계획할 것인지, 개발자는 무엇을 해야 하고, 지역 주민들은 어떻게 대응해야 하고, 인허가 기관인 지자체에서는 또한 어떻게 신재생에너지 보급 정책과 맞추며 일을 해나가야 할 것인지 난감할 때가 많은 것으로 보인다. 여기에 환경영향평가 및 환경단체의 요구사항까지 고려하면 풍력 프로젝트는 풀기에 너무나 어려운 고차방정식 같이 생각되는 게 적어도 각 분야 초심자의 심정이라 생각된다.

그동안 국내에도 풍력 관련 서적이 많이 출판되었고, 이는 풍력 관련 지식 확산 및 합리적인 정책 결정 등에 많은 기여를 했다고 확신한다. 그러나 풍력 전문가가 아닌 일반인이 보기에 풍력 관련 지식을 쉽게 설명한 서적을 찾기가 쉽지 않다고들 한다. 그러다 보니 풍력단지 개발에 대한 전체 그림을 파악하지 못한 채 어느 한 단면만 보고 각자 위치에서 맡은 일을 처리하게 되고, 이러한 언밸런스는 결국 풍력사업이 좌초되고, 지역사회의 갈등을 유발하는 원인이 되기도 한다. 이를 방지하기 위해서는 각자 자신이 하는 일이 어떻게 다른 일에 영향을 미칠 수 있는지 알고 풍력 관련 업무를 처리해야 한다.

이러한 때에 역자들은 일반인들도 읽고 쉽게 이해할 수 있는 본 서적을 찾아서 번역하게 되었다. 내용이 주로 유럽 국가들을 기준으로 서술되어 있어서 우리나라에 적용할 때 유의해야 하지만 대부분 적용이 가능하리라 판단된다. 이 번역서가 일반인들에게도 도움이 되겠지만, 풍력 전문가들도 자신의 분야 외에 참고할 만한 내용이 많아 역시 도움이 될 것으로 생각한다. 이 서적이 우리나라의 풍력산업을 발전시키고, 풍력사업 개발로 인한 사회갈등 요소를 경감시킴과 동시에 풍력기술 강국으로 가는 밑거름이 되었으면 한다. 이 서적이 나오기까지 도와주신 도서출판 씨아이알 관계자분들께 감사의 말씀을 전하고 싶다.

2020년 5월

역자 대표 **고경남**

목 차

CHAPTER 01 풍력발전 개발

CHAPTER 02 바람과 발전

CHAPTER 03 풍력터빈과 풍력발전단지

CHAPTER 06 사업 개발

CHAPTER 01

풍력발전 개발

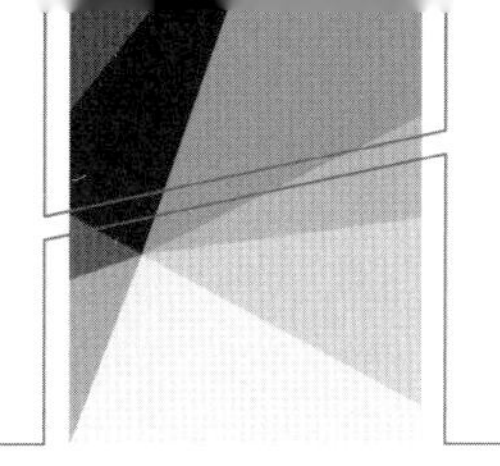

CHAPTER 01

풍력발전 개발

풍력발전산업은 1970년대 말을 기점으로 빠르게 성장했고, 지난 수십 년 동안 대체 에너지원 및 경제성 있는 전력생산이 가능한 풍력터빈 제조 등의 신성장산업으로 발전되었다. 풍력터빈은 바람의 운동에너지를 기계적인 일(워터 펌프 또는 곡물 분쇄) 또는 전기에너지로 변환하는 장치이다. 재생에너지원인 바람은, 태양 복사에 의한 대기 온도 및 기압의 차이에 의해 발생한다. 풍력터빈은 환경에 나쁜 영향을 미치는 화석연료를 사용하지 않으며, 대기오염 및 심각한 공해물질을 배출하지 않는 청정에너지를 생산한다.

태양, 바람, 흐르는 물은 재생에너지원으로 분류되며, 석탄, 석유, 가스 등은 화석연료로 분류된다. 지금까지 가장 성공적으로 개발된 재생에너지원은 풍력발전이다. 많은 국가에서 수력발전을 이용하여 전기에너지를 생산하고 있으며, 태양 집열기 및 태양광 패널을 통해 태양 복사에너지를 직접 이용하는 기술은 상업적인 돌파구를 마련했으나, 완전한 개발까지는 약 10년의 시간이 필요하다. 2014년에는 태양광발전이 풍력발전보다 더 많이 설치될 것으로 예상된다.

현대식 풍력터빈은 효율적이고, 높은 신뢰성을 가지며 합리적인 비용으로 전력을 생산한다. 풍력발전산업은 매우 빠른 속도로 성장하고 있으며, 산업 성장을 선도한 기업들은 지난 10년 동안 약 매년 30~40%의 성장률을 기록했다. 새로운 세대의 풍력터빈이 시장에 등장할 때마다 발전단가 또한 지속적인 하락추세를 보여왔다.

1980년대 초 이후로 풍력터빈 설비용량은 4년 주기로 약 2배씩 증가해왔다. 현재의 풍력터빈 설비용량은 약 3~6MW 규모이고, 로터직경은 120m 이상, 타워 높이는 140m 이상에 이른다. 해상풍력발전용으로 개발 중인 시제품들은 이보다 더 큰 규모를 갖는다.

풍력터빈 기술은 다양한 방법으로 개발되었다. 제어시스템 가격은 지속적으로 감소하였으나 기술적으로는 더욱 진보되었다. 새로운 블레이드 형상은 바람에너지를 더욱 효율적으로 회수할 수 있고, 새로운 전기제어장치들은 풍력터빈의 가변속도 운전을 가능하게 했으며, 더욱 최적화된 이용률을 얻을 수 있었다.

풍력터빈 설비용량이 증가한 것과 마찬가지로, 풍력단지에 설치된 터빈 대수 또한 지속적으로 증가했다. 풍력발전 개발 초기에는 농장 옆에 풍력터빈 한 대가 설치되는 것이 일반적이었으나, 몇 년 후에는 2기 또는 5기씩 그룹을 이루어 설치되기 시작했다. 오늘날에는 전통적인 발전소와 대등한 규모의 대규모 육상 및 해상풍력단지들이 건설되고 있으며, 수백 대의 풍력터빈들로 이루어진 초대형 풍력단지들이 세계 각지에서 개발되고 있다.

변동성을 갖는 바람을 에너지원으로 사용하는 것은 도전적인 일이다. 바람이 거의 불어오지 않거나 멈추어 있는 경우에는 타 발전소로부터 전력이 생산되어야 한다. 이는 풍력단지와 같은 용량의 백업 발전시설이 필요할 수 있다는 의미이며, 이 경우 풍력발전에 매우 큰 비용이 소요될 수 있다. 그러나 풍력발전은 거대한 전력망에서 일부를 차지하기 때문에 적당한 비율로 설치된 풍력발전단지를 위한 백업 발전시설은 불필요하다. 스칸디나비아는 바람이 많이 불어올 때는 전력회사가 물을 수력 댐에 저장해두고, 반대로 바람이 없는 경우에는 수력발전을 통해 전력을 생산하고 있다.

계절 변화와 마찬가지로 하루 중 전력 소비량은 지속적인 변화를 보인다. 모든 전력시스템은 전력생산량을 실제 전력 소비량에 맞게 조정할 수 있는 여유 용량을 갖추고 있으며, 풍력터빈의 출력 생산량 및 바람의 변동성에 대응하기 위한 용도로 사용될 수 있다. 풍력발전 설비용량이 전체 발전설비용량의 10~20%에 도달한 경우에는 풍력발전량의 조정이 필요할 수도 있다. 바람이 많이 불어오는 날에 전력 소비량이 적을 때는 풍력터빈의 발전출력을 낮추거나, 또는 전력생산량과 소비의 단기 균형을 맞추는 데 사용될 수 있는 예비전력을 유지한다. 일부 국가들은 이미 전체 발전량의 10~20%를 풍력발전으로 공급하고 있다.

농장 등에 설치된 소형 풍력터빈에서 유틸리티 규모의 대형 풍력발전단지에 이르는 개발과정을 거쳐 오면서 풍력발전 경쟁력은 크게 향상되었고 발전단가는 하락했다. 최근의 풍력발전단가(바람 자원이 우수한 지역 기준)는 석유, 석탄, 가스 또는 원자력발전과 경쟁 가능한 수준에 도달했으며, 풍력발전은 향후 10년 이내에 가장 저렴한 발전원 중 하나가 될 것으로 전망된다.

표 1.1 세계 풍력발전 개발 2014/2015(MW)

국가	설치 2014	합계 2014/2015
중국	23,351	114,763
미국	4,854	65,879
독일	5,279	39,165
스페인	28	22,987
인도	2,315	22,465
영국	1,736	12,440
캐나다	1,871	9,694
프랑스	1,042	9,285
이탈리아	108	8,663
스웨덴	1,050	5,425
덴마크	67	4,845
기타	7,203	43,883
합계	51,477	369,553

출처: GWEC, 2015; EWEA, 2015

지난 수년간 중국시장이 가장 높은 성장률을 보였고 2015년 초반을 기준으로 중국이 세계 최대의 풍력터빈 설치용량을 보유하고 있다. 미국은 두 번째로 많은 설치용량을 갖고 있으며, 주로 중서부 지역 및 서부 해안지역에 대규모 풍력단지가 건설되어 있다. 유럽은 1994년부터 독일이 덴마크를 추월하여 유럽국가 중 가장 많은 풍력발전 설비용량을 갖추고 있으며, 다음으로 21세기 초에 수천 메가와트의 대규모 풍력터빈을 설치한 스페인이 그 뒤를 따르고 있다 (표 1.1, 그림 1.4 참조). 최근에는 호주, 브라질, 아일랜드, 캐나다, 폴란드 등과 같은 높은 성장 잠재력을 갖는 신흥시장에서 많은 풍력발전단지가 개발되고 있다.

최근 해상풍력발전 확대 계획이 활발히 수립되고 있는데 덴마크, 영국, 네덜란드, 스웨덴에서는 이미 일부 해상풍력단지개발이 완료되었다. 덴마크는 2030년까지 전력 소비량의 50%를 풍력발전으로 공급한다고 결정했고, 대형 해상풍력단지의 개발을 통해 목표달성이 거의 실현 단계에 근접하고 있다. 영국 또한 해상풍력발전 중심의 개발 목표를 수립했다.

2014년에는 전 세계적으로 약 51,500MW의 신규 풍력터빈들이 계통에 연계되었고, 총 누적 설비용량은 전년도 대비 16% 증가한 370GW에 도달했다. 총 370GW의 풍력터빈으로부터 755TWh의 전력생산이 가능하며, 약 1억 7,000만 가구에 필요한 전기를 공급할 수 있다. 덴마크는 2014

년에 필요 전력량의 39%를 풍력발전으로 공급했다. 이를 석탄 화력발전으로 공급하기 위해서는 2억 5,500만 톤의 석탄이 필요하며, 연료 운송에 필요한 255,000대의 철도 또는 12,000,000대의 도로 운송수단으로부터 약 5억 3,000만 톤의 이산화탄소가 배출될 수 있다.

Box 1.1 풍력발전 통계

특정 국가에서 얼마나 많은 풍력발전이 개발되었는지를 이해하기 위해 총 설치용량을 평가수단으로 사용할 수 있다. 모든 풍력터빈은 수백 W에서 5,000kW(5MW)에 달하는 정격출력(최대출력)을 갖는다. 풍력터빈의 설치 대수만으로는 얼마나 많은 전력을 생산하는지를 알 수 없다. 풍력터빈의 전력생산량은 정격출력과 바람 자원에 따라 달라진다. 특정 설치용량으로부터 얼마나 많은 에너지를 얻을 수 있는지를 추정하기 위해, 1MW의 풍력터빈이 육상에서 2GWh/y, 해상에서 3GWh/y의 에너지를 생산한다는 단순한 경험적 수치를 적용할 수 있다. 최근에 상용화된 수 MW급 풍력터빈들은 육상 2.5GWh/y, 해상 4GWh/y의 에너지를 생산한다고 가정할 수 있다.

1TWh(terrawatt hours) = 1,000GWh(gigawatt hours)
1GWh = 1,000MWh(megawatt hours)
1MWh = 1,000kWh(kilowatt hours)
1kWh = 1,000Wh(watt hours)

풍력터빈 설치에 대한 세계 현황 정보는 아래의 웹사이트에서 확인할 수 있다.
www.wwindea.org, www.ewea.org, www.gwec.net, www.ieawind.org

지난 30년 동안 풍력발전은 매우 빠른 속도로 개발되었다. 1970년대 후반과 1980년대 초반에는 소형 풍력터빈들이 작은 공장에서 제작되었으며, 주로 농장 옆에 설치되었다. 그로부터 30년 후, 육상 및 해상풍력단지들이 주요 발전원에 통합되었으며, 미국의 GE, 독일의 Siemens 등과 같은 세계적인 기업들에 의해 대형 풍력터빈이 제작되고 있다. 2014년 한 해 동안 세계 전력수요량의 약 5%가 풍력발전으로 공급되었으며(WWEA, 2015), 이 비중은 더욱 확대될 것이다.

지난 수천 년 동안 바람에너지는 주로 선박의 운항 및 곡물 등의 분쇄에 이용되었다(Hills, 1996). 전기에너지 생산을 목적으로 하는 풍력터빈은 덴마크의 Paul laCour에 의해 최초로 개발되었으며, 1902년에 덴마크 Askov에서 세계 최초의 계통연계형 풍력터빈이 상업운전을 시작했다. 1920년대부터 수십 년 동안, 전력망이 연결되지 못한 미국의 교외 지역에서 풍력터빈들이 주로 배터리 충전을 위해 사용되었으며, 당시 유럽 또한 소형 풍력터빈의 사용이 일반화되어 있었다. 1950년대에 들어서 AC 계통에 전력공급이 가능한 풍력터빈Gedser-möllan이 개발되었고, 이는 덴마크의 연구자와 기술자들에게 좋은 개발 경험이 되었다. 그러나 이후 저렴한 가격으로 화석연료가 충분히 공급되면서부터 풍력발전의 시장경쟁력이 점차 약화되었다.

현대의 풍력발전산업은 덴마크에서 1970년대 후반부터 시작되었으며, 지금까지 지속적인 성장을 이어오고 있다. 덴마크 풍력발전산업의 성공을 시작으로 약 40년이 지난 오늘날에 이르기까지 풍력발전산업은 전 세계로 크게 확대되고 있다.

지속적인 풍력터빈 대형화

이 책에서 중점적으로 다루는 계통연계형 풍력터빈개발이 시작된 1970년대 후반 및 1980년대 초반에는 규모가 작았다. 당시의 일반적인 풍력터빈 허브높이는 20m 수준이었다. 격자형 타워 상단에 설치된 나셀 내부의 발전기 용량은 20~40kW였고, 로터직경은 약 15m, 회전면적은 175m^{2}에 불과했다(그림 1.1 참조).

그림 1.1 1980년대 초반의 전형적인 풍력터빈. Gotland 지역의 Lovsta Agricultural School에 설치된 35kW의 정격출력, 18m 높이의 타워를 갖는 Vestas V15 풍력터빈(사진: Tore Wizelius)

2010년까지 허브높이 160m, 정격출력 7.5MW 이상, 로터직경은 약 130m(그림 1.2 참조)에 달하는 대형 풍력터빈들이 개발되었으며, 현재는 정격출력이 10~15MW에 달하는 초대형 풍력터빈들이 개발되고 있다.

그림 1.2 스페인 터빈제작사(Gamesa)에서 새로이 출시한 정격출력 4.5MW, 120m 허브높이, 로터직경 128m의 Gamesa G128 대형 풍력터빈

특정 연도의 가장 일반적인 정격출력을 갖는 풍력터빈을 기준으로, 1970년대 초 이후부터 매 3~4년마다 평균 약 2배씩 크기가 증가해왔으며, 정격출력이 증가함에 따라 허브높이와 로터직경 또한 동시에 증가했다(그림 1.3 참조).

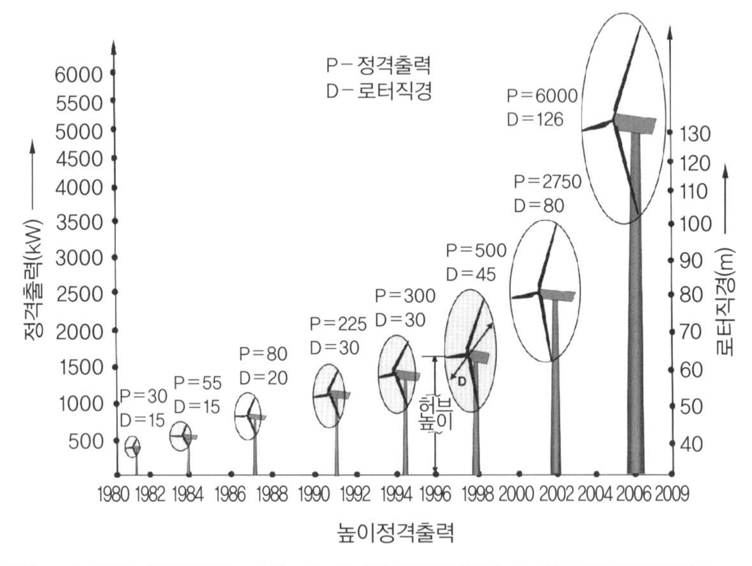

그림 1.3 풍력터빈 크기 변화. 풍력터빈 크기는 3, 4년에 2배씩 빠른 속도로 증가해왔다(Earnest & Wizelius, 2011).

일찍 시작한 나라와 최근 풍력기술 선도 국가들

북유럽에 위치한 비교적 작은 국가인 덴마크는 전력계통에 연계된 풍력단지개발 외에도 풍력터빈 기술개발을 선도해왔다. 계통연계형 풍력터빈의 설치용량변화를 살펴보면, 1980년대에 미국 캘리포니아에서 일시적인 풍력단지개발 붐이 일었던 시기를 제외하고는 1970년대부터 1990년대 초반까지 덴마크가 관련 산업을 선도해왔다.

1994년 이후부터는 독일이 덴마크를 추월하여 약 10년 동안 세계 최대 풍력터빈 설치 국가로 기록됐고, 21세기 초까지 스페인이 그 뒤를 따랐다. 2007년에 들어서는 미국이 독일을 제치고 세계 최대 풍력터빈 설치 국가로 기록되었으나, 이후 중국이 매년 100% 이상의 기록적인 성장률을 보이면서 2010년부터 수년간 1위 시장을 유지해왔다(그림 1.4 참조).

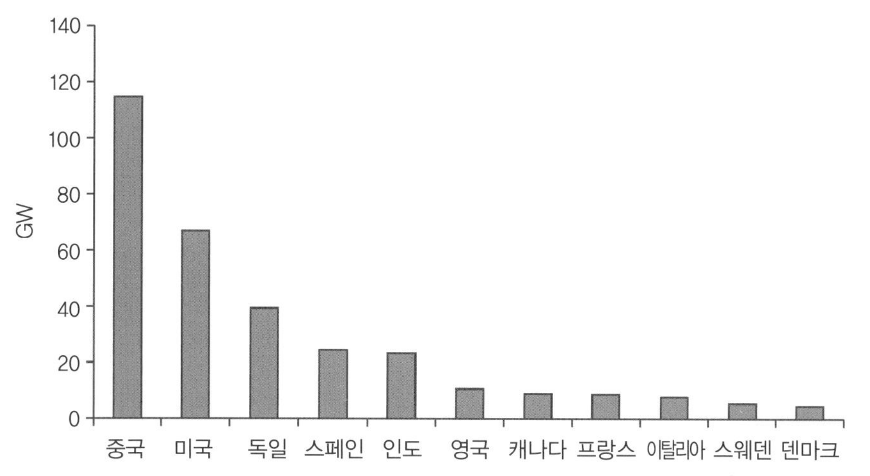

그림 1.4 2014/2015년 기준 국가별 설치용량(GW) (출처: GWEC 2015 자료를 이용하여 재작성)

풍력터빈의 설치용량 측면에서, 상대적으로 규모가 작은 덴마크 등의 국가와 인도, 중국, 미국 등의 거대 국가를 비교하는 것은 타당하지 않을 수 있다. 따라서 풍력발전이 국가 전력공급에 차지하는 비중을 비교하는 것이 더 나은 방법일 수 있으며, 이 경우 2014년 기준으로 덴마크가 가장 많은 풍력에너지 보급률을 보인다. 중국과 미국은 세계 최대의 풍력터빈 설치용량을 보유하고 있지만, 스웨덴보다 적은 풍력에너지 보급률을 나타낸다(표 1.2 참조).

표 1.2 풍력발전 비중, 2013

국가	풍력발전 비중(%)
덴마크	33
포르투갈	17
스페인	16
아일랜드	15
독일	12
....	
스웨덴	7

다른 방법으로는 1인당 또는 단위 면적당 풍력발전설비용량을 국가 간의 객관적인 비교지표로 사용할 수 있다(그림 1.5, 1.6 참조).

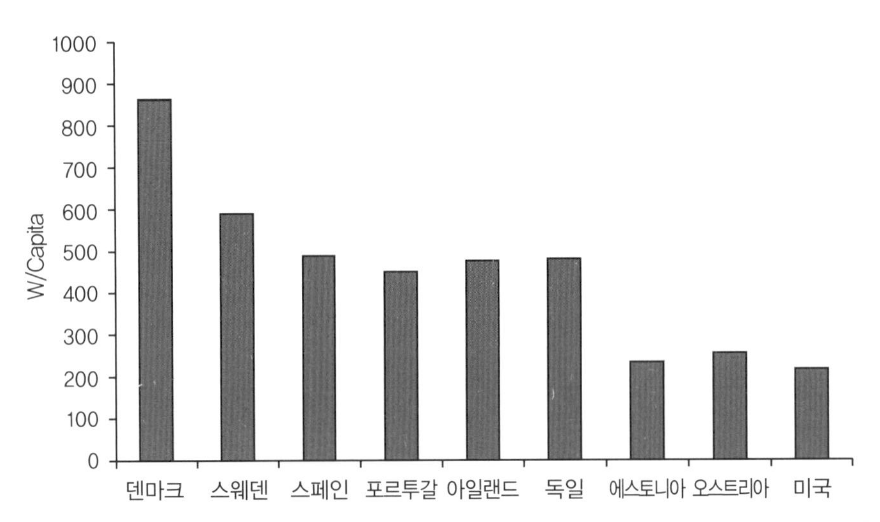

그림 1.5 2014/2015년 기준의 1인당 풍력발전용량. 덴마크가 다른 국가들에 비해 여전히 높은 위치에 있으며, 스웨덴은 스페인과 비슷한 수준으로 2위를 차지하였다(출처: GWEC 2015, EWEA 2015 자료를 이용하여 재작성).

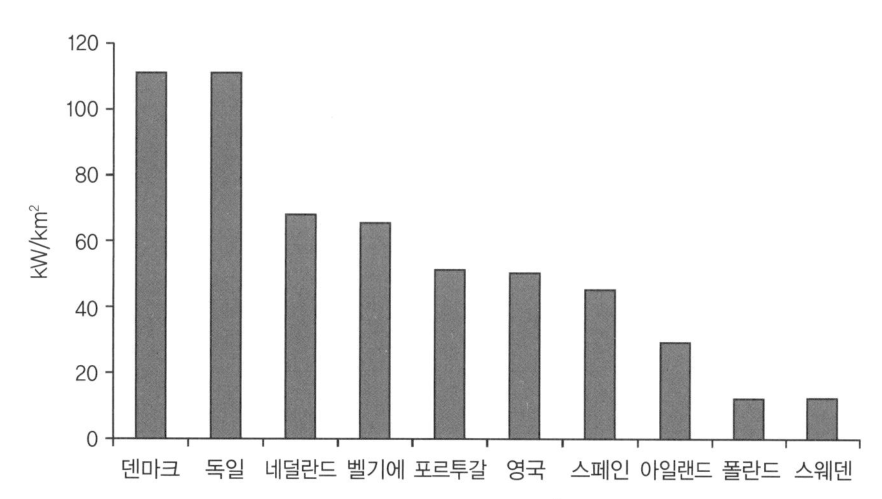

그림 1.6 2014/2015 기준의 단위 면적당 풍력발전용량(kW/km^2). 독일과 덴마크가 가장 앞서 있으며, 스웨덴이 가장 작은 것으로 나타났다. 이 자료를 통해 세계 각국에서 여전히 많은 풍력단지개발 가능지역이 존재한다는 것을 알 수 있다(출처: GWEC 2015, EWEA 2015 자료를 이용하여 재작성).

풍력발전산업

풍력발전산업은 1970년대 석유파동 이후로 확대되기 시작했으며, 1980년대 해리스버그와 체르노빌 원전사고로 인해 크게 활성화되었다. 이때부터 각국의 정치인들은 공익목적의 새로운 에너지 공급 대안을 찾기 시작했으며, 태양광, 바이오매스 연료, 수력 및 풍력발전 등의 재생에너지 개발에 관심을 가졌다.

1990년대에는 세계 기후변화 문제를 유발하는 이산화탄소 및 온실가스 배출에 대한 관심이 큰 폭으로 증가했다. 전기에너지 생산을 위한 화석연료의 사용이 온실가스 배출량 증가의 주된 원인임이 밝혀짐에 따라 에너지 정책과 환경 정책이 서로 긴밀한 관계를 갖게 되었으며, 1992년 브라질 리우데자네이루에서 개최된 UN 환경 컨퍼런스 이후부터 재생에너지로의 전환 필요성이 크게 대두되었다.

이후 각국 정부에서 재생에너지 연구개발에 대한 투자 결정이 이어졌고, 성공적인 에너지전환을 위해 자국의 대형 전력기업들과 항공 관련 기업들에 풍력발전 개발 확대를 주문했다.

스웨덴, 독일, 영국, 네덜란드, 미국 등 다수국가들이 국가적 차원의 대규모 전력공급에 필요한 수 MW의 정격용량을 갖는 대형 풍력터빈개발 프로그램에 착수했으며, 1980년대에 들어 일부 국가에서 매우 큰 설비용량을 갖는 연구용 풍력터빈이 설치되기도 했다. 스웨덴은 정격용량

2~3MW 규모의 Nasudden I과 Maglarp 프로토타입 풍력터빈을 설치하였고 이와 유사한 규모의 연구용 풍력터빈들이 미국과 독일에서도 설치되었다. Paul Gipe는 그의 저서인 『Wind Energy Comes of Age』(Gipe, 1995)에서 이러한 대형 풍력터빈들이 상업적으로는 큰 성공을 거두진 못했으나 풍력산업계에 유용한 경험을 제공했다고 기술하고 있다.

그림 1.7 스웨덴 Nasudden 지역에 설치된 터빈 시제품의 철거. 2008년 6월, 신형 풍력터빈을 설치하기 위해 3MW급 시제품을 철거(사진: Ivo Palu)

덴마크의 성공 사례

덴마크는 풍력발전시장을 창출하기 위해 완전히 다른 전략을 추구했다. 관대한 투자보조금 제도를 도입했고, 정부는 풍력발전으로부터 생산된 전력에 대해 높고 신뢰할 수 있는 가격을 보증했기 때문에 투자자들은 비용을 회수할 수 있다는 확신이 있었다. 덴마크 의회의 모든 정당들이 이 정책을 지지하는 상호 간의 정치적 공감대를 형성했다.

풍력터빈 제조를 시작한 덴마크 기업들은 완전히 다른 분야에서 활동하던 기업들이었는데, 대부분 농작을 위한 쟁기 및 농기구를 제작하는 중소기업들이었다. 이들은 농업에 활용할 수 있는 20~100kW급 소형 풍력터빈을 제작했다(그림 1.1 참조).

농부들은 모든 기상조건에 대해 높은 신뢰성을 갖는 강건한 기계를 원했고, 농장 내 작업장에서 고장 수리가 가능할 수 있기를 원했다. 덴마크 기업들은 이러한 원칙에 따라 풍력터빈을 제작했고, 고급기술을 채택하지는 않았지만 단순하고 우수한 내구성을 가질 수 있었다. 첫 번째로 15~20m 높이의 20~30kW급 터빈이 개발되었고, 이후 해마다 터빈 크기가 조금씩 증가했다. 이 회사들은 충성도가 높은 대규모 고객들과 견고한 시장을 가지고 있었기 때문에 풍력터빈은 이들이 생산하는 주력 제품이 될 수 있었다.

여전히 재정적 위험이 존재함에도 불구하고 많은 농부가 풍력터빈을 구매했고, 환경 위기를 걱정하는 일반 대중들은 풍력발전협동조합을 결성했다.

Risoe에 있는 풍력발전연구센터에서 시험과 인증이 이루어졌다. 풍력터빈제작사는 풍력터빈 개발 방향에 대한 좋은 아이디어를 가진 연구원들로부터 결과를 피드백받을 수 있었다. 풍력터빈의 설치 대수가 증가함에 따라, 연구원들과 제작사들은 수백 대의 실제 운전 중인 풍력터빈으로부터 가치 있는 데이터를 얻을 수 있었다.

풍력터빈 정격출력은 1980년대 초 20kW에 불과했으나, 2000년에 들어서 2MW까지 확대되어 20년 만에 100배 증가하는 결과를 보였다. 지난 1980년대에 이루어진 투자보조금 지원정책에 근거한 상업발전시장 창출전략은 고급 기술개발프로젝트 중심의 투자전략에 비해 더 큰 성공을 거두게 된 요인이 되었다.

독일과 스페인의 약진

독일은 풍력발전 개발을 위해 100MW 개발 프로그램을 시작했으며 이는 이후 250MW 규모로 확장되었다. 덴마크는 빠르게 성장하는 새로운 시장을 가지고 있었으나, 독일은 덴마크 기업들과 경쟁을 시작한 제조업체에 많은 지원을 시작했다. 독일과 덴마크는 풍력발전에 대한 경제적 지원을 에너지와 환경 정책뿐만 아니라 제조업 성장을 통한 신규 고용창출 및 국가 경제 활성화를 위한 산업 정책의 관점에서도 바라보고 있었다.

스페인은 지난 2000년부터 전력기업들의 활발한 활동에 힘입어 풍력발전 분야에서 주목할 만한 성장을 기록했다. 스페인의 대규모 풍력단지개발은 에너지 정책뿐만 아니라 지역산업 정책과도 밀접한 관계에 놓여 있었다. 스페인 북서부 지역 애틀랜틱 연안의 조선소들이 풍력발전 관련 기업들에 의해 인수되었고, 조선산업 경기침체로 인해 어려움을 겪던 이 지역에서 많은 신규 고용창출이 이루어졌다. 이 시기에 스페인의 풍력터빈 제조 내수산업이 크게 활성화되었다.

아시아의 개척자 인도와 중국의 급격한 성장

인도는 아시아 지역의 풍력발전 개발에 선구적인 역할을 했다. 1990년대에 일부 유럽 풍력터빈제작사들이 현지 공장과 합작회사를 설립했고 인도 기업들 또한 자체적인 풍력터빈 제작을 시작했다. 오늘날 가장 성공한 인도 제작사는 Suzlon이며, 유럽의 제작사들과 세계시장에서 경쟁하고 있다(Earnest & Wizelius, 2011).

중국은 인도에 비해 약 10년 정도 늦게 풍력발전 개발을 시작한 후발주자였다. 1995년에 실증용으로 38MW의 소형 풍력터빈을 설치했으며, 2003년까지 매년 약 50~100MW 규모의 신규 풍력터빈을 설치하였다. 2004년에는 197MW의 새로운 풍력터빈이 설치되었으며, 2004~2005년까지 중국 내 총 누적 설치용량은 764MW에 불과했다.

이후 2004(503MW), 2005(1,337MW), 2006(3,304MW), 2007(6,246MW), 2008(12,209MW), 2009(25,810MW) 등 매년 100% 이상의 기록적인 성장을 이어갔고, 2013/2014년에 115,000MW의 풍력터빈이 설치된 이후로 중국이 세계 최고시장이 되었다. 풍력발전산업은 중국에서 성공적으로 안착했으며 이러한 고속성장 추세는 향후 수년간 이어질 수 있을 것으로 전망된다. 과거에는 중국, 인도, 덴마크, 미국, 독일, 스페인 등의 일부 국가를 중심으로 풍력발전시장이 급격하게 성장했으나, 2007~2008년부터 캐나다, 호주, 브라질, 프랑스, 포르투갈 등지에서도 풍력단지개발이 시작되었다. 현재에는 풍력발전이 모든 대륙(약 100개국 이상)에서 개발되고 있으며(WWEA, 2013) 그동안 풍력단지개발이 거의 이루어지지 않은 국가들은 향후 몇 년 동안 시장이 빠르게 성장할 것으로 보인다.

상업용 풍력터빈들은 현재 계속 대형화되고 있으며, 1980년대의 대규모 연구개발지원을 통해 설치된 프로토타입 터빈의 정격용량을 초과하고 있다. 과거에 비해 더욱 경제적이고 높은 신뢰성을 보이는 요즘 풍력터빈들의 대형화 추세가 강화될수록 발전단가는 하락하고 있다.

같은 기간 동안 풍력단지개발 또한 대규모화되었다. 1980년대에 소형 단일 풍력터빈이 농장에 설치된 이후로, 1990년대에는 3~10기의 풍력터빈이 그룹을 지어 설치되었으며, 유럽에서는 대규모 전력회사들의 투자를 통해 2000년부터 대형 해상풍력단지개발에 집중하고 있다. 오늘날 풍력발전은 많은 국가에서 큰 사업기회를 제공하는 주요 산업으로 인식되고 있다.

수요와 공급

지난 2005년부터 2008년까지 풍력터빈 수요가 공급을 초과하는 문제로 인해 풍력터빈을 주문한 단지 개발자들은 터빈의 납품까지 수년을 기다려야 했다. 특히 한 대 또는 소량 주문은 거의 불가능했고, 터빈제작사들은 대량주문을 선호했다. 이러한 판매자 중심의 시장에서 터빈 가격이 계속 상승했으며, 모든 터빈제작사 및 주요 부품제작사들은 생산 공장을 빠르게 확장해 나갔다.

합병 기간이 지난 후, 일부 규모가 크고 잘 통합된 제작사들이 시장을 지배하기 시작하면서부터 General Electric, Siemens 등과 같은 전력사업을 추구하는 거대 기업들이 풍력터빈 제작을 시작했고, 급속도로 늘어난 터빈 구매수요는 이들 제작사의 사업을 공고히 하는 데 새로운 기회가 되었다. 지난 몇 년간 Bard(독일), Leitwind(이탈리아), Goldwind(중국), Sinovel(중국) 등과 같은 많은 새로운 터빈제작사가 등장했다.

중국에서는 2005년부터 풍력발전이 크게 성장하기 시작했고, 지금은 약 20여 개의 제작사들이 상업용 풍력터빈을 생산하고 있다. 새로운 제작사와 공장들이 아르헨티나, 캐나다, 한국 및 기타 국가들에서 등장하였고, 이들은 주로 엔지니어링 회사 또는 합작회사로부터 라이선스를 얻는 방식으로 노하우를 획득하여 터빈을 제작하고 있다.

2011년에 이르러 풍력터빈 수요와 공급이 균형을 이루기 시작했다. 2008년에 시작된 세계금융위기의 여파로 주로 미국에서 대형 풍력단지개발 프로젝트들이 무산되기도 했으나, 시장은 곧 회복되었다. 아시아 지역의 일부 제작사들은 높은 가격경쟁력을 갖는 풍력터빈을 세계시장에 출시하기 시작했으며, 풍력터빈의 대형화 및 가격하락은 풍력발전의 경쟁력 강화에 중요한 역할을 했다.

해상풍력

덴마크는 해상풍력 분야에서도 선구적 역할을 해왔다. 이 작은 국가는 이미 1980년대 초에 풍력발전 개발 계획을 수립했고, 이 계획에 따라 1990년대 초에 해상풍력터빈을 설치하였다. 세계 최초의 해상풍력단지가 Vindeby 지역에 건설되었고, 몇 년 후에는 Tuno Knob에 두 번째 해상풍력단지가 조성되었다. 이러한 경험을 바탕으로 대규모 해상풍력단지들이 건설될 수 있었으며, 덴마크는 2030년까지 국가전력수요량의 약 50%를 풍력발전으로 공급할 수 있을 것으로 보인다. 덴마크가 해상풍력개발에 나선 이유는 제한된 육상 설치면적과 해상에서의 바람 자원이 더 우수하기 때문이다. 해상풍력 설치비용은 육상풍력에 비해 약 40~50% 더 소요되지만, 더 많은 에너지를 생산할 수 있기 때문에 발전단가 측면에서는 서로 비슷한 수준으로 평가된다.

지난 수년간 2MW 터빈 80기가 각각 설치된 Horns Rev와 Nysted 해상풍력단지는 2단계 확장개발이 진행되었다. 현재까지 세계 최대의 해상풍력단지는 2013년에 개발된 Anholt 해상풍력단지이다. 400MW 규모의 Anholt 해상풍력단지에는 3.6MW 풍력터빈이 111기가 설치되어 있으며 덴마크 전체 전력의 약 4%를 공급한다.

스웨덴, 네덜란드, 독일에서도 해상풍력단지들이 건설되었다. 2014/2015년에 영국은 지금까지 가장 많은 4,494MW의 해상풍력단지들을 계통에 연계했다. 이는 당시까지의 총 누적 해상풍력단지설치용량인 8,771MW의 절반을 넘어서는 실적이다(GWEC, 2015). 유럽 내 다수국가들이 원자력발전소와 대등한 규모의 전력생산이 가능한 대형 해상풍력단지개발에 나섰다. 가장 최근에 개발된 5~6MW 풍력터빈들은 주로 해상풍력 시장에 진출하기 위한 기종들이다.

리파워링

풍력발전이 새로운 산업이기는 하지만 많은 풍력터빈이 1980년대에서 1990년대 초에 설치되어 노후화에 따른 교체 수요가 나타나고 있다. 이러한 수명 종료에 따른 설비교체과정을 리파워링이라고 한다. 우수한 바람 자원을 갖는 지역에 설치된 소형 풍력터빈들을 대형 풍력터빈 몇 대로 교체할 경우 발전량이 크게 증대될 수 있다. 스웨덴의 Gotland 지역에서는 노후화된 150kW, 500kW급 풍력터빈 17기를 3MW 풍력터빈 6기로 리파워링했다. 터빈의 설치 대수는 2/3가 줄었으나 이전 대비 약 4배 이상의 전력을 생산하고 있다. 이와 유사한 리파워링 작업이 독일의 Fehmarn섬 및 일부 지역에서 실시되었으며, 발전량이 기존에 비해 크게 증가될 것으로 기대하고 있다.

1980년과 1990년대의 풍력발전은 에너지 공급원으로써 제한적인 수준의 역할에 그치는 대체

에너지원으로 인식되었다. 오늘날의 풍력발전은 시장 수용성을 확보하였고, 경쟁력 있는 에너지원으로써 세계시장에 성공적으로 안착하고 있다.

풍력발전산업 전망은 매우 밝은 것으로 평가된다. 덴마크, 독일, 스페인, 중국, 미국, 인도는 지금까지 자국의 풍력발전산업을 개발해왔고, 현재도 많은 풍력단지개발을 진행 중이다. 향후에는 바람 자원이 더 우수하고 대규모 단지 조성이 가능한 해상풍력발전이 지금보다 더 빠르게 성장할 것이다. 오늘날 일부 육상 및 해상풍력단지는 수 MW급 풍력터빈들이 수백 대씩 설치되어 1,000MW 이상 규모로 건설되어 있으며, 원자력발전소와 대등한 전력생산이 가능하다.

:: 참고문헌

Earnest, J., & Wizelius, T. (2011) *Wind Power Plants and Project Development*. New Delhi, India: PHI Learning.

EWEA (2014) *The European Offshore Wind Power Industry: Key Trends and Statistics*, 2013. Brussels: EWEA. Accessed 2 December 2014 at http://www.ewea.org/fileadmin/files/library/publications/statistics/European_offshore_statistics_2013.pdf

EWEA (2015) 'Wind in Power, 2014 European Statistics'. Accessed 7 March 2015 at www.ewea.org/statistics/european/

Gipe, P. (1995) *Wind Energy Comes of Age*. Chichester: John Wiley.

GWEC (2015) 'Global Wind Statistics'. Accessed 7 March 2015 at www.gwec.net/wp-content/uploads/2015/02/GWEC_GlobalWindStats2014_FINAL_10.2.2015.pdf

Hills, R. L. (1996) *Power from Wind*. Cambridge: Cambridge University Press.

WWEA (2013) *Wind Energy International 2013/14*. Bonn: World Wind Energy Association.

WWEA (2014) *World Wind Energy Report 2013*. Bonn: World Wind Energy Association.

CHAPTER 02
바람과 발전

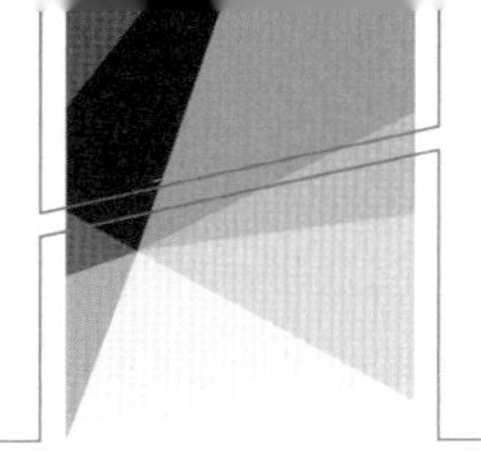

CHAPTER 02

바람과 발전

바람은 태양이 있기 때문에 불고 있다. 태양 복사열은 지구 표면을 가열한다. 지구는 둥글기 때문에 지구 표면에 도달하는 태양 복사열의 각도는 다양하다. 지구는 축을 중심으로 자전하므로 낮과 밤의 태양 복사열은 차이가 있다. 이는 지구의 지역마다 온도의 차이를 만들어내고, 이것은 대기압의 차이를 만들어낸다. 이 차이는 기압이 높은 지역에서 기압이 낮은 지역으로 공기를 움직이게 하는데 이러한 움직임이 바람이다.

지구는 북극과 남극을 통과하는 경도와 적도와 평행을 이루는 위도로 나누어진다. 지구는 일 년에 한 번 태양 주위를 돈다. 지구에서 볼 때, 태양은 남쪽에서 북쪽 열대회귀선으로 움직이고 다시 돌아오기를 반복한다. 만약 경도를 따른다면, 태양 복사열은 춘분(春分)과 추분(秋分)에 적도와 수직일 것이다. 북반구에서 태양과 지표면 사이 각도가 북쪽으로 갈수록 더 기울어지므로, 같은 양의 태양 복사열이 훨씬 더 넓은 지역에 걸쳐 퍼질 것이다. 따라서 태양은 극지방보다 적도의 지표면을 더 많이 가열한다.

지구의 자전은 비슷한 효과를 가진다. 태양의 각도는 일출부터 정오까지 증가하고 단위 면적당 태양 복사열 또한 그렇다. 반대로 정오부터 일몰까지 감소하고 단위 면적당 태양 복사열 또한 그렇다. 밤 동안 지구는 가열되지 않는다. 밤 시간대에 땅과 바다에 저장되었던 열의 일부가 대기로 방출되어 돌아간다.

또한 지구의 자전축은 지구가 태양 주위를 도는 면에 대하여 기울어져 있으므로 사계절이 존재한다. 춘분과 추분에 태양은 적도선과 수직이므로 낮과 밤의 길이가 동일하다. 춘분부터 초여름까지 태양은 (지구상의 현 위치에서) 북회귀선을 향해 북으로 움직이고, 추분에는 다시 적도선 위치로 돌아온다. 그리고 태양은 동짓날까지 남회귀선을 향해 남쪽으로 움직이고 다시 적도선 위치로 돌아온다(그림 2.1 참조).

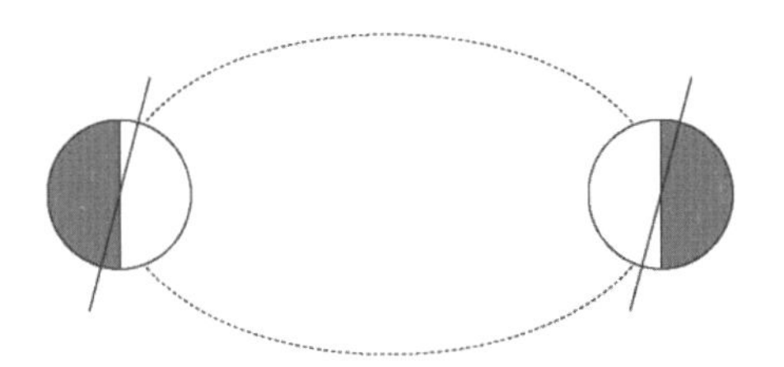

그림 2.1 계절의 변화. 이 그림에서 왼쪽은 7월(원일점)에 태양에 대한 지구의 상대적인 위치를 보여주고 오른쪽은 1월(근일점)의 위치를 보여준다. 지구의 자전축이 기울어져 있기 때문에 북반구는 겨울보다 여름에 더 햇빛을 많이 받는다(출처: Bogren et al., 1999).

몇몇 다른 요인들도 온도 변화에 영향을 준다. 바다가 지구의 대부분을 차지하고 있고, 물은 고체인 지표면보다 열을 저장하는 데 상당히 다른 특성을 가지고 있다. 태양 복사열은 최소한 수심 10m까지 통과한다.

물은 고체보다 열을 잘 저장한다. 이것은 천천히 가열되고 천천히 냉각된다는 의미이다. 육지에서 태양은 흙의 몇 cm만 가열할 수 있고 가열된 열은 밤 동안에 빠르게 방출된다. 반면, 바다와 호수는 온도에 골고루 영향을 받는다. 바람뿐만 아니라 해류도 다른 위도 사이에서 열을 전달하고 심지어 온도차까지 전달한다. 바다와 가까운 기후를 해양성 기후라 부르고 이는 대륙성 기후를 갖는 대륙 내부의 기후와 매우 다르다.

마지막으로 구름이 있다. 낮 시간대에 구름은 직접적인 햇빛으로부터 지표면을 보호하고 지면의 열을 감소시킨다. 밤 시간대에 구름은 지구를 향해 태양 복사열을 방출시키며 지구를 따뜻하게 유지시킨다. 즉, 밤의 기온은 맑은 날보다 구름 낀 날 더 따뜻하다.

기단의 움직임

온도의 끊임없는 변화는 대기 중의 공기 움직임에 더 많은 혹은 더 작은 규칙적인 패턴을 만들어낸다. 바람은 공기가 높은 기압을 가진 지역에서 낮은 기압을 가진 지역으로 움직일 때 분다. 바람은 항상 고기압(H)에서 저기압(L) 방향으로 분다.

계절풍과 무역풍 같이 계절에 따라 변하는 바람이 있다. 북반구 중위도에서 바람기후wind climate는 대서양에서 생성되어 영국제도와 스칸디나비아 전역으로 이동하는 저기압인 사이클론의 움직임으로 특징지을 수 있다. 이 저기압은 열대지방과 극지방의 기단들이 만나는 곳에서 형성된다.

인도와 아시아의 다른 지역들에서 바람기후는 계절풍으로 특징지을 수 있다. 여름 계절풍은 5월과 6월에 남서쪽에서 분다. 연중 그 시기에 커다란 대륙은 가열되어 바다보다 뜨거워지면서 이러한 계절풍이 불게 된다. 인도양과 남서태평양의 따뜻하고 습한 공기는 북쪽과 북서쪽으로 움직이며 아시아 쪽으로 호우와 바람을 동반한다. 겨울에 강한 고기압이 아시아를 지배하고 밖으로 향하는 공기유동이 여름 계절풍의 유동을 역전시킨다. 이것은 몇 달 동안 맑고 건조한 날씨의 원인이 된다. 겨울 계절풍은 10월에 시작되어 3월까지 계속된다.

연안지역에는 연안지역 특유의 바람이 분다. 그림 2.2에 해풍과 육풍이 어떻게 생성되는지에 대하여 잘 설명하고 있다. 전 지구 기상시스템(무역풍), 중규모 기상시스템(계절풍, 사이클론) 그리고 지역 기상시스템(해풍과 육풍) 모두 고기압과 저기압 지역 사이의 공기순환으로 인해 발생한다.

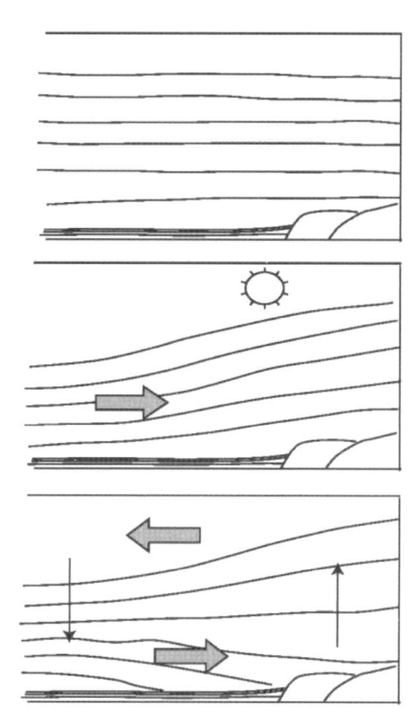

그림 2.2 해풍. 맑은 날, 육지는 바다보다 빠르게 가열된다. 해안가의 기온이 상승하고, 공기가 팽창하면, 가벼워진 공기가 대기에서 상승하기 시작하여 육지의 대기압을 감소시킨다. 바다의 차가운 공기는 이러한 대기압의 차이(기압 구배)를 없애기 위하여 육지를 향해 이동하기 시작한다. 지면 위 특정 높이에서 대기압은 바다보다 육지가 더 높다. 그 높이에서 공기는 다른 방향, 즉 바다를 향하여 움직이기 시작한다. 이것이 지역적인 순환을 만들게 된다. 저녁에 육지의 온도는 바다의 온도보다 더 빠르게 떨어진다. 같은 메커니즘이 역방향의 순환(육풍)을 일으킨다. 육지와 바다의 온도차는 이러한 지역바람(local wind)을 불러일으킨다(출처: Bogren et al., 1999).

❙ 사이클론

지구가 자전하지 않고 태양과 수직인 평평한 지면이라면 압력의 차이는 매우 빠르게 같아질 것이다. 그러나 지구는 자전하기 때문에 바람은 고기압에서 저기압으로 직선을 따라 움직이지 않는다. 지구의 자전은 바람이 저기압을 향해 나선형으로 움직이게 하는 힘을 만들고 이를 사이클론이라 부른다. 두 지역의 기압차는 기압 경도력을 만들어낸다. 일기도에서 대기압은 등압선으로 그려진다. 등압선은 같은 공기압을 가지는 점들을 연결한 선이다. 저기압 지역의 등압선은 불규칙적인 형태를 가진다. 등압선이 조밀하면, 기압 경도가 크고 풍속이 높다.

❙ 지균풍

중력은 지표면으로 공기를 끌어당긴다. 지면과 가까워질수록, 바람은 지표면의 마찰에 영향을 받는다. 특정 높이에서 이 영향은 무시할 수 있다. 마찰의 영향을 받지 않는 바람을 지균풍이라 부른다. 지표면으로부터 지균풍까지의 거리는 변동하며 기상조건과 지표면 거칠기에 따라 다르다. 큰 마찰은 지균풍의 높이를 증가시킨다.

수직 방향 대신에 북동과 남동쪽 방향에서 적도로 부는 무역풍을 만드는 힘을 코리올리 힘이라 부른다. 이 힘은 북반구에서 공기 움직임을 오른쪽으로 전환시킨다. 코리올리의 힘은 항상 움직이는 방향에 수직이다. 이것은 풍속에 비례하고 위도에 따라 변한다. 즉, 적도에서 코리올리의 힘은 0이고 극지방으로 갈수록 증가한다. 잘 알려진 또 다른 힘, 즉 원심력은 같은 방향으로 움직이지만 그렇게 강하지는 않다.

북반구에서 적도를 향해 수직으로 부는 바람은 오른쪽으로 전환된다. 그러므로 바람은 북동풍이다. 적도에서 북쪽으로 부는 바람 역시 오른쪽으로 전환돼서 남서풍이 된다. 계절풍은 이 방향을 따라 분다.

만약 저기압 지역이 북쪽, 고기압 지역이 남쪽에 있고, 등압선은 서쪽에서 동쪽으로 평행하다면, 기압 경도력은 공기를 움직이게 한다. 바람은 남에서 북으로 불고 공기덩어리는 북쪽으로 가속한다. 기압 경도는 공기를 등압선의 수직 방향으로 끌어당긴다. 풍속이 증가할 때, 코리올리의 힘은 공기를 오른쪽(동쪽)으로 움직이게 한다. 풍속이 높을수록 공기는 더 오른쪽으로 움직이게 된다. 마지막으로 기압 경도력과 코리올리의 힘이 같아질 때 균형이 이루어진다. 이렇게 균형이 이루어질 때의 바람을 지균풍이라 부른다. 이 정의는 마찰의 영향을 받지 않은 바람에 잘 부합한다.

▌바람 전단

낮은 높이에서 지표면에 대한 마찰은 바람에 영향을 준다. 마찰력은 공기 움직임과 반대 방향으로 작용한다. 마찰은 바람을 느리게 하고 기압 경도력과 코리올리의 힘 사이의 불균형을 초래한다. 즉, 바람은 등압선을 가로질러 분다(저기압 중심을 향하여 분다). 마찰은 지표면과 가까울수록 더 강해진다. 풍속은 지표면과 가까워질수록 감소한다. 동시에 풍향은 지표면과 가까울수록 등압선을 가로질러 더 변한다. 이러한 풍속과 풍향의 변화를 바람 전단wind shear이라고 한다.

풍력발전기가 보다 더 높아졌지만, 그래도 대기의 마찰층friction layer에 항상 위치하게 된다. 풍력발전에서는 지표면(혹은 바다)으로부터 200m까지 바람을 이용한다. 이 높이에서 바람은 항상 실제 사이트와 사이트 주위 반경 약 20km 이내의 지형조건에 영향을 받는다. 지표면의 특성은 마찰력의 강도에 영향을 준다. 이러한 마찰력은 복잡한 지형을 갖는 숲보다 탁 트인 들판에서 항상 더 낮은 값을 갖는다.

지표면에서 풍속은 항상 0이다. 이는 공기가 움직이지 않는다는 것이 아니라 서로 다른 방향의 공기의 움직임의 합이 0이라는 것이다.

풍속은 지상으로부터의 높이가 높을수록 증가한다. 얼마나 빠르게 증가하는가는 지표면에 대한 마찰력에 의존한다. 풍속은 낮은 마찰력을 갖는 개방된 평야에서는 별로 감소하지 않고 높이에 따른 풍속 증가도 크지 않다. 풍속과 높이 사이의 관계를 바람 전단이라고 부른다(그림 2.3, 2.4 참조).

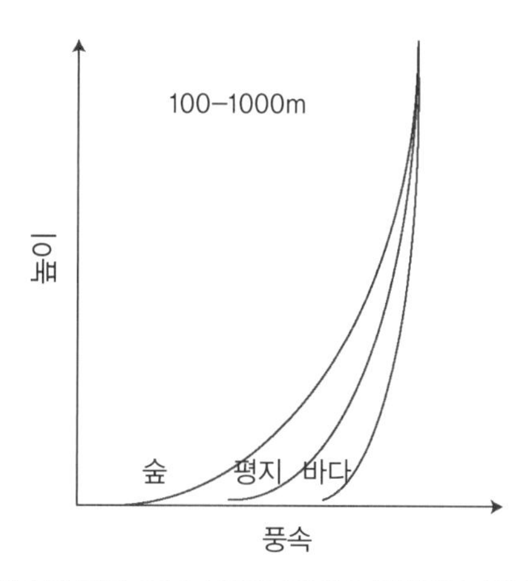

그림 2.3 바람 전단. 바람 전단은 풍속과 지상 고도 사이의 관계를 설명한다. 바람 전단의 형태는 지표면의 마찰력에 의존한다. 만약 표면이 아주 매끄럽다면(물) 표면에 대한 마찰이 풍속에 약간밖에 영향을 주지 않고, 바람 전단은 거의 수직일 것이다(우측 곡선). 만약 표면이 거칠다면 표면과 가까운 바람은 속도가 낮아지고 바람 전단은 더 완만해진다. 평야 또는 경작지가 있는 지역에서는 마찰이 더 강해지고 그래프가 더 구부러진다(중간 곡선). 숲 지역에서 마찰은 매우 커지고 바람 전단은 평야에서보다 더 구부러진다(좌측 곡선). 그러나 거친 표면 위의 풍속은 부드러운 표면 위의 풍속을 100~1,000m 높이까지 따라 잡지 못한다.

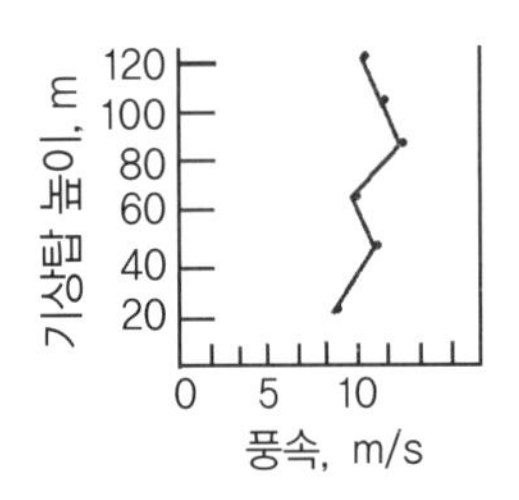

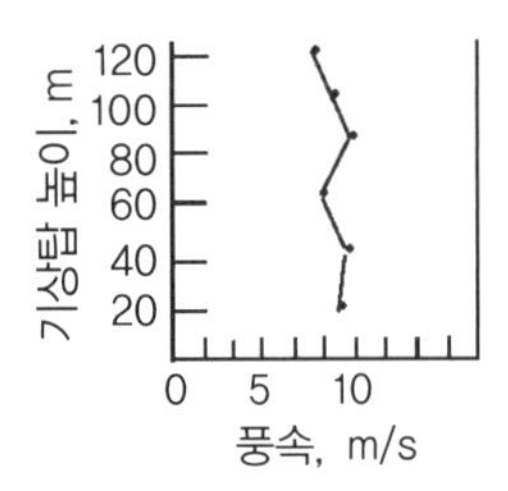

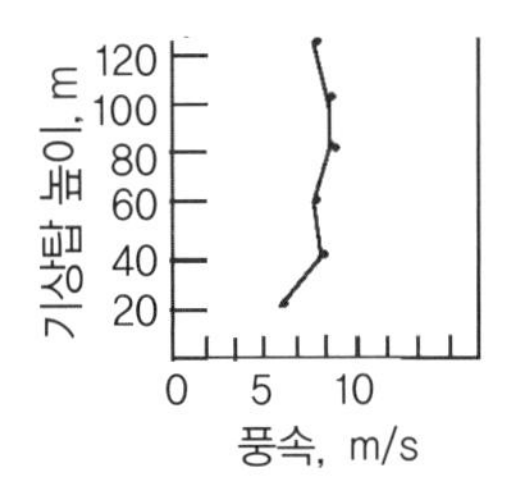

그림 2.4 실시간 바람 전단. 여러 높이에서 실시간으로 측정된 기상탑으로부터의 그래프는 그림 2.3과 같이 부드럽지 않다. 이 그림은 1분 간격으로 측정된 실시간 데이터를 보여준다. 이것은 풍속이 60m보다 40m 높이에서 더 높을 수도 있는 예시이며, 바람 전단의 형태는 끊임없이 변화한다. 바람 전단은 풍속과 높이 사이 관계의 장기간 평균을 말한다. 또한 특정 사이트에서 바람 전단은 풍향에 따라 다르다. 왜냐하면 바람 전단을 형성하는 지형 특성이 방위각에 따라 다르기 때문이다.

어떤 지역이 숲으로 덮였을 때, 바람 전단은 지표면 높이에서 시작하지 않고 숲 높이의 3/4 지점에서 시작한다. 이 거리를 변위 높이displacement height라고 한다.

▌난류

공기는 보이지 않는 기체이기 때문에 공기가 어떻게 움직이는지 관찰하는 것은 어렵다. 그러나 물의 흐름이 장애물을 만날 때 어떤 일이 발생하는지를 관찰하기는 쉽다. 즉, 물은 돌 주위를 돌아가며 소용돌이를 일으킨다. 공기도 비슷한 방법식으로 반응한다. 바람이 장애물에 부딪힐 때, 소용돌이와 파동이 형성된다. 공기가 지면과 평행하게 움직일 때, 이를 층류 바람이라 한다. 파동과 소용돌이가 주풍향과 다르게 움직일 때 그러한 바람은 난류가 된다.

공기 내부에서 파동은 수백 미터의 파장을 가질 수 있다. 공기의 소용돌이는 또한 아주 클 수 있지만, 끊임없이 더 작은 소용돌이로 나누어지고 결국에는 분자 수준으로 분해된다. 즉, 이 소용돌이는 결국에는 열로 변한다. 바람이 측정될 때, 이러한 파동과 소용돌이는 풍속의 짧은 변동량, 즉 난류로 나타난다.

공기의 온도차 역시 난류를 발생시키고 풍속을 감소시킨다. 만약 지면과 가까운 공기가 보다 높은 곳보다 더 따뜻해지고 기온이 높이와 함께 빠르게 감소한다면 따뜻한 공기는 상승한다. 수평으로 부는 바람은 수직으로 움직이는 공기와 만나고 되고 결국 난류를 발생시킨다.

바람이 풍력발전기의 로터를 통과할 때, 매우 강한 난류가 생성된다. 로터 후방에서 발생하는 소용돌이 바람을 후류wind wake라고 하고 로터직경의 10배 혹은 더 멀리까지 풍속에 영향을 준다.

난류는 난류강도(I)로써 정량화할 수 있다. 난류는 풍속에 따라 다르기 때문에, 난류강도를 나타낼 때, 풍속이 하첨자로 표시된다. 예를 들면, 15m/s에서의 난류강도는 I_{15}로 표시한다. 난류강도는 10분 동안 풍속의 표준 편차(σ)와 10분 평균풍속의 비이다. 즉, 다음 식과 같다.

$$I = \frac{\sigma}{u_{average}}$$

바람에 대한 지역적인 영향

하늘로 수백 미터 올라가면 바람은 이전에 설명한 힘들에 의한 영향을 받지 않고 움직인다. 그러나 지면과 가까워질수록 풍력발전기 로터가 회전하는 높이에서 그 지역 지형이 바람에 영향을 준다. 산악지형에서 공기가 압축되거나 난류가 발생한다. 지면을 덮고 있는 것이 부드럽거나 거칠 수도 있고, 건물, 나무, 그리고 여러 구조물과 같은 장애물들이 있다면, 이러한 것들은 공기의 움직임을 방해한다.

▌내부 경계층

바다에서 육지로 바람이 불 때, 바다 표면의 마찰은 해안선에서 변한다. 지표면 가까이에서 움직이는 공기는 회전하기 시작한다. 이 난류는 내륙으로 갈수록 위로 퍼져간다. 이때 내부 경계층이 형성된다. 이 경계층(바다에서의 층류 바람과 육지의 난류 사이의 경계) 아래에서의 풍속은 경계층 높이가 안정되고 바람 구배가 새로운 형태로 변화하는 동안 낮아진다. 만약 바람이 육지에서 바다로 분다면, 수면 근처의 공기가 대신 가속하기 시작한다.

경관 특성 그리고 표면 마찰이 변할 때마다 새로운 내부 경계층이 형성되고, 이는 풍속을 지형 표면 마찰과 동일한 수준으로 변화시킨다. 이 마찰의 변화가 더 높은 경계층으로 전달되기 위해서는 항상 약간의 시간과 거리가 필요하다. 바람에너지와 표면 마찰의 변화를 그림 2.5에 나타낸다.

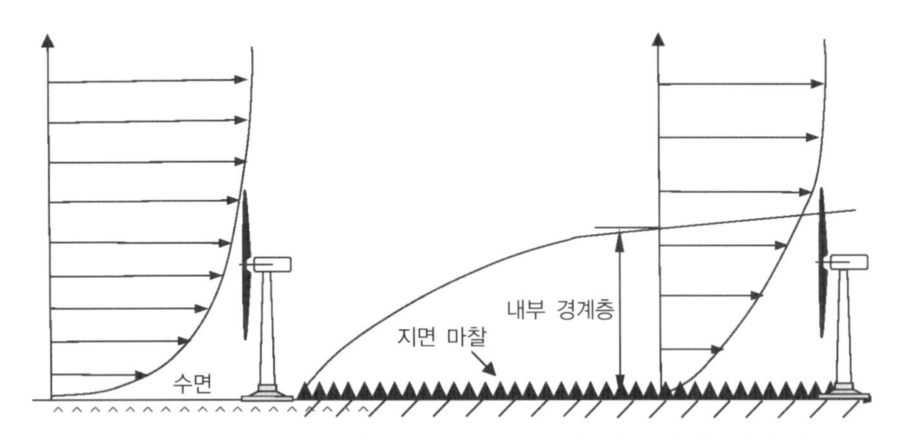

그림 2.5 내부 경계층. 바람은 표면에 대한 마찰에 영향을 받는다. 바람이 바다(좌)에서 육지(우)로 불 때, 난류는 증가하고 지면 근처의 풍속은 감소한다. 난류와 바다에서 불어오는 높은 지상 고도에서의 층류 바람 사이에서 내부 경계층이 형성된다. 내부 경계층의 높이는 잠시 후에 안정되고 표면 거칠기가 다시 변화할 때까지 유지된다. 바람 전단은 육지(우)가 바다(좌)보다 더 완만하게 변화한다. 3지점 높이에서의 풍속으로 나타내고 있는 지표면 근처의 화살표 3개는 바다보다 육지가 더 짧다. 그림 2.3의 바람 전단과 이 그림을 비교해보자.

▌지형의 거칠기

지형은 여러 가지 거칠기 등급roughness class으로 분류된다. 0부터 4까지 다섯 가지 등급이 사용된다. 개방된 수면은 0, 개방된 평야는 1등급이고, 마지막 거칠기 등급 4는 큰 도시와 큰 숲에 해당한다(표 2.1 참조).

표 2.1 거칠기 등급

거칠기 등급	특징	지형	장애물	농장	건물	삼림
0	바다, 호수	개방된 수역	–	–	–	–
1	초목과 건물이 듬성듬성 있는 개활지	평야 완만한 구릉지	짧은 초목	km²당 0~3개	–	–
2	개활지, 초목과 건물이 혼재된 시골	평야 구릉지	약간의 나무들, 보통 가로수가 있는 도로	km²당 최대 10개	약간의 마을과 소도시	–
3	소도시 또는 많은 농장, 작은 숲과 장애물이 있는 시골	평야 구릉지	많은 나무, 초목 그리고 가로수가 있는 도로	km²당 10개 이상	많은 마을, 소도시 또는 근교	울창한 삼림
4	큰 도시 또는 삼림	평야 구릉지	–	–	큰 도시	큰 삼림

때때로 거칠기 길이roughness length라는 표현이 사용된다. 이 길이는 잔디 길이 또는 건물 높이와는 아무런 관련이 없고, 지형이 풍속에 미치는 영향을 계산하는 알고리즘에 사용되는 수치적 인자이다.

▌장애물

건물, 나무 그리고 다른 높은 구조물과 같은 장애물들은 바람에 영향을 준다. 장애물은 공기의 층류 유동을 방해하고 소용돌이와 난류현상을 발생시킨다. 이것은 풍속을 감소시킨다. 장애물이 얼마나 많은 영향을 주는지는 장애물의 폭과 높이뿐만 아니라 바람이 장애물을 얼마나 많이 통과하는지에 대한 투과성에도 달려 있다. 정원에서 일부 공기를 통과시킬 수 있는 울타리나 담은 벽돌 벽 또는 빽빽한 울타리보다 훨씬 효율적인 방풍 수단이다. 바람이 벽에 부딪히면 그 뒤로 강한 난류가 발생한다. 만약 바람의 일부가 울타리를 통과할 수 있다면 더 약한 난류가 발생할 것이다. 건물, 가로수길 이나 나무와 같은 장애물은 장애물의 앞, 뒤 및 위쪽으로 부는 바람에 영향을 준다. 간단한 경험칙에 따르면, 장애물은 장애물의 2배 높이까지 난류를 발생시키고, 전방으로 장애물 높이의 2배 길이부터 난류가 발생한다. 또한 장애물 후방으로 장애물 높이의 20배까지 계속된다(그림 2.6 참조).

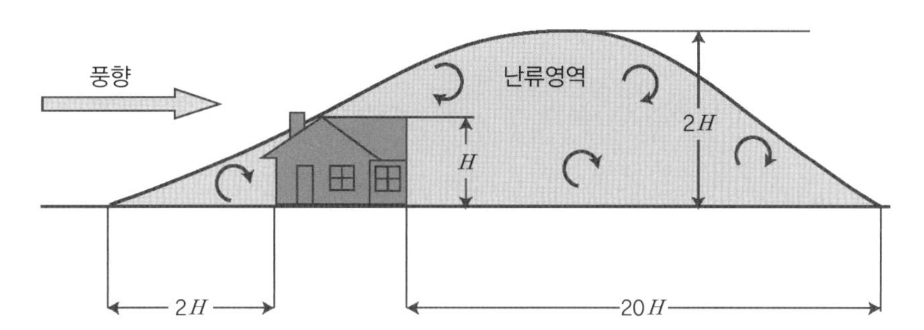

그림 2.6 장애물로부터의 난류. 장애물 근처에서 난류는 증가하고 풍속은 감소한다. 난류는 장애물 후방으로 넓게 퍼지지만, 장애물이 공기 유동을 방해하기 때문에 바람이 불어오는 쪽에서도 난류가 발생한다. 난류가 발생하는 지역은 당연히 풍향에 따라 변한다(출처: S. Piva after Gipe).

풍력발전기와 꽤 가까운 곳에 있는 장애물은 풍력발전에 부정적인 영향을 준다. 목초저장용 창고, 오일저장 탱크, 그리고 다른 큰 구조물이 있는 항만과 산업지역이 근방에 있다면, 풍력발전단지를 선정할 때 이러한 장애물들을 고려해야 한다. 풍속이 장애물로부터 다양한 거리와 높이에서 얼마나 영향을 받는지에 대한 보다 정확한 추정은 European Wind Atlas의 그림에서 알 수 있다(그림 2.7 참조).

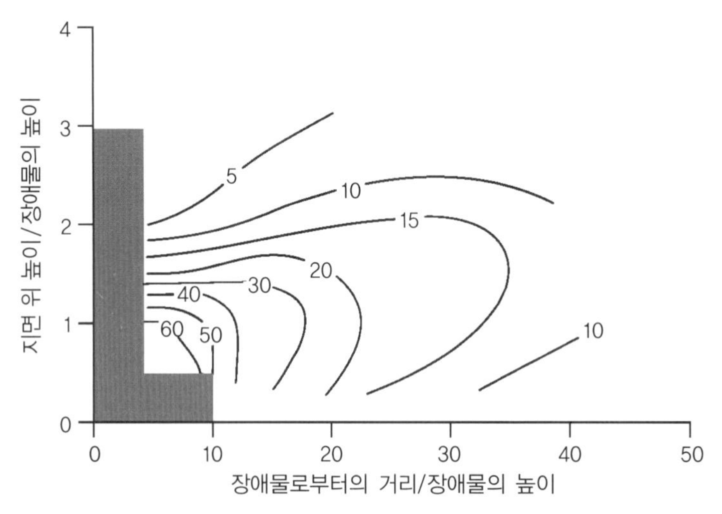

그림 2.7 장애물의 영향을 추정하기 위한 그림. 즉, 임의의 2D 장애물에 대하여 %로 나타낸 풍속의 감소값을 나타낸다. 이 그림은 장애물과 장애물로부터 여러 높이와 거리에서의 풍속감소에 대한 관계를 보여준다. 수직축은 지면 위 높이를 장애물 높이로 나눈 것이고, 수평축은 장애물로부터의 거리를 장애물의 높이로 나눈 것이다(출처: Troen and Petersen, 1989). (주의: 그림의 빗금친 면적은 장애물이 아니고 장애물과 너무 가깝기 때문에 측정 또는 계산을 할 수 없는 면적을 나타냄)

경사와 작은 산

경사와 작은 산은 풍속에 영향을 줄 수 있다. 지형의 형상은 소위 작은 산 효과hill effect를 일으킬 수 있고, 이에 따라 풍속이 특정 높이까지 증가한다. 바람이 산마루를 지날 때, 공기유동은 압축되고 산 정상에서의 풍속은 증가한다.

이러한 효과는 그 지역조건에 따라 다르다. 풍속의 증가는 적당한 높이인 20~40m에서 가장 높다. 완만하고 너무 가파르지 않은 산 경사면은 산 위의 특정 높이까지 풍속을 증가시킨다. 산 정상을 지나, 내려가는 경사에서 풍속은 다시 감소한다. 그러나 만약 산의 경사가 너무 가파르다면, 공기유동은 난류가 되면서 오히려 풍속을 감소시킨다(그림 2.8 참조).

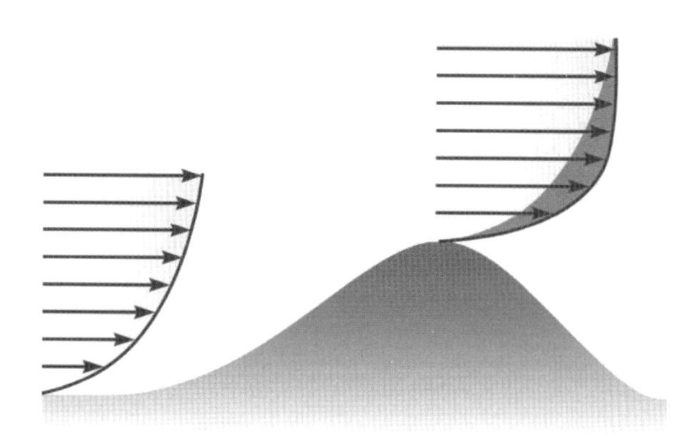

그림 2.8 작은 산에서 풍속의 증가. 바람이 완만한 산을 지날 때, 풍속은 산 정상까지 증가한다. 이 효과를 얻으려면 산의 경사가 40도 이하여야 한다. 만약 산이 고르지 않고 거칠거나 나무가 우거진 경우, 바람 유동은 5도의 경사각에서도 왜곡될 수 있다. 산의 뒤 경사면에서 풍속은 감소한다. 바람은 비슷한 이유로 산의 옆면 주위에서도 가속될 수 있다. 오른쪽에 그려진 바람 전단의 음영 부분은 왼쪽에 있는 산 앞부분에서의 바람 전단과 비교하여 풍속이 증가하였음을 보여준다(출처: S. Piva after Troen and Petersen, 1989).

복잡지형

산악지형, 깊은 계곡 그리고 가파른 경사를 갖는 지형을 소위 복잡지형complex terrain이라 부른다. 공기유동이 이러한 지형을 지날 때, 특별한 현상이 발생한다. 이러한 사이트에서 측정하지 않고 풍속을 예측하는 것은 어렵다. 산골짜기는 흥미로운 예이다. 산비탈을 따라 산 경사면과 계곡에서의 온도차에 의해 생성되는 지역풍이 밤낮으로 변동하며 발생한다. 계곡 중간에는 소위 터널효과가 발생한다. 즉, 강한 바람이 계곡방향을 따라 불 때, 상대적으로 낮은 높이에서 최대풍속을 갖는다.

풍력발전 개발자는 우선 풍력발전기의 기술적인 수명인 20~25년 동안 얼마나 많은 에너지를 얻을 수 있는지에 관심이 있다. 많은 발전량으로 경제적인 이득을 얻으려면, 풍력발전단지는 많은 에너지를 가지는 바람이 부는 지역에 위치하여야 한다.

지형조건이 좋은 사이트를 찾기 위해서는 풍향에 대해 아는 것이 필요하다. 풍력발전단지가 건설될 지역의 바람기후wind climate를 실질적으로 파악하는 것이 중요하다(Box 2.1 참조).

풍력발전 개발자에게 지역바람기후에 대한 신뢰성 높은 정보는 매우 중요하다.

Box 2.1 바람기후(wind climate)

날씨는 온도, 대기압, 풍속, 습도, 운량, 비, 햇빛, 가시성과 같은 대기의 일시적인 상태이다. 그것은 특정 장소와 시간에서의 대기조건 전체를 말한다.

기후는 수년간 한 장소에서 날씨의 총합과 같은 넓은 개념이다. 해마다 나타나는 날씨 변화의 평균 상태이기 때문에, 기후는 일정기간, 즉 특정 10년 혹은 수십 년이라는 관점에서만 정의할 수 있다.

바람기후는 특정 사이트, 지역 혹은 국가에서의 장기간 바람의 패턴이다.

바람기후는 여러 규모에서 연구하고 분석할 수 있다.

- 대규모 바람기후는 지구, 대륙 혹은 대륙의 한 부분에서의 대규모 바람기후 패턴이다.
- 중규모 바람기후는 국가 혹은 한 지방에서의 바람기후이다.
- 소규모(지역규모) 바람기후는 연안지역, 숲 혹은 평야와 같은 제한적인 지역에서의 바람기후이다.

바람의 출력

바람은 공기의 움직임이다. 공기는 질량을 갖기 때문에, 바람은 운동에너지를 갖는다. 이 힘은 풍력발전기에 의해 전기적인 힘, 열이나 기계적인 일로 바꿀 수 있다. 바람은 아주 강력할 수 있다. 즉, 바람은 나무를 부러뜨리고 건물의 지붕을 날려버릴 정도로 강할 수 있다. 폭풍과 허리케인은 자연재해를 초래할 수도 있다. 바람의 파워(출력)는 풍속의 3제곱에 비례하기 때문에 매우 강할 수 있다. 바람이 2배로 분다면 출력은 8배로 증가한다.

심지어 6m/s에서 7m/s로 변하는 이러한 풍속의 작은 증가도 큰 출력의 증가를 가져온다. 이 경우, 약 60%까지 출력이 증가할 수 있다(Box 2.2, 그림 2.9 참조).

그러므로 풍력발전기는 가능한 최고의 풍력자원을 갖는 사이트에 설치되어야 한다.

Box 2.2 바람의 파워(출력)

바람의 파워는 다음과 같은 방법으로 계산한다.

$$P_{kin} = \frac{1}{2}\dot{m}v^2$$

여기서, P_{kin} = 운동에너지 $W(J/s)$

$\dot{m}$(질량 유량) = ρAv

ρ = 공기밀도(kg/m^3)

A = 면적(m^2)

v = 풍속(m/s)

공기는 고체가 아니라 유체이므로, $\dot{m}$는 ρAv로 나타낼 수 있고, 결국 위 식은 다시 아래와 같이 나타낼 수 있다.

$$P_{kin} = \frac{1}{2}(\rho Av)v^2$$

즉, $P_{kin} = \frac{1}{2}\rho Av^3\,(W, Watt)$

공기밀도는 해수면 위의 높이와 온도에 따라 다르다. 보통 해수면에서의 기압(1bar)과 온도 9°C에서의 공기밀도인 1.25kg/m^3이 표준 값으로 사용된다. 그러면 제곱미터(m^2)당 바람의 파워는

$$P_{kin} = \frac{1}{2}\times 1.25v^3 = 0.625v^3$$

위 식은 바람의 파워가 풍속의 세제곱에 비례함을 보여준다.
만약 v = 4m/s, P = 0.625×4^3 = 0.625×64 = 40 W
만약 v = 8m/s, P = 0.625×8^3 = 0.625×512 = 320 W
즉, 320/40 = 8이므로 풍속이 두 배일 때 파워(출력)는 8배 증가한다.

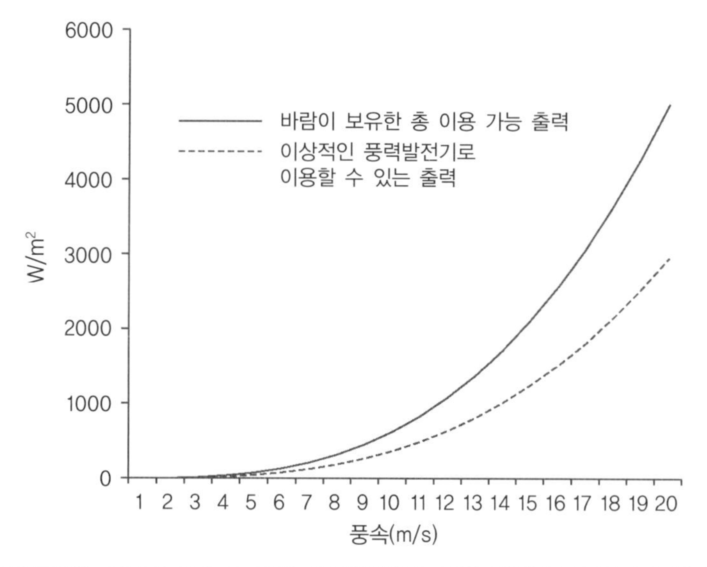

그림 2.9 바람의 파워(출력). 출력은 풍속의 세제곱에 비례한다. 단위 면적당 출력은 풍력에너지밀도(W/m^2)로 써 표현된다. 풍력발전기는 이론적으로 바람 파워의 약 59%까지 이용할 수 있다. 이를 베츠 법칙(Betz' law)이라 하고, 이 그림에서 점선이 이를 나타낸다.

풍력에너지밀도wind power density와 에너지 함량energy content

풍력발전기는 바람의 파워를 사용 가능한 에너지로 바꾼다. 풍력발전기는 바람이 강하고 에너지를 많이 포함하고 있는 사이트에 위치해야 한다.

어떤 사이트에서 특정 높이에서의 바람의 파워는 풍력에너지밀도(W/m²) 및 연간 에너지 함량(kWh/m²)으로 보통 나타낼 수 있다. $\frac{P_{kin}}{A} = \frac{1}{2}\rho v^3$ 연간 에너지 함량은 1년 동안 1제곱미터의 풍력발전기 로터 수직 면적을 통과하는 바람이 갖는 에너지이다. 풍력에너지밀도와 에너지 함량은 사실 동일한 것을 표현하는 두 가지 다른 방법이다. 만약 풍력에너지밀도가 알려져 있다면, 에너지 함량은 쉽게 계산할 수 있다. 풍력에너지밀도(W/m²)에 1년 동안에 해당하는 시간을 곱하고(365일 × 24시간 =8,760시간) 1,000으로 나누어줌으로써 연간 kWh/m²를 얻을 수 있다(그림 2.9 참조).

한편, 파워(출력)power와 에너지energy의 개념을 구분하는 것은 중요하다(Box 2.3 참조). 몇몇 풍력자원지도는 단순히 평균풍속만을 보여준다. 현대의 풍력자원지도는 등치선이나 색깔별로 여러 지역의 풍력에너지밀도나 에너지 함량에 관한 정보를 준다. 이러한 풍력자원지도는 단지 평균풍속만을 보여주는 지도보다 훨씬 더 많은 정보를 준다.

Box 2.3 출력(파워, power)과 에너지(energy)

출력은 단위시간당 에너지이고 W(Watt, 와트)로 표현된다. (혹은 kW, MW, GW) 출력은 자주 문자 P로 표현된다. 1W = 1J/s(1초당 1Joule)

에너지는 출력에 그 출력이 사용된 시간을 곱한 것이다. 한 시간 동안 1,000kW 출력을 생산하는 풍력발전기는 1,000kWh의 에너지, 즉 1,000kWh의 전력량을 생산하는 것이다. 만약 1년 동안 계속 평균 300kW 출력을 생산하는 풍력발전기가 있다고 하면, 이 발전기는 300kW×8,760시간 = 연간 2,628,000kWh의 에너지(전력량)를 생산하게 된다.

정리하면, 출력은 단위시간당 에너지이다. 에너지는 출력에 시간을 곱한 것이다.

풍속의 빈도분포

풍속이 항상 정확히 6m/s인 사이트에서 바람의 풍력에너지밀도는 다음과 같이 주어진다.

$$\text{풍력에너지밀도} = 0.625 \times 6^3 = 135\text{W/m}^2$$

그리고 에너지 함량은 다음과 같다.

$$\text{에너지 함량} = 0.625 \times 6^3 \times 8{,}760 = \text{연간 } 1{,}182\text{kWh/m}^2$$

그러나 현실세계에서는 풍속과 풍향은 끊임없이 변한다. 며칠은 바람이 잠잠하고 다른 며칠은 강하게 분다. 바람은 계절마다, 해마다, 밤낮으로 변한다. 어떤 사이트에서 풍력에너지밀도와 에너지 함량을 추정하기 위하여 평균 풍력에너지밀도average wind power density를 계산한다.

만약 풍속(v)이 어떤 사이트에서 1년 동안 측정되고 풍속이 규칙적인 간격으로 기록되어 있다면, 그 사이트에서의 평균풍속을 계산하는 것은 쉽다. 풍속에 대한 모든 측정값을 더해준 다음(Σv) 이를 관측 수(n)로 나누어주면 된다. 즉, 다음 식과 같다.

$$V_{mean} = \frac{\Sigma v_n}{n}$$

평균풍속이 6m/s인 사이트에서, 위에 계산된 것을 고려하여 풍력에너지밀도는 135W/m^2, 에너지 함량은 1,182kWh/m^{2}이라 가정해보자. 그러나 이 가정은 바람의 출력은 풍속의 세제곱에 비례하기 때문에 잘못되었다.

풍속을 모두 더한 값의 세제곱$(v_1 + v_2 + v_3 + \cdots + v_n)^3$은 풍속의 세제곱들의 총합$(v_1^3 + v_2^3 + v_3^3 + \cdots + v_n^3)$과 같지 않다.

만약 어떤 사이트에서 반년간 풍속이 4m/s이고 남은 반년간 풍속이 8m/s이라면, 평균풍속(v_{mean})은 다음과 같다.

$$v_{mean} = \frac{4}{2} + \frac{8}{2} = 6\,\text{m/s}$$

이때 풍력에너지밀도는 다음과 같다. $0.625 \times \frac{1}{2}(4^3+8^3) = 0.625 \times \frac{1}{2}(64+512) = 0.625 \times 288 = 180\text{W/m}^2$, 그리고 에너지 함량은 다음과 같다. 1년에 $0.625 \times 288 \times 8{,}760 = 1{,}576\text{kWh/m}^2$이다.

어떤 사이트에서 바람의 풍력에너지밀도와 에너지 함량을 계산하기 위하여 평균풍속만을 아는 것은 충분하지 않고 풍속의 빈도분포를 알아야 한다. 똑같은 평균풍속을 가지는 다른 두 사이트에서 풍력에너지밀도는 상당한 차이가 날 수 있다.

풍속 데이터는 x축은 풍속, y축은 기간(시간이나 %)인 막대그래프로 나타낼 수 있다(그림 2.10 참조). 1년 동안 바람의 에너지 함량을 계산하기 위해서 각 풍속의 세제곱에 각 빈도를 곱하고, 이렇게 곱한 값을 모두 더하여 그 합을 위 식에 적용한다.

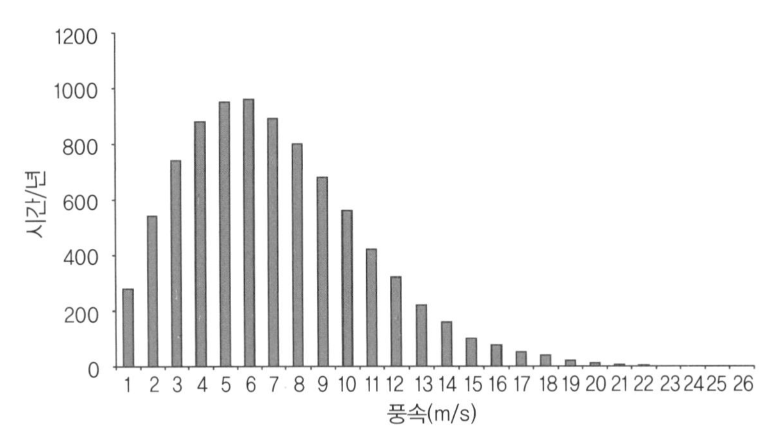

그림 2.10 풍속의 빈도분포. 풍속의 빈도분포는 위 그림과 같은 모양이다. 이 경우 가장 빈도가 높은 풍속은 5~6m/s이다. 1년에 해당하는 시간의 11%인 약 950시간 동안 6m/s의 바람이 1년 동안에 불었다.

앞에 예제에서 실제 사이트에서의 에너지 함량을 얻기 위해서는 연간 1,182kWh/m^{2}에 보통 1.33을 곱해야 한다.

이 1.33은 세제곱 팩터cube factor 혹은 에너지 패턴 팩터EPF: Energy Pattern Factor라 하고, 실제 사이트에서 1년간 바람의 에너지 함량(E_{year})을 계산하기 위하여 다음 공식에 추가할 수 있다.

$$E_{year} = 0.625 \times v^3 \times 8,760 \times EPF$$

세제곱 팩터의 값은 풍속의 빈도분포에 따라 다르다. 만약 평균풍속이 알려져 있지만 빈도분포를 모른다면, 세제곱 팩터로 1.9를 사용하면 어떤 사이트의 에너지 함량을 추정하기에 좋다. 그러나 이것은 단지 미국과 대부분의 유럽과 같은 중위도에 위치한 지역에서만 적용 가능하다. 무역풍이나 계절풍 혹은 지배적인 지역풍이 부는 지역에서 세제곱 팩터는 다른 값이 사용된다. 무역풍이 부는 푸에르토리코에서 세제곱 팩터는 1.4이고 지역풍이 부는 캘리포니아 샌고고니오 고개에서는 2.4, 그리고 남인도에서는 세제곱 팩터가 1.8이다.

와이블 분포

와이블 분포weibull distribution라 불리는 통계 확률 분포는 스웨덴의 과학자 Waloddi Weibull의 이름을 따서 명명되었다. 이 분포는 본래 기계공학에서 피로 하중을 설명하기 위해 만들어졌다. 와이블 분포는 우연히도 풍속의 빈도분포에도 상당히 잘 맞으며, 이 분야에 널리 사용되고 있다. 특정 사이트에서 빈도분포는 많은 양의 데이터를 포함한다. 이 데이터는 와이블 매개변수로 변환된다(그림 2.11 참조).

와이블 분포는 곡선의 크기와 형태를 바꿀 수 있는 두 개의 매개변수로 정의된 통계모형이다.

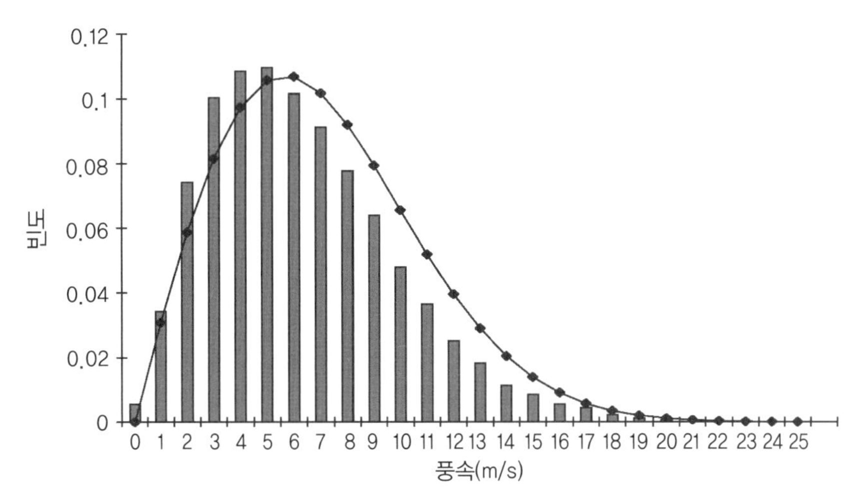

그림 2.11 빈도분포의 와이블 적합. 막대그래프는 풍속빈도분포를 나타내고 곡선은 이 분포의 최적 와이블 적합이다.

곡선 아래 면적의 합은 항상 1로 같다. 이는 여러 풍속(x축)의 발생 확률을 나타낸다(그림 2.12, 2.13 참조).

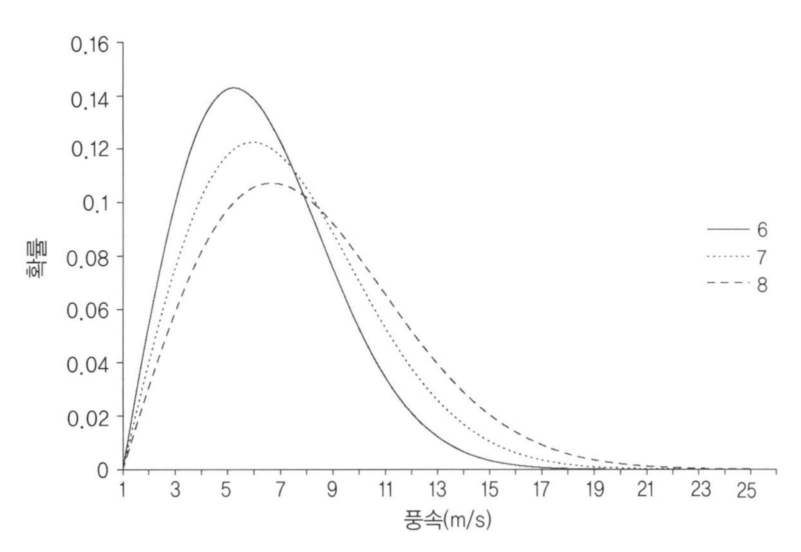

그림 2.12 와이블 척도계수 A. 와이블 분포는 척도계수 A와 형상계수 k로 정의할 수 있다. 이 그림에서 형상계수 $k=2$이다($k=2$일 때의 와이블 분포를 레일리 분포라 한다). 평균풍속은 5.3m/s(실선), 6.2m/s(짧은 점선) 그리고 7.3m/s(긴 점선)이고 척도계수는 각기 6, 7, 8m/s이다.

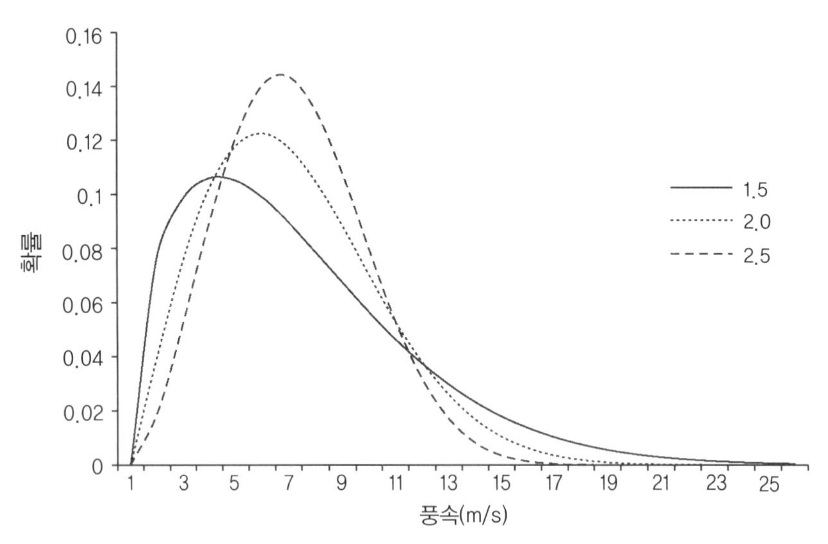

그림 2.13 와이블 형상계수 k. 이 그림에서 척도계수 A는 7m/s이고, 평균풍속은 6.2m/s이다. 형상계수는 1.5(실선), 2.0(짧은 점선) 그리고 2.5(긴 점선)이다.

평균풍속이 6.2m/s인 사이트에 설치된 정격풍속이 14m/s인 1MW 풍력발전기는 비록 평균풍속이 같더라도 형상계수 $k=1.5$보다 $k=2.5$일 때가 약 10% 더 발전한다.

정확히 같은 평균풍속을 가지는 두 개의 다른 사이트에서의 바람의 풍력에너지밀도(에너지 함량)는 상당히 다를 수 있다. 이는 풍속의 빈도분포의 차이 때문이다.

❙ 풍속과 높이 사이의 관계

풍속은 원칙적으로 높이에 따라 증가한다. 얼마나 증가하는지는 지형의 거칠기에 달려 있다. 높은 거칠기를 가지는 지역에서의 풍속은 부드러운 지형에서 보다 더 높이에 따라 증가한다. 그러나 만약 다른 모든 요인들이 같다면, 일반적으로 특정 높이에서의 풍속(예를 들어 지상 고도 50m)은 높은 거칠기를 갖는 지역보다 낮은 거칠기를 가진 지역에서 더 높다.

풍력발전기 입장에서 중요한 것은 허브높이에서의 풍속이다. 허브높이는 풍력발전기 모델과 제조사마다 다르다. 이용 가능한 바람 데이터는 보통 허브높이와 다른 높이에서 측정된 경우가 많다. 그러나 다른 높이에서 측정된 데이터를 허브높이로 추정하는 것은 어렵지 않다(Box 2.4 참조).

Box 2.4 다른 높이에서의 풍속

만약 어떤 높이(h_0)에서 평균풍속이 알려져 있고 허브높이(h)에서의 풍속을 알고 싶다면, 다음 관계를 사용할 수 있다.

$$\frac{v}{v_0} = \left(\frac{h}{h_0}\right)^{\alpha}$$

여기서, v_0는 높이 h_0에서 알려진 풍속
v는 높이 h에서의 풍속

멱지수 α의 값은 지형의 거칠기에 의존한다.

- 거칠기 등급 0(개방된 수면): $\alpha = 0.1$
- 거칠기 등급 1(개방된 평야): $\alpha = 0.15$
- 거칠기 등급 2(농장이 있는 시골): $\alpha = 0.2$
- 거칠기 등급 3(마을과 낮은 숲): $\alpha = 0.3$

예제: 만약 개방된 평야(거칠기 등급 1)의 평균풍속이 지상 고도 10m에서 6m/s라면, 지상 고도 50m에서의 평균풍속은 얼마인지 계산하라.

해: $\frac{v}{v_0} = \left(\frac{h}{h_0}\right)^{\alpha}$ 에서,

$v_{10} = 6,\ h = 50\text{m},\ h_{10} = 10\text{m},\ \alpha = 0.15$

그러면 $v_{50} = 6\left(\frac{50}{10}\right)^{0.15} = 7.6\text{m/s}$

관련 서적에 다양한 α값이 있다. 이 값들은 바람지도 프로그램인 WindPRO에서도 찾아볼 수 있다. 이 방법을 멱법칙(power law)이라고 부른다. 참고로 멱법칙 외에 또 다른 방법이 있다.

두 높이에서의 풍속을 모두 알 수 있을 때, 멱지수는 다음과 같이 계산할 수 있다.

$$\alpha = \frac{\log\left(\frac{v}{v_0}\right)}{\log\left(\frac{h}{h_0}\right)}$$

그런데 여기서 주의할 점은 복잡지형에서 단순한 멱법칙을 사용하면 부정확할 가능성이 높다는 점이다.

장기간 바람기후

대부분의 풍력발전기는 20~25년의 수명을 가진다. 따라서 기상탑으로부터 수집된 데이터를 사용하여 향후 20년 동안 풍속과 빈도분포를 추정해야 한다. 이런 예측은 확고한 가정하에 이루어져야 한다.

만약 바람이 12개월간 아주 정확하게 측정된다면, 우리는 정확히 무엇을 알 수 있는가?

우리가 확실하게 알 수 있는 것은 오직 이 측정기간 동안 바람의 특성이다. 이러한 사실들로부터 다가오는 미래의 바람의 풍력에너지밀도에 대해 어떤 결론을 내릴 수 있는가?

풍속, 빈도분포 그리고 평균풍속은 해마다 상당히 변한다. 5~10년에 대한 장기 평균풍속 또한 상당히 변한다. 어떤 사이트에서 풍력에너지밀도가 장기적으로 어떻게 변하는가는 바람의 파워가 이용될 수 있는지 아닌지 파악하기 위하여 중요하다. 기간을 더 길게 비교할수록 이러한 변동은 줄어든다. 이는 통계적 관점에서 볼 때 타당하다. 그러나 오늘날 기후변화가 더 이상 위협이 아니라 사실이므로 미래의 바람에 대한 예측 불확도는 커지고 있다. 바람의 파워, 에너지 함량 또는 풍력에너지밀도는 10년 동안 최대 30%까지 변동할 수 있다(그림 2.14 참조).

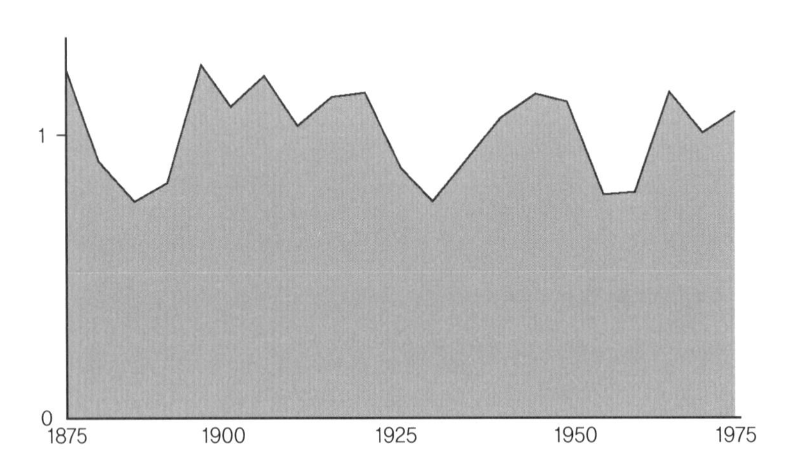

그림 2.14 덴마크에서 5~10년 동안의 바람의 에너지 함량. 이 도표는 덴마크 Hesselö에서 1875년부터 1975년까지 5~10년 동안 바람의 에너지 함량이 지난 100년에 대한 평균과 비교하여 어떻게 변했는지 보여준다(출처: Troen and Petersen, 1989; DTU Wind Energy).

예측을 위한 좋은 데이터를 얻으려면 1년보다 더 장기간 동안 측정된 데이터가 필요하다. 그러나 풍력발전단지를 개발할 것인가를 결정하기 위하여 5~10년 동안 바람을 측정하는 것은 현명한 전략이 아니다. 대부분의 경우, 장기간 평균풍속은 90%의 확률로(90% 신뢰구간) 1년에 10% 이상 차이가 나지 않는다.

유럽에서 장기간 풍속의 표준 편차는 약 6%이다. 하지만 이용 가능한 바람에너지인 풍력에너지밀도는 출력이 풍속의 세제곱에 비례하기 때문에 훨씬 많이 다르다.

어떤 사이트에서 짧은 기간 동안 기록된 바람 데이터는 그 사이트에서의 풍력에너지밀도와 풍력발전단지의 에너지 함량 계산을 위하여 사용하기 전에 5~10년 동안의 평균인 소위 정상 바람 연도normal wind year로 적합시켜야 한다. 측정된 바람 데이터는 동일한 지역의 동일 측정기간이 있는 장기간 데이터와 비교하여야 한다.

그러면 장기간 데이터와 비교하여 측정기간의 데이터가 얼마나 대표성을 갖는지 확인할 수 있다. 마지막으로 수집된 바람 데이터는 장기간 평균인 정상 연도normal year에 대응하도록 조정될 수 있다. 국립기상청은 여러 기상관측소에서 수십 년간 바람 데이터를 수집해오고 있다.

바람지도 방법

특정 사이트에서 측정 장비를 사용하여 바람의 풍력에너지밀도와 에너지 함량을 계산하는 것이 가능하다. 또 다른 방법으로는 장기간 데이터를 수집하고 있는 기존 기상관측소의 바람 데이터가 사이트를 대표하는 바람지도 방법에 의해 재계산될 수 있다. 복잡지형 및 이용 가능한 데이터가 신뢰할 수 없는 곳(산악지형, 큰 호수, 그리고 바다)이라면, 이 방법은 적용할 수 없고 현장에서 직접 바람을 측정하는 것이 필수이다.

여러 사이트에서 에너지 함량을 계산하는 방법은 1980년대 덴마크의 Risoe 연구소의 과학자들에 의해 개발되었다. 그들은 다양한 종류의 지형, 산 그리고 장애물에 의해 바람이 어떻게 영향을 받는지 신중하게 측정하였다. 이 경험 데이터로부터 그들은 작은 산, 다양한 종류의 장애물 그리고 산악지대의 영향을 설명하기 위해 모형과 알고리즘을 개발하였다.

그다음 이러한 알고리즘은 컴퓨터 프로그램인 WAsP에서 사용되었다. WAsP은 장기간 바람 데이터와 함께 기존 기상탑으로부터 얻은 바람 데이터, 그리고 장애물, 작은 산, 풍력발전기가 설치될 장소로부터 반경 20km 이내의 지형의 거칠기를 설명하는 정보를 이용하여 주어진 사이트의 에너지 함량을 계산하는 데 사용될 수 있다.

바람지도 프로그램wind atlas program은 2단계로 작동한다. 첫 번째 단계에서는 정규 기상탑에서 측정한 바람 데이터를 정상 장기(5~10년) 바람 데이터(풍속과 풍향)로 변환하는 단계인데, 변환된 데이터를 바람지도 데이터wind atlas data라 한다. 이는 기상탑의 바람 데이터를 공통된 형식으로 정규화하는 것으로 다른 기상탑의 데이터와 비교할 수 있으며, 프로그램에 사용할 수 있음을 의미한다.

기상탑은 종종 건물과 가까운 곳에 설치되고 다양한 종류의 지형에 의해 둘러싸이며 때로는 언덕과 산에 위치한다. WAsP 프로그램은 장애물, 산악지대(등고선) 그리고 지형(거칠기)으로부터의 영향을 '제거'할 수 있다. 이는 만일 그 지형이 작은 산 혹은 장애물이 없는 평야지대(거칠기 등급 1)였다면 측정된 데이터가 원래는 이러한 데이터였을 것이라는 데이터로 변경됨을 의미한다.

바람지도 데이터의 첫 번째 집합은 거칠기 등급이 1인 지상 고도 10m에서 12방위(N, NNW, WNW, 등)에서의 바람의 빈도분포로 구성된다. 그다음 이러한 데이터는 25, 50, 100, 200m의 높이로 재계산된다. 이러한 데이터들은 지균풍이 서로 같은 반경 약 20~100km 지역(지역의 크기는 지역 조건에 따라 다름)의 지역바람기후regional wind climate를 설명해준다.

바람의 에너지 함량과 어떤 특정 풍력발전기가 주어진 사이트에서 얼마의 출력을 생산할 수 있는지 계산하기 위하여, 다음과 같은 절차가 있지만, 이에 한하지는 않는다. 기상탑으로부터 적당한 거리 내에서는 지상 고도 200m에서의 바람 속성은 같아야 한다.

사이트로부터 반경 20km 내에 있는 지형의 거칠기에 대한 데이터, 작은 산과 장애물에 대한 데이터, 그리고 풍력발전기에 대한 데이터(허브높이, 로터 회전면적, 그리고 풍력발전기가 다양한 풍속에서 얼마나 많은 전력을 생산하는가를 알 수 있는 출력 곡선)를 입력함으로써, WAsP 프로그램은 허브높이에서의 풍속의 빈도분포를 계산한다. 마지막으로 WAsP은 정상(평균) 바람 연도 동안 그 사이트에서 풍력발전기가 얼마나 전력을 생산하는가를 계산해준다(그림 2.15 참조).

다양한 풍력 응용소프트웨어들이 있고, 이들은 바람지도 방법을 기반으로 하고 있다. 만약 운영자가 사용경험이 많다면, 그들 모두 쉽게 작동시킬 수 있으며 신뢰할 만한 결과를 준다. 이러한 소프트웨어는 특정 회사 또는 모델의 풍력발전기가 주어진 사이트에서 얼마나 많은 전기를 생산할 것인지를 계산할 수 있고, 나아가 소음전파, 그림자 깜빡임 그리고 경관 영향도 계산할 수 있다. 이 소프트웨어는 또한 풍력단지 효율에 관한 후류영향을 계산할 수 있고 풍력자원지도wind resource map도 만들 수 있다.

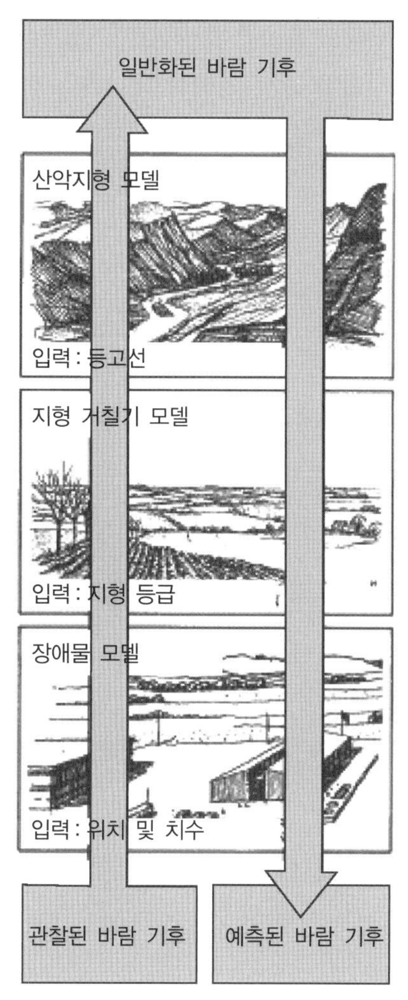

그림 2.15 바람지도 방법. 기상탑으로부터의 바람 데이터는 먼저 장애물, 지형 거칠기 그리고 등고선의 영향을 제거하여 바람지도 데이터로 변환한다(아래에서 위 방향 화살표). 그다음 이러한 데이터는 그 사이트에서 특정 조건(장애물, 거칠기, 등고선)의 영향을 추가함으로써 특정 사이트의 바람기후를(위에서 아래 방향 화살표) 계산하기 위해 사용된다(출처: Troen and Petersen, 1989; DTU Wind Energy).

후류

만약 하나의 풍력발전기가 설치되어 있다면, 발전기의 위치는 지형의 거칠기, 장애물까지 거리 그리고 주위 경관의 등고선에 따라 결정될 것이다.

만약 어떤 사이트에 둘 이상의 풍력발전기가 설치되어 있다면, 풍력발전기들은 서로 영향을 주고받는다. 이 영향이 얼마나 큰지는 풍력발전기 사이의 거리와 그 사이트의 풍향 분포에 달려 있다.

로터의 후방에서 후류가 형성된다. 풍속은 풍력발전기 후방으로 로터직경의 약 10배 거리까지 감소한다(그림 2.16 참조). 이러한 후류는 여러 대의 풍력발전기가 배치될 때, 고려되어야 한다.

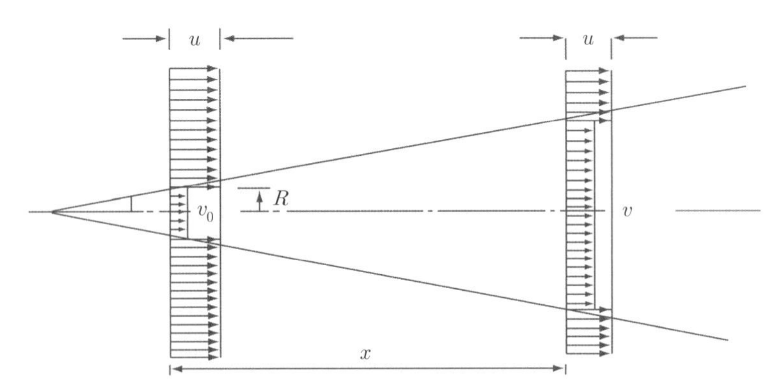

그림 2.16 후류. 풍속(u)은 로터(v_0)에 의해 감소한다. 풍속은 로터 뒤에서 후류가 확산되면서 다시 증가(v)한다. R = 로터반경, x = 풍력발전기로부터의 거리(출처: Jensen, 1986; DTU Wind Enegy)

풍속은 풍력발전기 로터에 의해 감소하고, 로터 후방에서 풍속은 다시 처음 속도로 회복할 때까지 높아진다. 후류의 확장은 개별 풍력발전기를 어떻게 풍력단지 내에 다른 풍력발전기와의 관계를 고려하여 배치할 것인가를 결정하는 데에 중요한 인자이다. 후류의 직경은 로터 후방에서 100m 거리마다 약 7.5m씩 증가하고, 풍속은 후류가 완전히 사라질 때까지 거리에 따라 증가한다.

로터 후방에서 풍속 v와 거리 x 사이의 관계는 다음과 같다.

$$v = u\left[1 - \frac{2}{3}\left(\frac{R}{R+\alpha x}\right)^2\right]$$

여기서, v는 로터 후방으로부터 xm에서의 풍속

u는 로터의 전방에서의 자유 풍속

R은 로터의 반경

α는 후류 감쇄 상수(로터 후방에서 후류가 얼마나 빨리 퍼지는지를 결정함)

후류 감쇄 상수 α는 지형의 거칠기 등급에 따라 다르다. 육상에서는 이 값은 보통 0.075m로 설정되고, 해상에서는 보통 0.04m로 설정된다. 1986년 Risoe의 N.O. Jensen에 의해 위 식이 공식화된 후로 후류 계산을 위한 또 다른 몇 개의 고급 모형이 개발되었다. 그러나 이 N.O. Jensen의 식은 후류의 원리를 꽤 잘 보여준다.

풍력자원지도

많은 나라에서 기상연구소는 수많은 기상탑에서 얻은 바람 데이터(5~10년 이상)를 바람지도 소프트웨어의 데이터베이스에 사용할 수 있는 바람지도 데이터로 변환하였다. 그래서 이러한 바람지도 데이터는 풍력자원지도를 만드는 데 사용할 수 있다.

유럽 바람지도European Wind Atlas는 1980년대 후반에 유럽연합의 연구자들과 기상학자들의 공동 노력으로 개발되었다. 이 바람지도는 유럽 풍력자원의 개관을 보여준다. 그 이후로 바람지도 방법을 사용하여 비슷한 바람지도들이 세계의 많은 나라와 지역에서 개발되었다. 이는 www.windatlas.dk에서 이용 가능하고 많은 풍력자원지도를 인터넷에서 찾을 수 있다.

스웨덴의 기상연구소 SMHI에서 스웨덴 남부 지역에 대한 풍력자원지도를 만들었다. 바람의 에너지 함량은 같은 값을 가지는 점들을 연결한 등치선(연간 kWh/m^2)으로 보여주고 있다. 풍력에너지에 대한 등치선은 isovent라고 명명하였다.

풍속은 지상 고도의 높이에 따라 증가하기 때문에, 풍력자원지도에서 높이가 항상 특정된다. 기상청의 바람측정값들에 대한 표준 높이는 지상 고도 10m이다. 풍력발전에서 계산을 위한 적절한 높이는 허브높이이고, 이는 풍력발전기의 크기에 따라 다르다. SMHI의 지도는 지상고도 50m와 80m 두 가지 높이로 만들어졌다.

SMHI의 풍력자원지도는 바람지도 프로그램인 WAsP을 사용하여 만들어졌다. 에너지 함량은 그리드의 여러 점들에 대하여 계산되었다. 이것은 정보가 분산되어 있다는 것을 의미한다. 특정 사이트에서 풍력발전기에 대한 계산을 하기에는 충분히 상세하지 못하지만, 풍력자원지도는 풍력발전 개발을 위한 전제조건이 가장 좋은 지역에 대한 일반적인 아이디어를 준다.

2006~2007년 스웨덴 에너지기구Swedish Energy Agency는 중규모 기상모형을 이용하여 새로운 스웨덴의 풍력자원지도를 출간했고, 나중에 2011년 500m × 500m의 해상도를 가지는 버전으로 업데이트하였다. 중규모 모형은 기압, 온도 등 전체적인 기후를 모형화하고, 이러한 중규모 기

상데이터를 사용하여 풍력자원지도가 만들어진다. 스웨덴의 풍력자원지도는 업살라 대학 Uppsala University에서 개발한 MIUU 모형을 사용하여 만들었다. 풍력자원지도는 오늘날 인터넷에서 이용 가능하다(그림 2.17 참조).

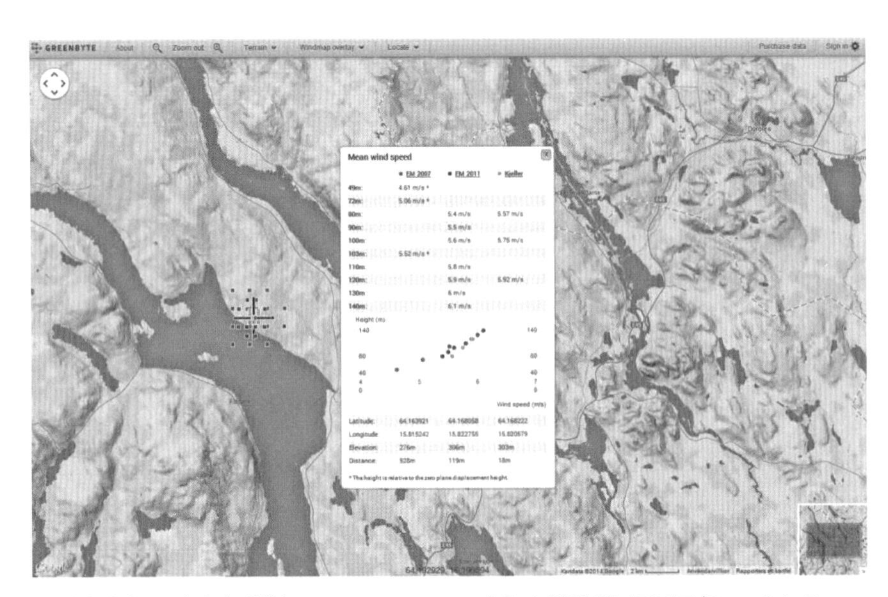

그림 2.17 풍력자원지도. 업살라 대학(Uppsala University)은 스웨덴 에너지기구(Swedish Energy Agency)를 위하여 새로운 보다 자세한 풍력자원지도를 만들었다. 데이터는 0.25km^{2}의 해상도를 갖는 지상고도 80, 90, 100, 110, 120, 130, 140m의 7개 높이에 대하여 처리되었다. Greenbyte 회사는 여러 높이에서 풍속을 보여주고 더 작은 지역을 확대할 수 있는 풍력자원지도를 인터넷 www.windmap.se에 공개하고 있다. 이 그림의 풍력자원지도는 Öland의 Kastlösa에서의 풍력에너지(평균풍속)를 보여준다. 2007년과 2011년 스웨덴의 MIUU 지도와 노르웨이 Kjeller로부터의 데이터를 보여준다. 이 풍력자원지도는 중규모 모형으로 개발되었다.

장기간 상관관계

만약 풍속이 짧은 기간 동안(예를 들어 6~12개월) 어떤 사이트에서 측정되었다면, 정상 연도 normal year에 대한 풍력에너지를 측정된 짧은 기간 동안의 바람 데이터가 근처 기상관측소의 장기간 바람 데이터와 상관관계가 있을 때 정상연도에 대한 풍력에너지를 계산할 수 있다. 빈도분포는 같다고 가정할 수 있다.

기상탑에서 측정된 평균풍속과 동일한 기간 동안 기상관측소에서 측정된 평균풍속의 비를 계산하고 이 비를 기상관측소의 장기간 평균풍속(최소 5~10년)에 곱할 수 있다. 이러한 정규화된 평균풍속은 기상관측소에서의 바람과 동일한 빈도분포를 갖게 하고, 그 후 풍력발전 사이트에서의 바람에너지 함량을 계산할 수 있다.

이것은 정상연도에서의 풍력에너지를 계산하기 위한 간단한 방법이지만, 장기간 와이블 척도 방법long-term Weibull scale method과 같이 더 고급 방법인 MCPMeasure–Correlate–Predict(측정–상관–예측) 방법도 있다. 오늘날 지역 풍력자원의 장기간 상관관계를 위하여 인공위성 측정치를 기반으로 하는 MERRA와 같은 재해석 데이터를 사용하기도 한다. MERRA와 같이 전 세계 재해석 바람 데이터가 제공되는 데이터베이스들이 있다.

풍력개발이 시작되었고, 이 재생에너지원을 활용하기 위하여 풍력발전기를 제조하는 산업이 활성화되고 있기 때문에, 풍력자원의 이해와 풍력자원지도 제작에 대한 관심이 높아지고 있다. 이러한 자원을 평가하는 수단과 방법은 매년 개선되었고, 많은 풍력자원지도를 요즘 인터넷에서 이용할 수 있다. 바람의 특성과 거동을 파악하는 것은 매우 중요하며, 토지피복, 지형 및 지역 기후가 이동하는 공기에 어떤 영향을 미치는지 파악하여 바람의 파워를 활용하기에 가장 좋은 사이트를 선택하는 것이 중요하다.

:: 참고문헌

Bogren, J. et al. (1999) *Klimatologi, meteorologi.* Lund: Studentlitteratur.

DTU Wind Energy (n.d.). Accessed 2 December 2014 at http://www.vindenergi.dtu.

Gipe, P. (1995) *Wind Energy Comes of Age.* Chichester: John Wiley.

Jensen, N.O. (1986) *A Note on Wind Generator Interaction* RISØ-M-2411 Roskide: Risoe National Labortory.

Troen, I. and Petersen, L.E. (1989) *European Wind Atlas.* Roskide: Risoe National Laboratory.

CHAPTER 03

풍력터빈과 풍력발전단지

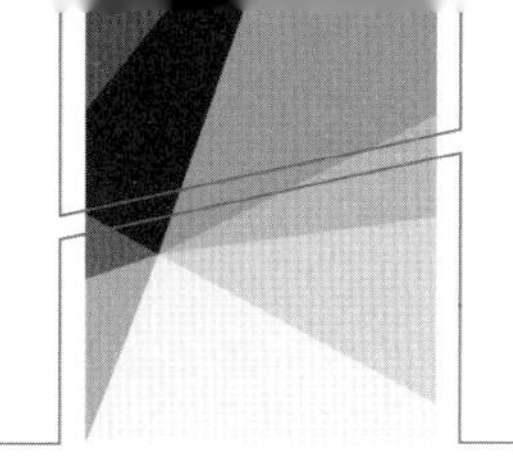

CHAPTER 03

풍력터빈과 풍력발전단지

우리 머리 위에서 이동하는 바람은 많은 에너지를 가지고 있다. 이 에너지원을 사용하기 위해서는 에너지를 가두거나 다른 형태로 변환해야 한다. 이러한 일은 터빈에 의해서 수행될 수 있으며, 바람으로부터 얻은 회전력으로 맷돌, 워터 펌프 또는 발전기 등에 연결된 축을 돌릴 수 있다.

바람에너지의 변환

바람은 다음과 같은 방식으로 풍력터빈의 로터를 움직이게 한다. 로터 블레이드는 바람에 대해 기울어진 각도로 놓여 있으며, 이동하는 공기가 블레이드를 밀어내면서 로터는 특정 방향으로 이동하고, 공기는 반대 방향으로 이동한다(작용－반작용; 그림 3.1 참조).

로터에 어떠한 하중도 작용하지 않는다면 회전속도는 한계치까지 가속될 수 있다. 회전속도가 증가하기 시작하면 겉보기 바람 방향이 블레이드 코드chord 방향에 근접하게 형성되기 시작하며, 최종적으로 코드 길이와 평행한 상태로 보이게 된다. 이후 블레이드에 더 이상 외력이 작용하지 않으면 회전속도는 감속된다(그림 3.2 참조). 겉보기 바람 방향은 다시 초기 상태로 돌아오게 되고 다시 블레이드 표면에 외력을 전달하면서 가속시키는 절차가 반복된다.

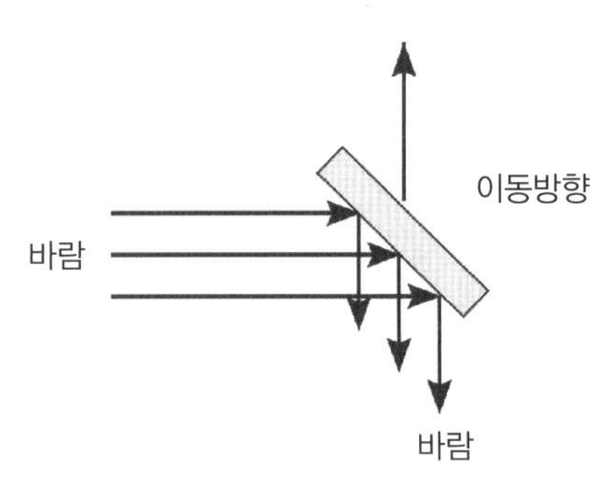

그림 3.1 정지된 블레이드에 부딪히는 바람. 바람이 정지된 로터로 불어올 때, 블레이드에 부딪힌 공기는 특정 방향으로 이동하고, 정지된 로터는 반대 방향으로 서서히 움직이기(회전) 시작한다(일러스트레이션: Typoform).

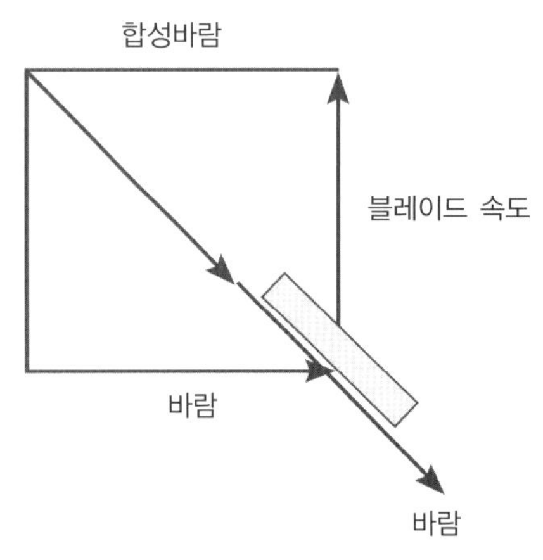

그림 3.2 상대적인 바람 방향. 블레이드는 수평 방향 풍속과 회전속도 벡터의 합성성분인 결정 바람에 따라 작용한다(일러스트레이션: Typoform).

변환된 바람에너지는 워터 펌프, 발전기 등의 부하를 극복하고 구동시킨다. 맷돌, 발전기 또는 회전력이 필요한 기타장치들에 연결된 축은 부하에 대한 저항력을 제공한다. 부하/일과 바람에너지를 포착하고 변환할 수 있는 로터의 능력 사이에는 균형이 잘 이루어져야 한다. 풍력터빈은 어떻게 효율적으로 구성되어야 하는가?

중세시대의 현명하고 숙련된 풍차 엔지니어들은 효율적인 풍차를 제작했으나, 그들의 풍차는 전적으로 경험에 의존한 결과물이었다. 1759년 영국에서 John Smeaton이 일부 실용적인 실험을 수행한 바 있다. 그는 가장 효율적인 풍차 블레이드의 각도를 찾으려고 했고, 각도를 변경시킬 수 있으며, 헛간 내부의 수직축 장치에 연결되어 축을 회전시키는 방식의 로터 모델을 제작했다. 그는 로터 축에 줄을 연결하여 바퀴에 감았고 다른 무게가 반대쪽 줄의 끝단에 부착될 수 있게 했다. 그는 실험용 로터가 헛간 내에서 원을 그리며 움직일 수 있도록, 농장 일꾼에게 수직축을 중심으로 감겨 있는 밧줄을 잡아당겨 실험용 로터를 움직이는 쪽에 맞춰 축을 설정하는 작업을 시켰다. 로터에 부딪히는 풍속은 축의 회전속도와 거의 같았다. 로터 블레이드의 각도를 변경하고 어떤 상태의 로터가 가장 큰 당김력을 발휘할 수 있는지를 관찰하여 가장 효율적인 블레이드 각도를 찾으려는 실험을 반복했다.

밧줄은 축 끝단에 있는 작은 로터를 감아 당겼고, 로터의 힘을 측정하기 위해 트레이에 무게추를 올려두었다. 그는 최적의 로터는 블레이드 안쪽 절반에 해당하는 면적의 각도가 회전면에 대해 18도의 각도로 설치되어야 하고, 6개의 블레이드를 3등분했을 때 바깥쪽 면적이 각각 16, 12, 7도의 각도로 비틀어져야 한다는 것을 알아냈다.

현대식 풍력터빈의 제작은 이보다 더 고도화된 실험과 이론에 근거하며, 블레이드 개수, 로터의 회전면적, 블레이드 형상 등 고려해야 할 사항이 훨씬 많다.

스트림튜브stream tube 내의 바람

바람은 공기의 움직임이다. 공기는 질량을 가지며, 바람의 출력은 특정 시간 동안 로터 디스크를 통과하는 공기의 질량과 풍속의 3승에 비례한다. 에너지는 생성될 수도 소멸될 수 있으며, 또 다른 형태로의 변환이 가능하다. 바람의 운동에너지를 변환하기 위해서는 공기의 흐름이 지연되어야 한다.

바람의 모든 운동에너지를 변환하기 위해서는 공기 흐름이 완전히 지연되어야 하지만, 물리적으로 실현 불가능한 일이다. 로터가 바람의 이동을 크게 방해할 때, 더 이상 이동하지 않는 공기에 의해 기류가 멈추게 된다. 만약 완전히 막힌 솔리드 형태의 로터를 설치했다면, 로터에 부딪히는 기류는 완전히 정지하게 되고 로터 경계면 외부를 따라 빠져나가게 된다. 바람은 로터를 통과해 빠져나가야 하며, 어느 정도의 후류 속도를 유지할 수 있어야 한다.

풍력터빈 로터는 바람과 터빈 사이에 외벽shroud이 없는 외부 유동이다. 수력발전소에서는 물이 튜브 내로 들어와서 터빈을 둘러싼 밀폐된 벽을 따라 흐른다. 이렇게 밀폐된 계에서는 물이 터빈 외부로 벗어날 수 없기 때문에 물의 흐름이 가지는 운동에너지의 거의 100%를 이용할 수 있다. 외부 유동에 놓인 터빈은 이론적으로 100%의 에너지 변환이 불가능하다.

유체역학은 물질, 액체, 기체상태의 유체성질을 연구하는 물리학의 전문 분야이며, 공기역학은 공기를 다루는 유체역학의 한 분야이다. 스트림튜브는 특정 방향으로 불어오는 바람 방향으로 터빈이 놓여 있는 가상의 튜브로 생각될 수 있다(Box 3.1 참조).

Box 3.1 스트림튜브 내의 바람

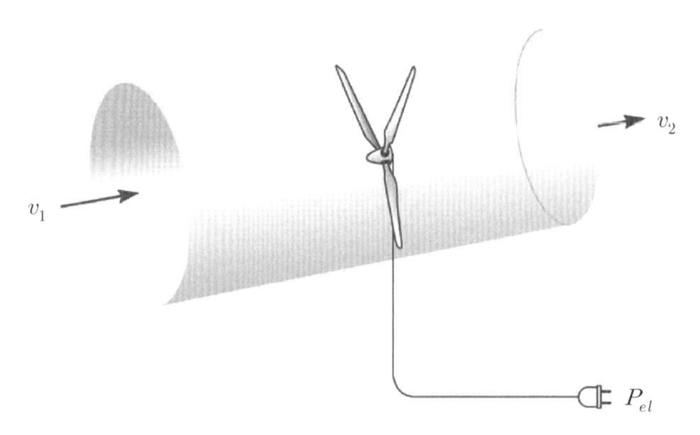

그림 3.3 스트림튜브 내의 바람

스트림튜브 내의 출력은 $P = 1/2\ \dot{m}v^2$이다. 만약 풍력터빈이 스트림튜브에 설치되어 있다면, 이 출력의 일부가 전기에너지로 변환될 수 있다. 튜브로 유입된 에너지는 튜브를 빠져나오는 에너지와 터빈에 의해 흡수된 에너지의 합과 같다.

$$P_{before} = P_{el} + P_{after}$$
$$\frac{1}{2}\dot{m}v_1^2 = P_{el} + \frac{1}{2}\dot{m}v_2^2$$
$$P_{el} = \frac{1}{2}\dot{m}(v_1^2 - v_2^2)$$

터빈이 얻을 수 있는 출력은 풍속이 얼마나 크게 감소할 수 있는지에 달려 있다. P_{el}은 풍속 v_1의 감소에 적절한 값을 사용함으로써 최대화될 수 있다.

바람이 갖는 에너지를 얼마나 효율적으로 이용할 수 있는지에 대한 문제는 바람이 로터에 의해 얼마나 감속될 수 있는지에 달려 있다. 만약 바람이 극단적으로 크게 또는 작게 감속된다면 효율이 낮아진다. 스트림튜브 내의 터빈 직전 단면에서의 질량 유량은 풍속이 감소할 경우 작아지게 된다(그림 3.4, 3.5 참조).

현대의 풍력터빈 이론은 독일 과학자인 괴팅겐 출신의 Albert Betz에 의해 만들어졌고, 이후 Hans Glauert와 G. Schmitz에 의해 발전되었다. Betz는 로터의 직전 단면에서 바람이 1/3이 감속되고 1/3은 터빈 후방에서 감속될 경우 풍력터빈이 가장 효율적이라는 것을 증명했다. 로터로 유입되는 풍속 v는 로터에 의해 $2/3v$로 감속되고, 로터 후방에서 $1/3v$로 감속된 후 주변 풍속의 영향으로 원래 속도로 회복된다. 공기역학적 및 기계적 손실 등을 고려하지 않을 경우, 바람으로부터 얻을 수 있는 최대 효율은 16/27(59%)이다. 풍력터빈 로터는 이론적으로 바람이 갖는 에너지의 59%를 이용할 수 있다.

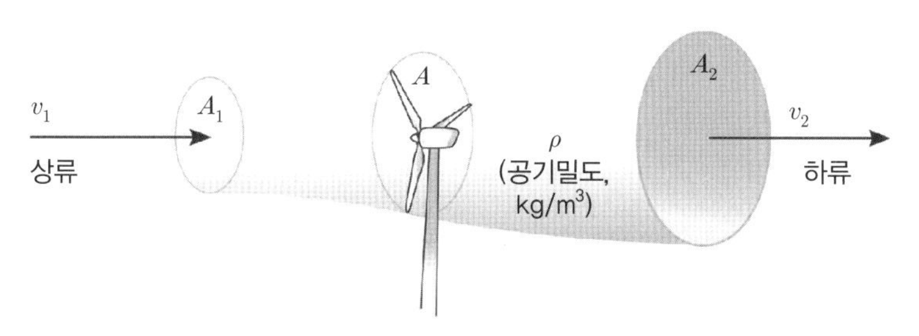

그림 3.4 풍속의 감소. 동일 질량(kg/s)의 바람이 A_1, A, A_2 단면을 통과하고(반면 공기는 튜브 내에 누적됨) 질량 유량($\dot{m} = A\nu\rho$)이 일정하므로, $A_1\nu_1\rho = A\nu\rho = A_2\nu_2\rho$의 관계가 성립한다. 풍속이 감소($v_1 > v > v_2$)되기 때문에 스트림튜브는 단면적은 $A_1 < A < A_2$의 순서로 확대된다(일러스트레이션: Typoform).

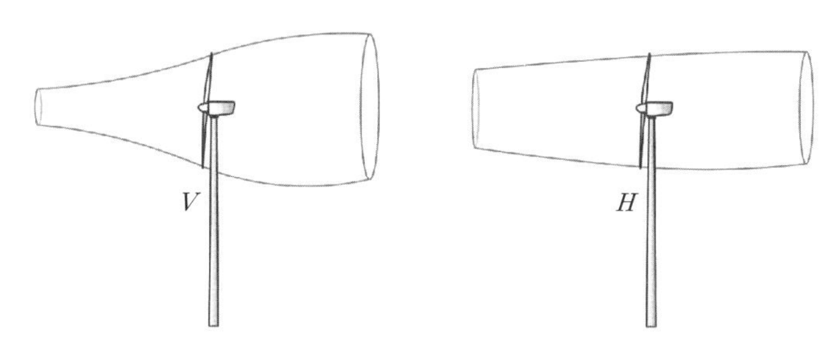

그림 3.5 최적의 풍속 감소. 좌측 그림(V)에서 풍속감소율이 매우 높아 출력변환율이 높을 수 있으나, 매우 좁은 유입 스트림튜브 단면적에 의한 영향으로 총 출력변환량은 작다. 우측 그림(H)에서는 바람으로부터의 출력변환율은 작을 수 있으나, 유입 단면적이 더 크기 때문에 총 출력변환량이 더 높다. 최적의 풍속감소 형태는 두 그림의 중간 정도에서 나타난다(일러스트레이션: Typoform).

Albert Betz는 풍속감소의 절반은 터빈에 의해 발생하고, 나머지는 바람이 터빈을 통과한 이후에서 나타난다는 것을 보였다. 풍속의 변화는 계단형이 아닌 연속적인 형태로 나타난다. 유입풍속 v는 터빈을 통과할 때 $v(1-a)$로 감속된다. 이후 터빈 후방으로 이동하면서 $v(1-2a)$까지 감속하게 된다(로터직경 1배 전방부터 풍속감속이 시작되며, 터빈 후방으로 직경의 1배 위치에서 풍속감소 최대). a는 축 흐름 유도계수라 한다. 만일 이 계수 값이 0.5라 가정하면, 로터 후방에서의 풍속은 0로 감속된다. 따라서 $0<a<0.5$의 범위에서 축 흐름유도계수가 결정되어야

한다. 유입풍속으로부터 추출할 수 있는 이론적 최대출력은 16/27, 59.3%이다. 이 이론적 최댓값을 만족시키기 위한 a값은 1/3이다. 즉, 유입풍속의 1/3이 로터에서 감속되고 나머지 1/3은 로터 후방에서 감속되어야 한다는 의미다. 로터에 의해 사용될 수 있는 바람이 갖는 출력을 출력계수(C_p)라 한다. 최대 출력계수 값은 $C_{p,\max}=16/27(\approx 0.593)$이다. 실제 터빈에서의 출력계수 값은 공기역학적 손실 및 기계적 손실 또는 풍속의 변동 등의 원인에 의해 이보다 다소 낮다. 풍력터빈의 출력은 다음과 같이 표현될 수 있다.

$$P=\frac{1}{2}\rho A v^3 C_p$$

풍력터빈용 로터는 어떻게 제작되어야 하는가? 대부분의 오래된 풍차들은 회전면적의 20%를 차지하는 4개의 사각형 블레이드를 갖고 있으며, 주로 만들기 쉽고 다루기 쉬운 장점이 고려된 경험적인 요소에 의해 제작되었다. 19세기 미국에서 물을 끌어올리는 용도로 사용된 풍차들은 거의 모든 회전면을 차지하는 많은 수의 블레이드를 가지며, 바람은 블레이드 사이사이의 홈을 통해 빠져나가도록 만들어졌다. 현대식 풍력터빈들은 3개의 얇은 블레이드를 사용하며, 전체 회전면적의 3~4% 이상을 차지하지 않지만, 예전의 풍차에 비해서 훨씬 높은 효율로 작동된다.

최적의 로터는 이론적으로 무한개의 좁은 블레이드로 만들어져야 하지만, 실제로는 이러한 터빈을 제작할 수는 없다. 날개요소운동량이론을 이용해서 최적의 블레이드 수를 계산할 수 있다. 적은 수의 블레이드를 사용할 경우, 같은 효율을 얻기 위해서는 더 빠른 회전속도가 필요하다.

팁 속도비는 터빈효율을 결정짓는 중요한 요소이다. 이는 로터 블레이드 팁 속도와 유입풍속의 비로 정의된다. 실용적 경험과 이론적 방법으로 서로 다른 로터형식에 대한 최적의 팁 속도비를 계산할 수 있다(그림 3.6 참조).

그림 3.6에 나타낸 좁은 범위의 팁 속도비를 갖는 풍력터빈의 최대 효율은 약 2 근방에서 나타나며, 오래된 옛날 풍력터빈들도 유사한 특징을 갖는다. 2개 또는 3개의 블레이드를 갖는 현대식 풍력터빈들의 팁 속도비는 각각 10, 7 근방에서 나타난다. 이들은 보다 넓은 범위의 팁 속도비에서 높은 효율을 가질 수 있다.

만약 팁 속도비가 1이라면, 이는 블레이드 팁 속도가 유입풍속과 같다는 의미이다. 이때 블레이드를 따라 흐르는 상대풍속과 회전면이 이루는 각도는 45도가 된다. 그러나 로터에 도달하기 전에 유입풍속의 1/3이 감속되므로, 각도는 34도가 된다. 바람으로부터 에너지를 얻기 위해서는 블레이드 비틀림 각도가 최대 17도 이상이 되어서는 안 된다. 팁 속도비가 2인 풍력터빈들의 블레이드 각도는 대부분 15도 정도이다.

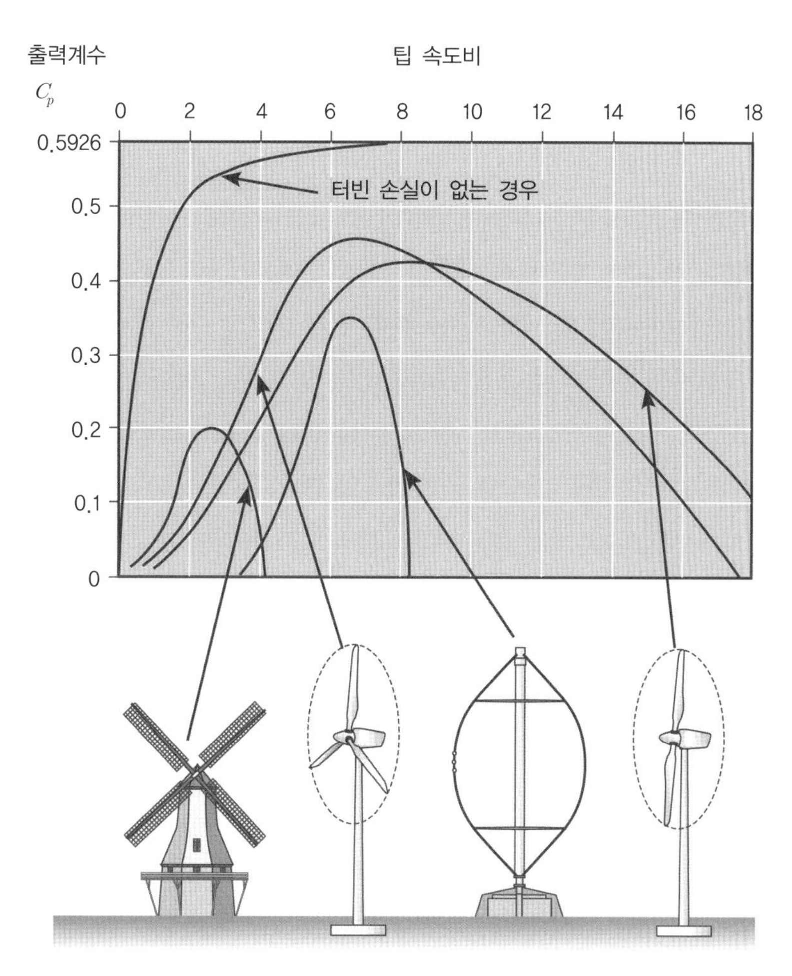

그림 3.6 팁 속도비 선도. 팁 속도비는 팁 속도, v_{tip}과 일정하게 불어오는 풍속, v_0 사이의 관계이며 $\lambda(\lambda = v_{tip}/v_0)$로 나타낸다. 출력계수, C_p는 터빈이 바람으로부터 얼마나 많은 출력을 얻을 수 있는지를 대표하는 값이다. 이론적으로 출력계수의 최대 값은 16/27≈0.5926이다. 그림은 다양한 풍력터빈 형식에 대한 팁 속도비와 출력계수 사이의 관계를 나타낸다. a) 풍차, b) 현대식 3 - 블레이드 타입 터빈, c) 수직 축 다리우스터빈, d) 현대식 2 - 블레이드 타입 터빈(일러스트레이션: Typoform)

현대식 풍력터빈 블레이드 팁은 유입풍속 대비 약 10배 이상 빠르다. 바람이 5m/s로 불어오는데, 로터의 팁 회전속도가 50m/s에 이른다는 것이 이해하기 어려울 수 있지만, 실제 풍력터빈들은 대부분 10배 이상의 속도로 운전되고 있다.

▎공기역학적 양력

바람에 의해 구동되는 범선 또는 얼음 위를 돛을 이용하여 활주하는 요트 썰매 등의 장치들을 살펴보면, 양력이 어떻게 작용하는지에 대해 쉽게 이해할 수 있다. 요트의 돛이 바람 방향으로 놓이고 바람이 뒤에서 불어온다면, 요트는 바람보다 더 빨리 이동할 수 없다. 바람이 요트를 뒤에서 밀기 때문에 이는 분명한 사실이다.

만약 요트가 바람 쪽으로, 즉 대각선 방향으로 바람이 불어오는 방향으로 항해한다면, 바람은 요트를 밀어버릴 수 없다. 대신 요트는 바람이 돛(비행기 날개 단면형상과 유사한)을 지나갈 때 발생하는 압력 차에 의해 추진력을 얻는다. 요트 썰매는 풍속 8m/s(30km/hour)의 조건에서 유입풍속대비 3배 이상 빠른 100km/hour 속도까지 쉽게 도달할 수 있다. 이러한 추진력은 비행기의 이륙과 고도유지를 가능케 하는 공기역학적 양력에 의해 발생한다. 여러분들은 빠르게 달리고 있는 자동차의 창문 밖으로 팔을 내밀었을 때 팔이 뒤로 젖혀짐을 느낄 수 있을 것이다. 팔을 도로에 수평하게 뻗은 채로 각도를 살짝 바꾸면 갑자기 뜨는 느낌을 받을 수 있다. 이때의 손과 팔은 비행기 날개와 같은 역할을 하며, 적정 각도로 유지할 경우 강한 양력이 작용하는 것을 느낄 수 있다.

이러한 두 힘들이 블레이드(또는 에어포일)의 공기역학적인 특성을 결정한다. 첫 번째는 뒤로 잡아당기는 힘인 항력(D)이고, 두 번째 힘은 위로 끌어당기는 힘인 양력(L)이다. 이러한 양력은 비행기를 날게 하고 현대식 풍력터빈의 로터를 회전시킨다. (양력은 실제로 풍차나 사보니우스 로터와 같은 이른바 항력 장치에도 존재하며, 그렇지 않은 경우에는 팁 속도 비율이 1을 넘지 않을 것이다.)

비행기 날개의 특성은 에어포일에 의해 정의된다. 에어포일의 형상과 받음각의 조합에 의해 양력과 다른 특성들이 결정된다. 이러한 특성값들은 풍동 시험을 통해 얻어질 수 있다(그림 3.7 참조).

공기의 흐름이 에어포일 전연에 부딪히면, 일부는 위로, 나머지는 아래로 이동한다. 공기가 에어포일을 통과할 때 양력이 발생하며, 에어포일의 코드와 유입풍속이 이루는 각도로 정의되는 받음각(α) 변화에 따라 그 크기가 결정된다(그림 3.8 참조).

큰 받음각 조건에서는 공기 흐름이 에어포일의 윗면을 따라 후연 끝까지 이동하면서 항상 부착된 형태를 유지하지 못하고 다수의 와류가 발생하는 실속stall이 일어난다. 실속이 발생할 경우에 양력은 급격히 감소하게 된다. 이러한 특징은 실속형 풍력터빈의 출력제어를 위해 사용되기도 한다(그림 3.9 참조).

양력의 크기는 에어포일 형상, 폭, 풍속에 의해 결정된다. 현대의 풍력터빈은 이러한 공기역학적 특성을 이용하여 터빈의 로터 블레이드에 사용되는 에어포일을 최적화한다.

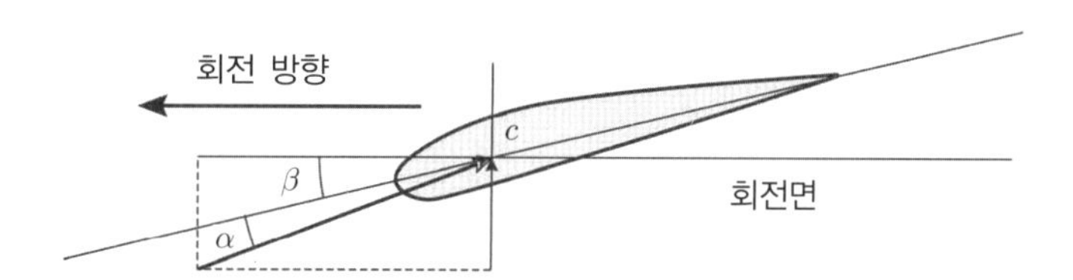

그림 3.7 에어포일. 에어포일은 중심선(코드)을 기준으로 나누어진다. 받음각은 코드 라인과 상대유입풍속 사이의 각도로 정의된다. 적정 받음각을 유지하기 위해 블레이드는 회전 단면에 대해 특정 각도를 갖도록 설계되었다. 이 각도를 β로 정의한다. 에어포일 전연으로부터 약 25% 코드 길이 지점(정확한 위치는 에어포일마다 다름)에 위치하는 중심점을 c라고 정의하며, 양력과 기타 힘들의 합력은 c 지점에 작용한다(일러스트레이션: Typoform).

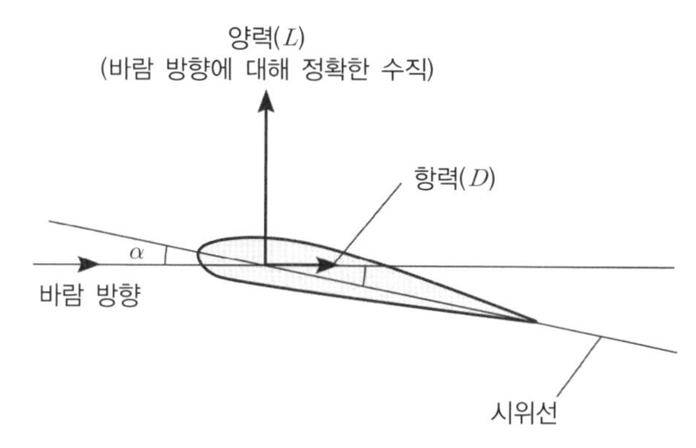

그림 3.8 양력. 양력, L과 항력, D는 받음각, α의 함수이다. 양력은 상대유입풍속에 항상 수직 방향으로 작용하고, 항력은 수평 방향으로 작용한다(일러스트레이션: Typoform).

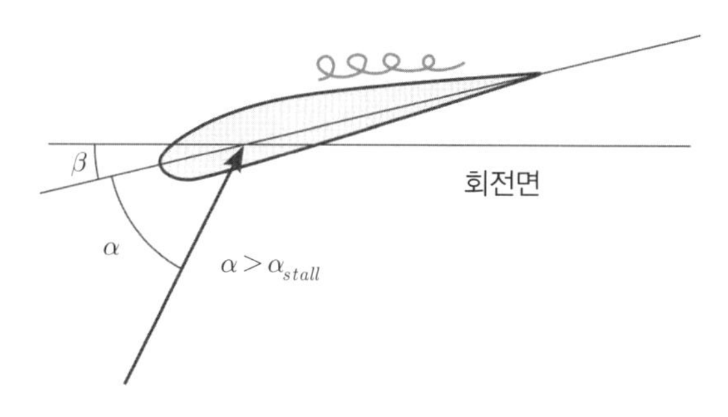

그림 3.9 실속. 받음각, α가 큰 경우에는 에어포일의 흡입 면을 이동하는 흐름이 부착류를 형성할 수 없다. 와류가 발생하면 양력은 감소하고 항력이 증가한다. 블레이드 각도가 고정된 고정속도형 풍력터빈은 풍속이 증가함에 따라 상대유입풍속의 각도가 증가하므로 받음각이 증가하게 된다. 따라서 실속은 특정 풍속 이상의 강한 바람이 불어오는 경우 양력을 감소시켜 출력을 제어하는 용도로 사용된다(일러스트레이션: Typoform).

풍력터빈 종류

풍력터빈은 다양한 종류가 있으며, 일반적으로는 수평축HAWT과 수직축VAWT 방식으로 구분한다. 수평축 풍력터빈은 로터의 설치 방향에 따라 전향형upwind과 후향형down wind으로 구분할 수 있다. 로터가 타워와 나셀 앞에 위치하면 전향형, 그 반대의 경우를 후향형이라 한다. 현재 대부분의 풍력터빈들이 전향형으로 제작되나, 19세기에 물을 길어 올리는 용도로 사용된 풍차와 정격출력이 1MW 이하인 20~150kW 규모의 중소형 터빈들은 후향형으로 제작된 경우도 있다.

그림 3.10 풍력터빈 형식

수평축 풍력터빈

대부분의 풍력터빈들은 수평축 방식으로 제작되고 있다. 풍차는 매우 오랜 역사를 갖고 있으며, 전 세계적으로 약 100만 개의 풍차가 물을 끌어올리는 용도로 사용되었다. 이들은 비교적 단순한 부품들로 매우 강건하게 설계되었으며, 유지 및 보수가 용이했다. 작은 수의 블레이드로 빠른 속도로 회전하는 풍력터빈에 비해 블레이드가 회전면적을 더 많이 차지하는 이러한 풍차들은 쉽게 기동이 가능하다는 장점이 있다. 무거운 물을 끌어올려야 하는 경우에는 초기 기동을 위해 큰 힘이 필요하기 때문에 이는 큰 장점일 수 있다.

높은 팁 속도비를 갖는 터빈들은 초기에 배터리 충전용으로 사용되었으며, 오늘날에는 전력계통에 접속되어 전기를 생산하는 용도로 사용되고 있다. 배터리 충전용으로 사용되는 블레이드 수 2~6매의 작은 마이크로터빈도 있다. 1980년대에는 2매 또는 3매의 블레이드를 사용하는 다양한 계통연계형 풍력터빈(전향형 또는 후향형)들이 설계되었다. 후향형 풍력터빈의 장점은 터빈이 바람 방향에 대해 자동으로 조정된다는 점이었다. 그러나 바람 방향이 갑자기 변경되는 경우에는 터빈 방향이 빠르게 조정되지 못했다. 21세기 이후부터는 3매의 블레이드를 장착한 전향형 풍력터빈들이 시장을 완전히 지배했다(그림 3.11 참조).

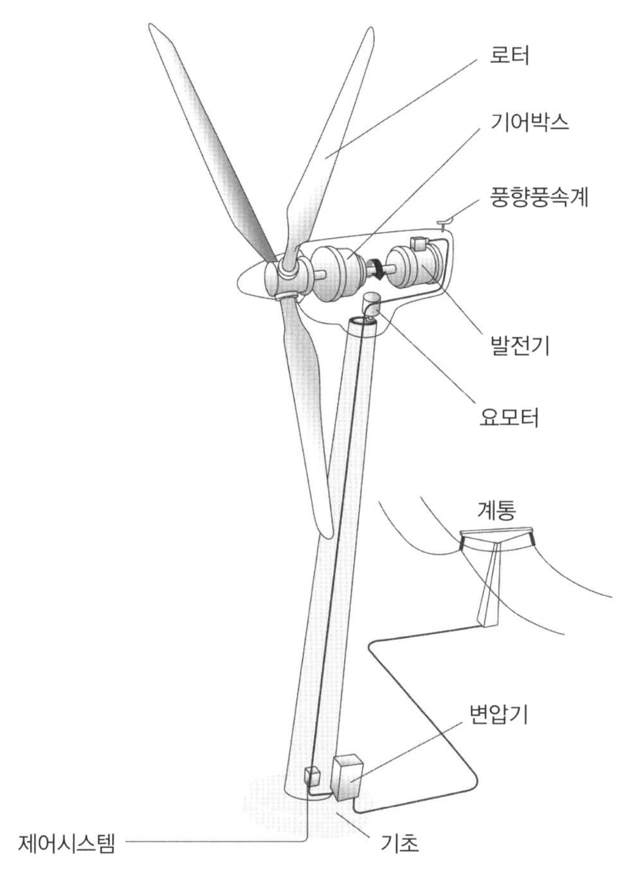

그림 3.11 풍력터빈 주요 부품. 풍력터빈은 기초, 타워, 나셀(발전기, 기어박스, 요 모터 등) 로터, 제어시스템 및 전력변환장치로 구성된다. 오늘날의 시장지배형 풍력터빈들은 유입풍속에 비해 5~7배 이상 빠른 속도로 회전하는 높은 팁 속도비를 가지며, 3매의 블레이드를 사용하고, 로터 회전속도는 5~30rpm 수준이다. 많은 제작사가 서로 다른 허브높이 또는 로터직경을 선택할 수 있는 옵션을 제공하므로 특정 지역에 가장 적합한 터빈 선정이 가능하다.

수직축 풍력터빈

수직축 풍력터빈의 장점은 발전기와 기어박스가 지상에 설치될 수 있어 유지보수가 편리하다는 것이다. 사보니우스 로터와 다리우스터빈 둘 다 상용화 제작이 되었으나, 소형 모델들만이 전력계통이 없는 지역에서 배터리 충전 등과 같은 틈새시장용으로 사용되었다(그림 3.12~3.15

참조).

핀란드의 기술자이자 발명가인 Georg Savonius는 1924년에 사보니우스 로터라고 불리는 수직축 터빈을 만들었다. 이 터빈은 S자 형태의 수직형 로터로 만들어졌고, 로터의 두 절반을 서로 겹치게 배치하여 바람이 그 가운데를 통과할 수 있게 함으로써 효율을 높일 수 있었다. 요즘에는 식당이나 상점 앞에 붙어 있는 광고판의 형태로 사보니우스 로터를 가장 많이 볼 수 있다. 이들은 돌고 있기는 하지만 전기를 생산하지는 않는다. 그렇지만 전기를 생산하는 용도로써의 사보니우스 로터들이 있기도 하다. 유지보수가 쉽고 강건한 구조를 갖지만 생산되는 전력량에 비해 많은 재료가 사용되고 효율이 매우 낮다(그림 3.13 참조).

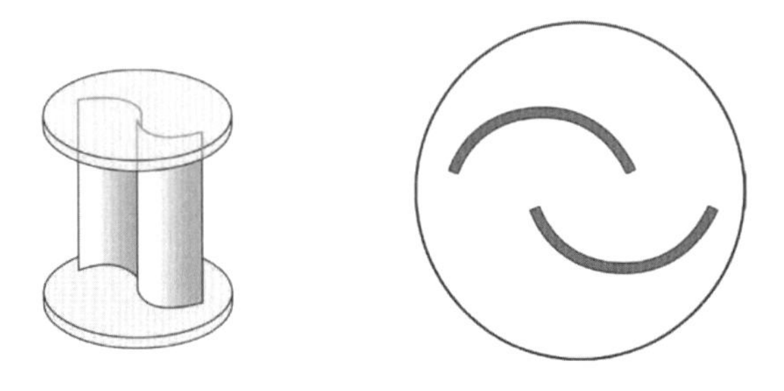

그림 3.12 사보니우스 로터(일러스트레이션: Gipe, 1993 자료를 이용하여 Typoform 재작성)

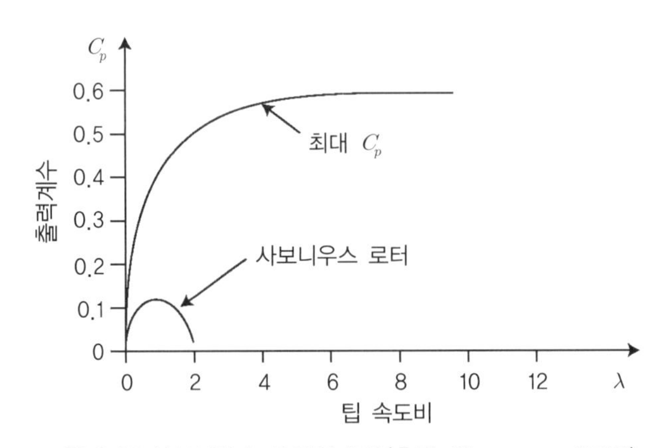

그림 3.13 사보니우스 로터의 효율(출처: Claesson, 1989)

사보니우스 로터는 등대 및 통신 지주대에서 충전용으로 사용되거나, 다리우스터빈의 시동모터용으로 사용되었다(그림 3.14 참조). 프랑스 기술자인 Georges Darrieus는 1925년에 달걀거품기 모양의 풍력터빈을 개발했다. 이 터빈은 2매 또는 4매의 블레이드를 이용하며, 타워 상단에서 하단까지 활 모양으로 장착되어 있다. 기계장치들은 지상에 설치되어 있다. 매우 얇은 블레이드들이 대칭 형상을 띄고 있으며, 이 형상은 원심력을 블레이드가 부착된 지점으로 유도하여 굽힘모멘트를 최소화할 수 있다. 대부분의 소재들은 굽힘강도에 비해 인장강도가 더 강하다. 다리우스터빈 제작에는 전력생산량에 비해 많은 재료가 사용되지 않는다.

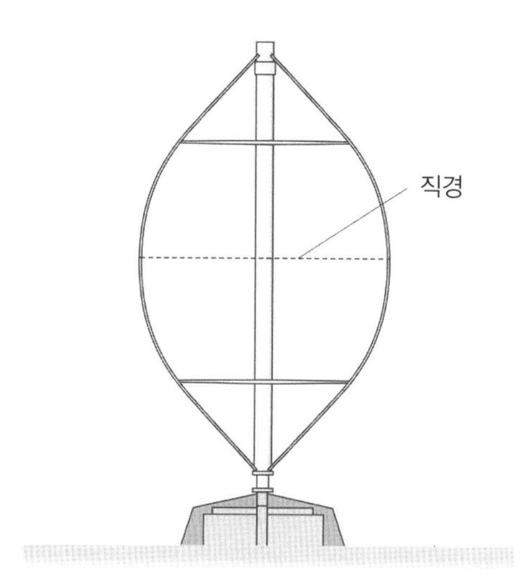

그림 3.14 다리우스터빈(일러스트레이션: Gipe, 1993 자료를 이용하여 Typoform 재작성)

이러한 대칭 형상을 갖는 다리우스터빈은 어떻게 회전할까? 스스로 기동될 수 없고 시동모터를 사용해야 한다. 일단 회전을 시작하면 바람과 회전속도의 상호작용에 의해 회전 방향으로의 양력이 발생한다. 다리우스터빈의 회전면적은 $A = 2/3D^2$으로 계산될 수 있다. 이 터빈의 팁 속도비는 6 근방에서 좁게 형성되고, 출력계수는 약 0.3 정도이다. 지금까지 MW 규모의 대형 시제품(캐나다) 다리우스터빈들이 제작되었으나, 상업용으로는 수 kW에서 150kW급 소형 터빈들만 사용된다.

자이로밀은 두 개 또는 그 이상의 직선형 수직 블레이드가 H 형상으로 축에 연결되어 있는 방식의 터빈이다(그림 3.15 참조).

로터가 회전하는 중에 블레이드 각도를 변경시킬 수 있는 기계장치를 통해 효율을 증가시킬 수 있다. 이 장치는 자체기동을 가능하게 하지만, 기동을 위해서는 블레이드 각도가 바람 방향에 대해 조정될 수 있어야 한다. 자이로밀 터빈의 회전면적은 $H \times D$로 계산된다. 블레이드가 부착된 지점에 작용하는 높은 하중과 굽힘 모멘트가 이러한 설계의 큰 단점이다.

자이로밀 터빈은 다리우스터빈에 비해 높은 효율과 넓은 팁 속도비를 갖지만, 높은 팁 속도비를 갖는 수평축 터빈에 비해 효율이 낮다.

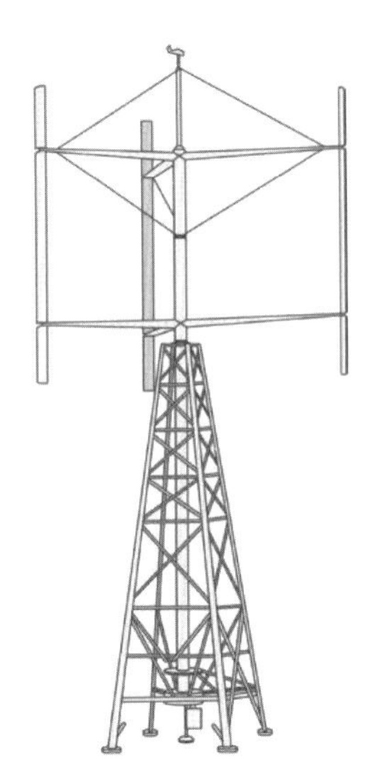

그림 3.15 자이로밀(일러스트레이션: Gipe, 1993 자료를 이용하여 Typoform 재작성)

풍력터빈 로터

풍력터빈 로터는 허브에 연결된 블레이드로 구성된다. 대부분의 상용 풍력터빈들은 3매의 블레이드를 갖도록 설계된다. 그러나 2매 또는 1매의 블레이드를 갖는 풍력터빈들도 있다. 블레이드 수가 작은 경우 로터 무게감소 및 다수의 터빈 구성부품들이 불필요하다는 장점이 있다. 작은 수의 블레이드를 이용해서 바람으로부터 많은 에너지를 회수할 수 없지만, 효율의 관점에서 그 차이는 무시할 수 있거나 블레이드 길이를 약간 늘이는 방법으로 보상할 수 있다.

3매의 블레이드가 장착된 풍력터빈들은 허브와 블레이드가 강건하게 연결된다. 반면, 1매 또는 2매의 블레이드를 장착한 터빈의 경우, 블레이드가 수직 방향으로 유연하게 움직일 수 있도록 연결된다. 이를 티터링 허브teetering hub라 하고, 터빈에 작용하는 하중감소를 위해 블레이드들이 작은 크기의 각도로 움직일 수 있다(그림 3.16, 3.17 참조).

그림 3.16 2매의 블레이드를 장착한 풍력터빈. 스웨덴의 Nordic Windpower에서 제작한 NWP 1000 풍력 터빈은 티터링 허브를 장착한 2 블레이드 타입 풍력터빈이다. 이러한 '소프트' 설계 개념을 통해 전체 터빈이 가벼워지고 저렴하게 제작될 수 있다(사진: Tore Wizelius).

그림 3.17 1매의 블레이드를 장착한 풍력터빈. 이탈리아의 Riva Calzoni는 1매의 블레이드를 사용한 후방향식(down-wind type) 터빈을 제작한다. 블레이드는 풍속이 증가할 때 터빈에 작용하는 하중을 감소시키기 위해 반대편에 설치된 위치 조정형 무게 추를 이용하여 균형을 유지할 수 있다(사진: Riva Calzoni).

▌로터의 팁 속도비

바람에너지를 효율적으로 사용하기 위해 로터는 그 크기(로터직경)에 따라 적정한 회전속도와 팁 속도비를 가져야 한다. 풍력터빈의 팁 속도비는 블레이드 수에 따라 달라지며, 블레이드 수가 작을 때 팁 속도비는 커진다. 이는 동일한 직경의 터빈이라 가정할 경우, 1 블레이드 터빈이 2 블레이드 터빈보다, 2 블레이드 터빈이 3 블레이드 터빈보다 더 빠른 회전속도를 필요로 한다는 것을 의미한다(그림 3.18 참조).

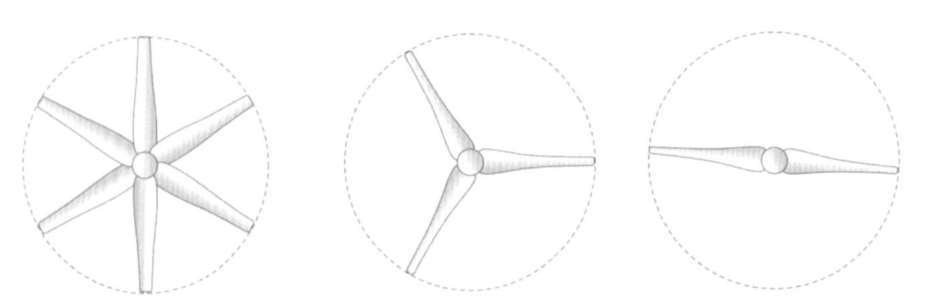

그림 3.18 블레이드 수와 팁 속도비의 관계. 6매, 3매, 2매의 블레이드가 장착된 풍력터빈과 팁 속도비(일러스트레이션: Sodergard, 1990 자료를 이용하여 Typoform 재작성)

팁 속도비와 회전속도 그리고 로터직경은 또 다른 상관관계를 갖는다. 팁 속도비는 로터 팁에서의 속도와 유입풍속에 관계되며, $\lambda = v_{tip}/v_0$로 정의된다. 특정 회전속도에서 블레이드 길이가 길어질 경우, 팁 속도는 증가한다.

회전속도는 일반적으로 기호 n으로 표기하며, 분당 회전수 rpm 단위를 사용한다. 팁 속도는 풍속과 같은 단위인 m/s를 사용한다. 회전속도와 로터반경에 따라 달라지는 팁 속도는 다음의 식으로 계산된다.

$$v_{tip} = \frac{n2\pi R}{60}\,\text{m/s}$$

여기서, R은 로터반경이다.

반경이 10m이고 회전속도가 30rpm인 로터의 팁 속도는 다음과 같이 계산된다.

$$v_{tip} = \frac{30 \times 2\pi \times 10}{60} \approx 30 \text{ m/s}$$

만약에 로터반경이 20m로 늘어난다면 팁 속도는 약 60m/s까지 증가하게 된다. 이때 팁 속도를 30m/s로 유지하고자 한다면 로터 회전속도가 15rpm으로 감속되어야 한다.

풍력터빈 블레이드가 회전할 때 블레이드 팁 속도는 루트 또는 중간지점의 속도보다 더 큰 값을 갖는다. 30rpm으로 회전하는 20m 길이의 블레이드 팁 속도는 60m/s이지만 블레이드 중간지점에서의 속도는 30m/s에 불과하다.

블레이드 루트로부터 팁 방향으로 갈수록 속도가 증가하기 때문에 각 단면에서의 상대풍속이 이루는 각도 또한 달라진다. 루트에서 팁으로 갈수록 상대풍속의 각도는 수직 방향으로 증가한다. 블레이드 전체에 걸쳐 일정한 받음각을 유지하기 위해서는 블레이드는 비틀림 각을 갖도록 설계되어야 한다(Box 3.2 참조).

Box 3.2 블레이드 비틀림

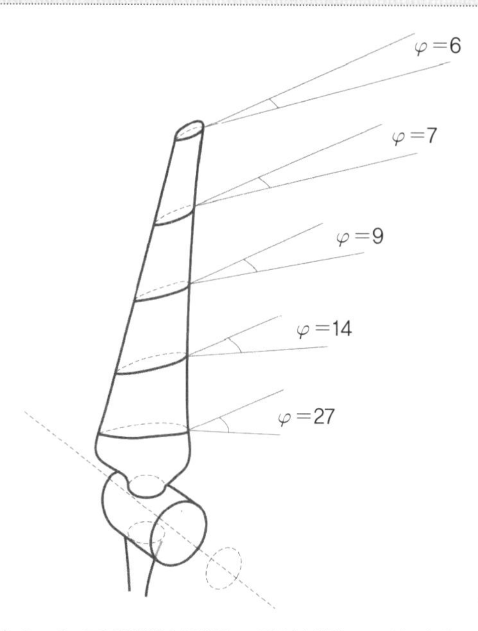

그림 3.19 풍속 9m/s 조건에서 블레이드 길이 방향으로의 상태유입풍속 방향 변화

$v_0 = 9$m/s

$2/3v_0 = 6$m/s(유입풍속의 크기가 로터 디스크 직전 단면에서 2/3로 감소하기 때문)

$$v_{tip} = 60\text{m/s} \quad \psi = 6$$
$$v_{0.8R} = 48\text{m/s} \quad \psi = 7$$
$$v_{0.6R} = 36\text{m/s} \quad \psi = 19$$
$$v_{0.4R} = 24\text{m/s} \quad \psi = 14$$
$$v_{0.2R} = 12\text{m/s} \quad \psi = 27$$

$$\psi = \alpha + \beta$$

여기서, ψ = 상대풍속이 수직면과 이루는 각도
α = 받음각
β = 블레이드 피치각도

특정 풍속조건에서, 회전면과 블레이드 코드가 이루는 비틀림 각도를 조정하여 받음각 α가 일정한 값을 갖게 한다.
$\beta = \psi - \alpha$

양력과 원주 방향 힘

로터의 특성은 블레이드에 사용된 에어포일에 의해 결정되기도 한다. 풍력산업 초창기(1970년대부터 1980년대)에는 NACA 에어포일 등과 같은 항공기용으로 개발된 에어포일들이 사용되었다. 1990년대부터 풍력터빈용 에어포일들이 개발되어 적용되었다. 단일 에어포일 형상은 여러 종류의 두께를 갖는다. 에어포일 형식을 나타내는 마지막 두 자리 숫자는 % 단위의 상대두께(코드 길이와 최대두께의 상대 값)를 의미하고, NACA 4412의 최대두께는 코드 길이의 12%이다.

풍력터빈 로터는 블레이드에서 발생하는 양력에 의해 회전된다. 원주 방향 힘은 양력과 다르다. 양력은 항상 상대풍속이 불어오는 방향에 수직하게 발생한다. 블레이드는 회전면에 대해 특정 각도(고정 또는 가변)를 갖는다. 에어포일은 마찰저항인 항력(D)을 가지며 상대 풍속 방향으로 작용한다. 이러한 힘들로부터 회전면에서의 원주 방향 힘 F_{circ}와 회전면에 수직하게 작용하는 추력 F_{thrust}을 계산할 수 있다. 로터의 회전력을 발생시키는 원주 방향 힘은 추력 F_{thrust}에 비해 크기가 작지만 회전속도가 빠르기 때문에 출력은 더 크게 발생시킨다(그림 3.20 참조).

풍력터빈 에어포일들은 원주 방향으로 큰 힘을 발생시키고 풍력터빈에 적합한 다른 특성들을 갖는다. 이러한 특성들은 풍동시험결과인 그림 3.21로부터 확인할 수 있다. 첫 번째는 받음각과 양력(L)의 관계를 나타내고, 두 번째는 양력계수와 항력계수의 관계를 보여준다.

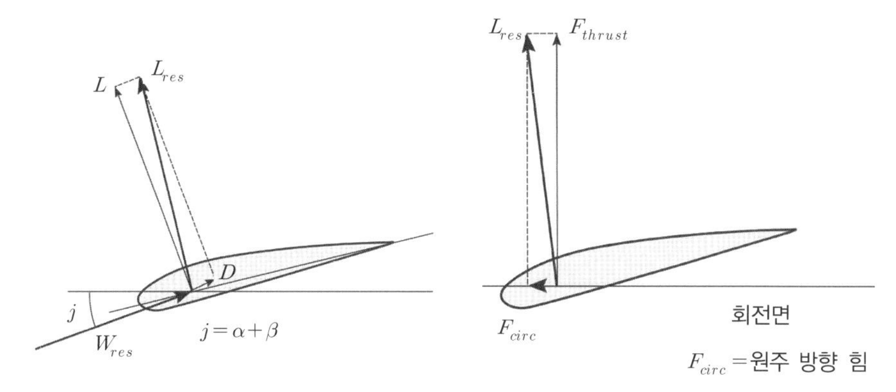

그림 3.20 양력과 주변부에 작용하는 힘. 공기가 에어포일을 지나갈 때 항력, D는 상대유입풍속(v_{res}) 방향으로 작용하고, 양력, L은 이에 수직 방향으로 작용한다. 이 두 힘에 의해 결정 양력, L_{res}가 좌측 그림과 같이 작용한다. L_{res}는 회전 방향으로 작용하는 F_{circ}(유용한 힘)와 회전 방향에 수직하게 작용하는 F_{thrust}(불필요한 힘)로 분리할 수 있다. 이 힘은 주축, 주 베어링 및 타워로 전달된다(일러스트레이션: Claesson, 1989 자료를 이용하여 Typoform 재작성).

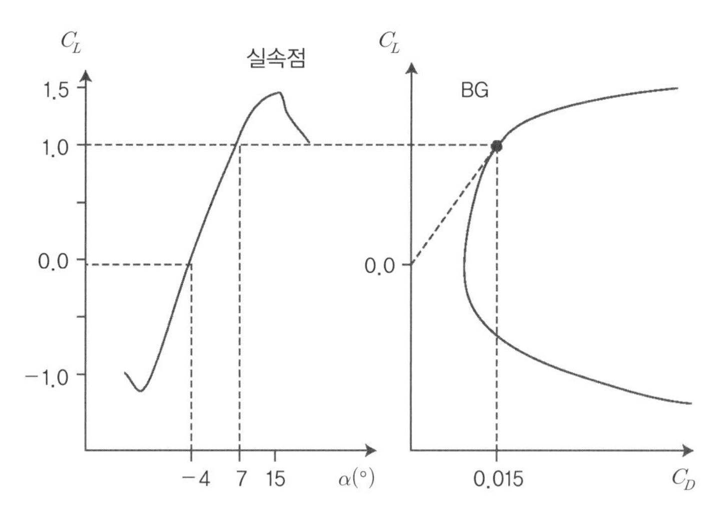

그림 3.21 에어포일 도표. 좌측 그림은 양력과 받음각의 관계를 나타낸다. 이 그림에서 에어포일은 받음각 -4° 에서 양력이 발생하고 최대 양력이 15°에서 나타나는데, 그 이후의 받음각 영역에서는 양력이 감소한다. 높은 받음각에서는 흐름이 흡입 면을 따라 부착되어 이동하지 못하기 때문에 강한 난류가 발생하여 유동 박리가 일어나고 실속에 빠져들게 된다. 우측 그림은 C_L과 C_D의 상관관계를 나타냄. C_L(양력계수)와 C_D(항력계수)는 표준화된 공기역학적 계수 값들이며, 서로 다른 크기를 갖는 에어포일의 양력과 항력을 계산할 수 있다. 최적 활공비(gliding ratio)는 C_L 축의 0 지점에서 이어진 접점에 존재함. 이 에어포일은 받음각 7°에서 가장 높은 효율을 보이며, 실속이 발생하는 15° 이상의 받음각까지는 충분한 여유가 있다.

블레이드를 통과하는 바람의 방향은 블레이드를 따라 변화하며, 팁으로 갈수록 회전면과 이루는 각도가 작아지게 된다. 상대풍속의 방향은 유입풍속이 변할 때마다 변하게 된다. 블레이드 각도와 회전속도가 일정한 값을 갖는다면, 받음각이 변하기 때문에 양력, 항력, 양항비 또한 계속 변하게 된다.

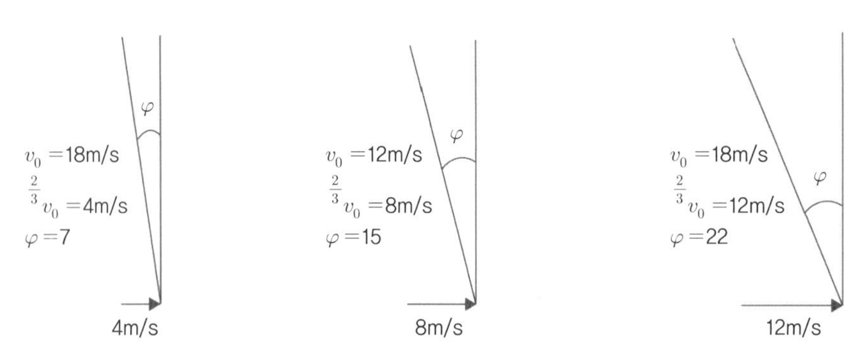

그림 3.22 상대유입 풍향 및 풍속. 30m/s의 속도로 회전하는 로터 블레이드 단면에서의 상대유입 풍향 변화. 고정 회전속도와 고정 블레이드 각도를 갖는 풍력터빈의 회전 면과 상대유입 풍속이 이루는 각도는 유입풍속이 커질수록 증가하며, 받음각도 따라서 증가한다.

1990년대 말까지 대부분 풍력터빈은 고정된 회전속도를 갖도록 설계되었다. 1MW의 정격출력을 갖는 터빈을 기준으로 로터직경은 약 50m, 회전속도는 약 25rpm이었다. 일부 터빈들은 고정된 두 개의 회전속도를 갖도록 설계되기도 했으며, 저풍속에서는 작은 용량의 발전기를 사용하고, 고풍속에서는 큰 용량의 발전기를 사용했다. 이런 방식을 이용하여 모든 풍속조건에서 로터가 거의 최적의 팁 속도비로 운전될 수 있었다. 이상적으로는 로터의 회전속도가 아니라 팁 속도비가 일정한 값으로 고정되어야 한다. 회전속도는 풍속이 증가할 경우 같이 증가되어야 한다. 그러나 만약 로터 회전속도가 변할 경우에는 발전기 회전속도가 변하기 때문에 전압과 주파수 또한 변하게 될 것이다.

1980년대에는 일부 제작사들이 인버터를 이용한 가변속도형 터빈을 제작했었으나, 요즘에는 대부분 제작사가 고정속도형 설계에서 가변속도형 설계로 전환했다. 이러한 설계의 전환이 가능했던 이유는 전력변환장치의 가격이 비교적 빠른 속도로 낮아졌기 때문이다. 다른 이유는 풍력터빈으로부터 생산되는 전력품질에 대한 계통운영자들의 요구 때문이다.

▌출력제어

로터를 회전시키는 바람은 동시에 풍력터빈을 바람 방향으로 밀게 된다. 이러한 추력이 크게 발생할 경우, 풍력터빈을 구성하는 특정 부품에 큰 하중이 작용하여 파손 또는 전복사고로 이어질 수 있다. 강력한 바람은 나무를 부러뜨리거나 지붕을 날려버릴 수도 있다. 풍력터빈은 설치된 장소에서 발생이 가능한 최악의 기상조건에 버텨야 한다.

출력제어의 의미는 풍속이 정격풍속에 도달했을 때 바람으로부터 얻을 수 있는 최대출력을 제한한다는 것이다. 정격풍속은 일반적으로 12~16m/s 사이 값으로 결정되며, 터빈제작사 및 터빈형식에 따라 다르다. 정격풍속은 발전기의 정격출력에 대해 로터직경을 변화시킴으로써 특정 지역의 바람조건에 적합하도록 설정될 수 있다. 태풍급 바람이 불어올 때는 사고방지를 위해 로터가 정지한다. 대부분 풍력터빈의 종단풍속cut-out 조건은 25m/s이다.

대형 풍력터빈의 출력제어는 피치제어와 실속제어와 같이 두 가지로 구분될 수 있다. 피치제어형 터빈들은 허브 중심으로부터 블레이드 길이 방향으로 이어진 가상의 축을 중심으로 블레이드가 회전(피칭)할 수 있다. 정격풍속 이상의 바람이 불어올 경우, 블레이드가 피칭하여 바람으로부터 얻어지는 출력을 감소시킴으로써 일정한 정격출력을 유지하기 때문에 출력 곡선은 특정 값을 기준으로 일정하게 나타난다. 종단풍속에 도달할 경우 블레이드가 페더링 위치까지 완전히 피칭하기 때문에 로터로 불어오는 바람은 양력을 거의 발생시키지 못하고 회전을 멈추게 된다.

실속제어형 터빈은 유입풍속이 정격풍속을 초과할 때 블레이드 윗면에서 와류(난류)를 발생시키는 형상으로 설계된다. 이때 양력은 감소하고 항력은 증가한다. 이러한 출력제어 방식으로 유입풍속이 정격풍속을 초과하는 조건에서 거의 정격출력에 가까운 출력을 얻을 수 있다. 강한 바람이 불어오는 조건에서 일정한 정격출력을 유지하기 위해, 원하는 만큼의 실속이 정확하게 발생될 수 있는 로터 블레이드의 제작은 어렵다. 이는 사실 공기밀도가 온도와 압력에 따라 변화하기 때문에 불가능한 일이다.

일반적으로는 실속이 점진적으로 증가하게 된다. 실속은 8~9m/s에서 시작되고, 정격풍속 이상에 도달할 경우, 가능한 터빈을 정격출력으로 일정하게 제어하기 위해 증가한다. 종단풍속에 도달한 경우에는 공기역학적 제동장치가 작동하여 로터를 정지시킨다. 이 제동장치는 블레이드 팁에 장치되어 있고, 대부분 제동을 위해 블레이드 팁 단면을 회전시키는 방식을 적용한다.

피치제어형 터빈과 같이 로터 블레이드가 길이 방향 축을 중심으로 회전(피칭)할 수 있는 능동 실속active stall제어 방법이 개발되기도 했다. 피치제어형 터빈은 유입풍속이 빨라질 때 출력을 감소시키기 위해 블레이드를 돌려서 받음각을 줄이며, 이때 바람은 더 쉽게 터빈을 통과하게 된다. 능동 실속제어형 터빈은 피치제어형 터빈과 반대 방향으로 블레이드를 돌리며 받음각이 증가함에 따라 실속이 발생하게 된다.

가변속도형 풍력터빈들은 풍속이 증가할 때 회전속도가 증가하기 때문에 받음각을 일정하게 (또는 최적으로) 유지하기 위한 블레이드 각도 조정이 필요하지 않다. 특정 회전속도와 출력에 도달했을 때에는 블레이드를 피칭하는 방식으로 출력을 제어한다.

Box 3.3 출력제어

과거의 풍차들은 밀러(miller)에 의해 수동으로 작동되었다. 바람이 세게 불어올 경우에는 풍차를 사용할 수 없었다. 이 경우에는 로터 블레이드를 구성하는 돛(천 또는 목재 판)을 제거했고, 체인을 이용해서 정지된 상태로 고정했다. 풍차가 작동 중일 때 예상치 못한 강한 바람이 불어올 경우에는 안전장치를 이용하여 작동 중인 블레이드의 일부 표면에서 돛을 걷어냄으로써 바람을 받는 면적을 줄였다. 다른 풍차들은 셔터 방식으로 자동으로 수풍면적이 제어되는 블레이드를 장착하기도 했지만, 대부분의 풍차들은 기계적 제동장치 또는 수동으로 정지되었다. 이 과정은 쉽지 않았고, 로터를 제동하는 과정에서 발생한 불꽃으로 인해 화재가 발생하기도 했다. 많은 풍차가 화재로 인해 소실되었으며 현재에는 소수의 풍차만이 남아 있다.

물을 끌어올리는 용도로 사용된 풍차들은 다른 방법으로 출력을 제어했다. 크고 특이한 형상을 한 꼬리날개(vane)를 이용하여 풍속이 증가할 경우, 꼬리날개 표면에 높은 압력이 작용하여 로터가 바람을 회피할 수 있도록 했다. 나셀이 타워에 편심이 되도록 장착된 Excenter 터빈은 로터에 작용하는 풍압이 정격풍속을 초과할 때 회피를 시작했다. 다른 소형 터빈들은 로터와 나셀이 헬티콥터 로터와 같은 위치로 타워 힌지에 의해 뒤로 재껴지는 제어방식을 적용하기기도 했다. 로터 회전면적이 작아질수록 출력 또한 작아진다.

풍속이 증가할 때 실속이 발생하는 에어포일을 적용하거나 길이 방향에 따라 블레이드를 피칭하는 방법 등으로 로터 출력을 제어하기도 했다. 다수의 단순한 또는 복잡한 형태의 출력제어 방법들이 개발되었으며, 부가질량을 갖는 무거운 금속 바로 이루어진 원심조절기를 허브에 가까운 쪽 블레이드에 부착하기도 했다. 이 블레이드가 회전할 때에는 스프링 장치에 의해 특정 위치까지 제어되었으며, 부착된 부가질량에 의해 발생된 원심력이 블레이드에 전달되었다. 회전속도가 빨라짐에 따라 원심력이 증가하는데, 이 힘이 스프링 저항력보다 커지는 경우에 블레이드가 피칭을 시작했고 발생 출력을 감소시킬 수 있었다.

로터 블레이드 설계

로터 블레이드는 다양한 특징을 가지며, 큰 하중에 견딜 수 있도록 설계되어야 한다. 따라서 최대 효율을 갖도록 설계된 이상적인 형태의 블레이드는 적합하지 않다. 대부분의 블레이드들은 세 개 이상의 에어포일로 설계된다. 허브에 가까운 지점에는 두꺼운 에어포일을 사용하고, 평균적인 두께를 갖는 에어포일은 중간지점에 배치되며, 가장 얇은 에어포일은 팁 가까운 단면에 위치한다. 허브에 가장 가까운 단면은 블레이드를 허브에 연결하기 위해 두껍고 강하게 설계되어야 한다. 이 블레이드 단면은 매우 두껍고 파이프처럼 원통형 구조를 갖는다. 루트에 가까운 단면들이 차지하는 회전면적이 작기 때문에 전력생산량에 큰 영향을 미치지는 않는다.

블레이드 외부 영역은 많은 재료가 사용되는 넓은 폭의 블레이드를 적용하는 것보다 회전면적을 증가시키는 것이 더 효과적이기 때문에 대부분 최적 형상이 갖는 블레이드 폭에 비해 작게 설계된다. 무게는 블레이드 길이의 한계를 결정하는 중요한 설계요소이다.

고정된 블레이드 각도를 갖는 실속제어형 터빈이 특정 회전속도에서 최적효율을 발휘하도록 비틀림 각이 결정된 블레이드를 사용하는 경우, 저풍속조건에서의 시동 특성은 좋지 않다. 따라서 블레이드 일부 영역에서는 풍속 3~5m/s에서 충분한 양력을 발생시켜 로터를 회전시킬 수 있도록 비틀림 각도가 결정되어야 한다.

풍속이 실속제어형 풍력터빈의 정격조건에 도달하면 출력은 실속현상에 의해 제어되고, 동시에 블레이드 전체에 실속이 발생하는 경우 회전속도의 변동성이 커지게 된다. 이러한 현상은 비틀림 각과 에어포일의 조합을 어떻게 적용하는가에 따라, 블레이드의 국부 영역별로 실속 특성을 다르게 발생시킴으로써 방지할 수 있다. 실속은 루트에 가까운 영역에서 시작되어 풍속이 증가함에 따라 블레이드 전체로 확장되고, 정격출력과 정격풍속에 도달하면 출력이 일정하게 나타난다.

피치제어형 터빈들은 바람이 거의 불지 않는 조건에서도 로터가 회전할 수 있도록 블레이드를 돌릴 수 있다. 이러한 형식의 터빈은 풍속에 따라 블레이드 각도를 일정하게 변화시킬 수 있고, 대형 터빈들은 높이에 따라 차이 나는 풍속변화에 대응하기 위해 매 회전 중에 피치 각도를 변화시킬 수 있다. 그러나 이러한 방법은 풍속이 빠르고 빈번하게 변화하기 때문에 합리적인 전략은 아닌 것으로 보인다. 블레이드 피치각도를 충분히 빠르게 조정하는 것은 어려운 문제이기도 하고, 특히 잦은 작동에 의한 부품 마모가 가속화될 수 있다.

피치제어는 주로 풍속이 정격 이상으로 불어올 경우, 출력제어를 위해 적용된다. 피치제어형 터빈들은 실속이 필요 없으므로 실속제어형 터빈과는 다른 종류의 에어포일들을 사용한다. 가변속도로 운전되는 터빈은 받음각이 일정하므로 블레이드 각을 일정하게 유지할 수 있다.

일부 실속제어형 터빈제작사들은 능동 실속제어라 명명된 장치를 개발했다. 이 장치의 장점은 일반 실속제어형 터빈보다 더욱 안정적인 출력제어가 가능하다는 점이다. 바람이 가지는 에너지는 풍속뿐만 아니라 공기밀도에도 영향을 받는다. 공기압력과 온도는 변화한다. 동일한 풍속조건에서 바람은 영상 20°C인 여름보다 영하 10°C의 겨울철에 더 많은 에너지를 갖는다. 발전기 측면에서는 바람직하지 않지만, 1MW 정격출력의 실속제어형 터빈은 겨울철에 1.1MW를 생산할 수 있다. 반대로 여름에는 터빈이 전체 발전용량을 활용할 수 없다. 터빈은 이러한 날씨(계절) 변화에 대해 블레이드 각도를 조정하여 최적화될 수 있다. 정격 이상의 풍속이 불어올 때에는 출력제어를 통해 일정한 수준의 정격출력을 발생시킨다.

피치제어형 풍력터빈들은 허브 내에 피치 메커니즘이 장치되어 있다. 일부 터빈제작사들은 나셀에 있는 유압펌프와 주축을 관통해서 허브로 연결된 피스톤 장치 통해 블레이드에 기계적인 힘을 전달하는 유압식시스템을 사용한다. 최근에는 각각의 블레이드 피치 각을 독립적으로 제어하는 기술이 개발되었다. 대형 터빈들은 나셀에 장치된 유압시스템을 허브에 장착할 수도 있다.

로터가 무부하 상태로 운전된다면, 최대 팁 속도비까지 매우 빠르게 가속될 것이다. 3개의 블레이드를 장착한 터빈들은 팁 속도비 6~7에서 가장 효율적인데, 무부하 상태에서는 순식간에 팁 속도비 18까지 가속된다. 50m 직경의 블레이드 팁 속도는 풍속 10m/s 조건에서 180m/s(650km/hour)에 이르며, 일반적인 모든 블레이드 팁 속도보다 크게 높은 수준이다.

전기에너지를 생산하는 터빈 부품은 발전기이다. 만약, 정전 등의 이유로 터빈이 계통에서 분리될 경우, 터빈에 작용하는 부하가 사라지게 되고 로터는 무부하 상태로 회전하게 된다. 따라서 모든 터빈은 공기역학적 제동장치를 갖추어야 한다. 만약 회전할 수 있는 블레이드를 사용한다면 블레이드 피치를 크게 조정하여 로터의 회전을 멈추게 할 수 있다. 블레이드가 수평위치로 회전하는 것을 '페더링feathering'이라 하고, 이 상태에서는 양력이 사라지고 공기와의 마찰에 의해 로터가 정지한다. 실속제어형 터빈들은 이러한 용도로 팁 영역 일부를 회전하는 구조로 설계되며, 블레이드 외부 영역이 다른 영역에 대해 수직한 위치까지 회전한다. 나셀 내부에도 로터가 감속되었을 때 또는 공기역학적 제동장치의 파손 시 긴급한 상황에서 작동하는 기계적 제동장치가 설치되어 있다.

로터 블레이드는 매우 큰 응력과 변형률에 노출되어 있다. 바람은 항상 변화하기 때문에 블레이드는 큰 하중 변화에 노출되어 있고, 응력과 피로에 충분히 견딜 수 있는 재료를 이용하여 만들어져야 한다. 구조 강과 알루미늄은 비용 효율적 측면에서 이러한 목적에 적합하지 않고, 대부분의 로터 블레이드는 유리섬유 또는 에폭시로 제작된다. 목재도 피로에 대한 저항성이 우수한 재료이기 때문에 실제로 플라스틱 코팅 처리된 합판으로 제작된 블레이드도 있다. 블레이드는 하중을 주로 지지하는 축의 역할을 하는 구조물 주변으로 에어포일을 쉘 형태로 감싸는 형태로 제작된다. 블레이드의 상대적 무게는 1980년대 초반부터 현재까지 $3kg/m^2$에서 $1.5kg/m^2$으로 반 이상 줄었다. 탄소섬유와 유리섬유 강화 에폭시를 사용할 경우, $0.5 \sim 0.7kg/m^2$까지 무게를 더 줄일 수 있다.

터빈의 크기가 증가함에 따라 탄성이 좋은 블레이드들이 만들어졌다. 일부 하중은 나셀과 타워로 전달되지 않고, 탄성이 우수한 블레이드에서 직접 흡수할 수 있다. 전 방향형 터빈들은 타워에 부딪히지 않기 위해서 블레이드의 탄성한계가 존재한다.

매우 추운 지역에 설치되는 풍력터빈은 블레이드에 결빙제거장치가 필요할 수 있다. 차가운 비와 안개 조건에서 블레이드에 결빙 현상이 빠르게 일어나, 에어포일 형상을 변화시킬 수 있기 때문에 로터의 공기역학적 특성이 변화한다. 결빙은 블레이드 무게 불균형을 유발할 수도 있다. 제어시스템이 불균형 상태로 운전되지 못하게 보호하기 때문에 이러한 조건에서 터빈은 작동될 수 없으며, 겨울 동안 많은 발전량의 손실을 초래한다. 이를 방지하고 블레이드에 착빙된 얼음을 제거하기 위해서는 결빙제거장치를 이용해야 한다. 나셀에 부착된 결빙 탐지기에 의해 제어되는 전기적 가열장치를 이용하여 얼음을 제거하는 시스템이 있다. 풍력터빈의 제어시스템에 중요한 정보를 제공하는 풍속계와 풍향계 또한 매우 추운 지역에서 얼어붙는 것을 방지하기 위한 가열장치가 마련되어야 한다.

나셀, 타워 및 기초

풍력터빈 타워 상단에 설치된 유니트를 나셀, 곤돌라gondola 또는 캐빈machine cabin이라 한다. 나셀 내부에는 기어박스, 발전기 및 기타 기계 및 전기부품들이 있다. 대부분의 대형 계통연계형 풍력터빈들은 원통형 강재 타워를 사용한다. 소형 터빈들은 격자형 타워 또는 당김줄 지지형 마스트를 이용하기도 한다. 강한 바람에도 전복되지 않도록 터빈을 지반에 단단하게 고정하기 위해 콘크리트로 보강된 기초 위에 설치된다. 만약 지반이 튼튼하고 안정적인 암반 등의 조건일 때에는 볼트체결 형식으로 설치될 수도 있다.

❙ 나셀

수평축 터빈의 나셀은 다수의 부품들이 장착될 수 있는 베드플레이트로 구성된다. 여기에는 주 베어링이 장착된 주축, 발전기, 나셀과 로터를 바람 방향으로 회전시키는 요 모터들이 설치된다. 또한 터빈제작사의 설계 특징에 따라 기타 부품들이 장착되기도 한다.

덴마크식 표준형 풍력터빈(3 블레이드 전 방향형 로터, 비동기식 발전기)은 1980년대 초부터 사용되었고, 로터에 의해 회전하는 주축, 주 베어링, 비동기식 발전기, 발전기가 전력을 생산하는 데 필요한 1,010rpm 또는 1,515rpm까지 증속하는 기어박스로 구성된다. 요 모터와 비상정지 및 제동용 디스크 브레이크도 있다. 풍속계와 풍향계는 나셀 상단에 장착되며, 터빈 제어시스템과 연결된다(그림 3.23 참조).

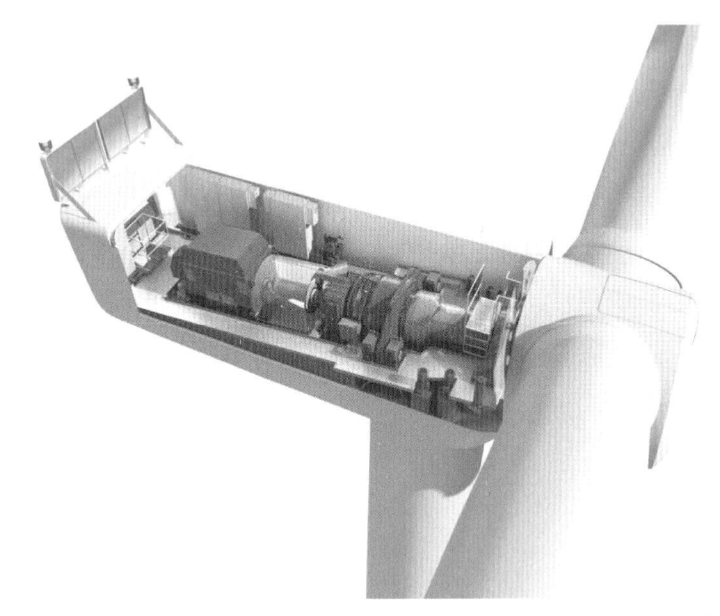

그림 3.23 나셀 - 덴마크식 표준 풍력터빈 개념도. 그림은 Nordex 풍력터빈 나셀이며, 기어박스를 장착한 전형적인 피치제어형 풍력터빈이다(일러스트레이션: Nordex SE).

주축은 나셀 앞으로 돌출되어 있다. 로터 허브는 주조 강으로 제작되며 축 끝단에 부착된다. 허브는 로터 전방의 난류를 줄여주고 장치를 보호하는 노즈 콘nose cone으로 감싸져 있다. 피치제어 또는 능동제어형 풍력터빈들은 블레이드 베어링이 장착되어 있고, 기계적 또는 전기적 장치에 의해 블레이드 각도를 조정한다. 유압을 이용하여 블레이드 각도를 조정하는 터빈은 주축을 관통하여 허브로 이어진 피스톤에 연결되는 유압펌프가 나셀 내부에 설치되어 있다.

기어박스는 주축에서 발생된 저속의 회전속도를 발전기가 필요로 하는 회전속도까지 증속시켜주는 역할을 한다. 6극으로 구성된 발전기는 전기에너지 생산을 위해 1,050rpm이 필요하고,

4극 발전기는 1,515rpm이 필요하다. 대형 풍력터빈의 로터 회전속도는 15~30rpm 수준이므로 몇 단계의 증속을 거쳐 빠른 회전속도로 변환된다. 대부분 풍력터빈은 3단 기어박스를 사용한다. 대형 터빈용 기어박스는 효율적인 윤활 및 냉각이 필요하므로 오일펌프와 오일 냉각시스템이 장착되어야 한다.

대부분 풍력터빈은 비동기식 발전기를 사용한다. 발전기의 크기는 정격출력에 따라 결정된다. 풍속이 낮은 경우에는 발전기에서 작은 출력이 발생한다. 많은 풍력터빈 모델은 두 개의 발전기를 사용하거나 단일 이중 권선형 발전기(4극과 6극 변환이 가능하여, 마치 두 개의 발전기를 사용하는 효과)를 사용한다. 작은 발전기가 저풍속조건에 대응하여 사용되고, 큰 용량의 발전기는 고풍속조건에서 사용된다. 다극 동기식 발전기를 사용하는 풍력터빈들도 있으며, 낮은 로터 회전속도에서도 전력을 생산할 수 있고, 기어박스를 필요치 않는다(그림 3.24 참조).

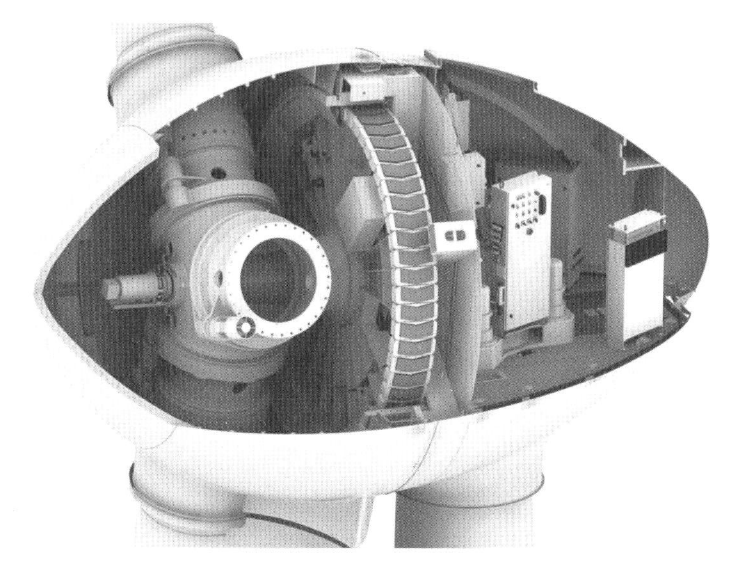

그림 3.24 직접구동형 풍력터빈. Enercon E - 48 터빈 나셀 구조. Enercon은 로터와 직접 연결된 대형 다극식 링 발전기를 사용한다. 허브 내부에는 로터 블레이드 피치제어를 위한 3개의 전기모터와 바람 방향에 터빈을 일치시키기 위해 요 모터가 장착되어 있다(출처: Enercon).

다극 동기식 발전기와 1단 또는 2단의 유성기어를 적용하여 일반 기어형 터빈에 비해 상대적으로 낮은 회전속도를 이용하는 하이브리드 방식도 존재한다.

풍력터빈은 공기역학적 제동장치와 나셀 내부에 장착된 기계적 제동장치와 같은 두 종류의 서로 다른 제동장치를 갖도록 설계된다. 기계적 제동장치는 주로 나셀 내부에서 유지보수 작업시 운전정지용 브레이크로 사용되지만, 공기역학적 제동장치가 고장 난 상황에서 로터를 정지시킬 수 있을 만큼의 충분한 제동력을 갖추어야 한다. 기어박스와 발전기를 연결하는 고속 축에 위치한 디스크 브레이크가 이러한 용도로 사용된다.

요 제어

바람을 효과적으로 사용하기 위해서는 로터가 바람 방향에 수직하게 위치해야 한다. 과거에 사용된 풍차는 풍차운전자가 바람 방향을 단순한 방법으로 확인하고 수동 또는 윈치 등의 도구를 이용하여 풍차의 방향을 바람 방향으로 제어했다. 초창기의 풍차 기술자들은 매우 독창적이었다. 이들은 네덜란드 풍차라고 불리는 장치를 개발했고, 이 풍차는 타워에서 분리된 상부를 가지며, 미끄럼 베어링 위에 장착된 상부를 돌릴 수 있어 돛을 바람 방향으로 일치시킬 수 있었다. 윈드 휠wind wheel이 로터에 수직하게 장착되어 있었기 때문에 바람 방향이 바뀌면 바람이 로터의 옆면을 밀면서 윈드 휠이 작동된다. 윈드 휠은 톱니바퀴에 연결되어 있어서 바람 방향으로 풍차의 상부를 회전시킬 수 있으며, 상부 구조물이 바람 방향에 수직하게 위치하게 되면 윈드 휠은 더 이상 움직이지 않는다. 이러한 방식의 기계적 요 시스템은 현재의 소형 풍력터빈 모델들에서 여전히 찾아볼 수 있다.

대형 터빈들은 풍향계에 의해 제어되는 요 모터를 이용한다. 바람 방향이 몇 도 정도 변화하고 특정 시간 동안 이 각도가 유지될 경우, 제어시스템은 변화된 바람 방향에 적합한 위치로 나셀을 위치시키라는 신호를 요 모터에 전달한다. 만약 나셀이 동일한 방향으로 수차례 회전했을 경우에는 나셀에서 지상으로 연결된 전력선이 꼬이게 되는데, 이를 다시 풀어주는 작업을 수행한다. 대부분의 터빈들은 나셀이 동일한 방향으로 3회전했을 때 제어시스템에 의해 작동이 정지되고, 요 모터에 의해 반대 방향으로 나셀을 회전시키면서 케이블 꼬임을 풀어준다.

타워

대부분의 대형 풍력터빈제작사들은 강재로 만들어진 중공 원통형 타워를 사용한다. 타워는 회색 또는 흰색으로 도색되며, 지상으로 갈수록 단면적이 넓어지는 형상을 갖는다. 터빈 허브 높이가 30m 수준에 불과했던 1980년대에는 길이 방향으로 용접하여 하나의 단면을 갖는 타워를 제작했었다. 요즘의 대형 터빈들은 타워 높이가 140m에 이르는 것도 있는데, 이들 타워들은 다수의 조각으로 분리 제작된 후, 볼트에 의해 연결된다. 타워는 지상에 출입문을 두고 있고,

제어시스템, 디스플레이 장치 및 일부 전기장치들이 타워 내부에 설치되기도 한다. 나셀로의 접근을 위해 타워 내부에는 사다리가 설치되어 있다.

일부 제작사들은 콘크리트 타워의 사용을 제안하기도 한다.

1980년대 소형 터빈에 주로 사용되었던 격자형 타워는 요즘에는 소수의 제작사들만이 사용하고 있지만, 소형 터빈용으로는 여전히 일반적으로 사용되고 있다. 격자형 타워는 적은 재료를 사용하고, 가볍고, 비용이 적게 든다는 장점이 있다. 또 다른 장점으로, 바람이 타워를 통과해서 지나갈 수 있다는 점이 있으며, 이는 터빈에 작용하는 하중을 줄여주는 역할을 한다. 그러나 대부분의 터빈제작사들은 실용적이고 미적인 이유로 강재 원통형 타워를 사용하는 것을 선호한다(일부 MW급 풍력터빈들은 격자형 타워를 적용하기도 했다). 예를 들어 덴마크에서는 대형 풍력터빈에 격자형 타워를 사용하는 것을 허용하지 않는다. 소형 터빈들은 주로 당김 줄에 의해 지탱되는 기둥형 타워를 사용한다.

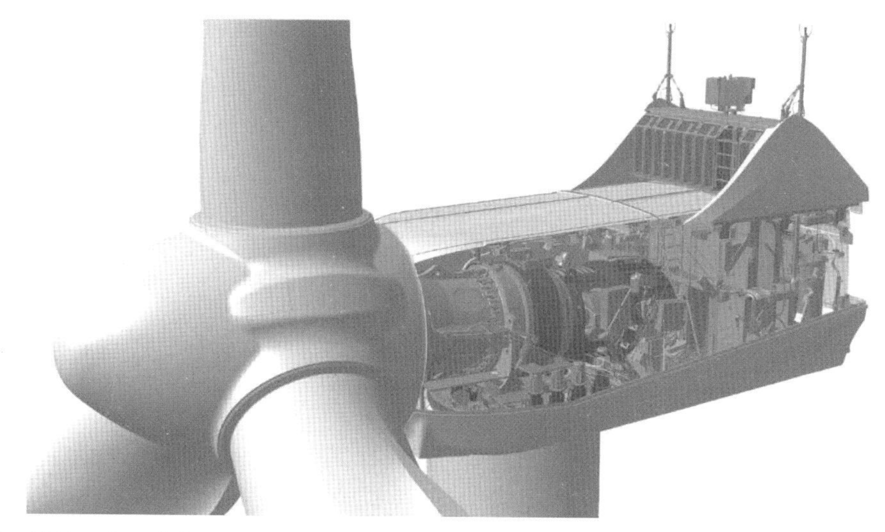

그림 3.25 하이브리드 개념. Gamesa G128 5.0MW 터빈은 하이브리드형 드라이브 트레인을 적용한다. 강건한 2단 유성기어가 다극식 영구자석형 발전기에 연결된다(출처: Gamesa).

그림 3.26 콘크리트 타워. 그림의 대형 Enercon 터빈에 적용된 콘크리트 타워는 조각으로 나뉘어 설치되는데, 강재 와이어로 서로 연결된다(사진: Tore Wizelius).

▎기초

풍력터빈이 설치되는 기초는 터빈의 무게를 전달하는 기능(지반의 꺼짐 방지)과 터빈의 전복을 방지하는 두 가지 역할을 한다. 기초부의 설계 및 무게는 터빈 크기와 특정 설치지역에서의 지반특성에 의해 결정될 수 있다.

보통의 지반에서는 2~3m 깊이를 파낸 후, 옆면 또는 직경을 따라 7~20m 크기의 정사각형 또는 원 모양을 이룬다. 이 치수는 터빈의 크기, 무게, 허브높이, 지면 상태에 따라 달라질 수 있다. 침수된 지면에서는 지하수가 들어 올리는 힘을 보상하기 위해 더 큰 기초를 필요로 한다. 바닥 평탄작업이 완료되면 스페이서로 분리된 층에 보강 바가 설치된다. 중심부에는 타워 기저부와 연결되는 기둥pillar이 지면 위로 돌출되어 있다. 그 후 콘크리트를 타설하여 기초가 완성된다. 콘크리트는 표면을 충진재로 덮거나 타워를 연결하기 전에 한 달 정도 충분히 경화시켜야 한다(그림 3.27 참조).

그림 3.27 중력식 기초. 1MW 풍력터빈 기초부 제작. 콘크리트가 약 1개월에 걸쳐 단단하게 굳은 후, 드러난 기초부를 흙으로 덮어 바닥을 복구한다(사진: Bernt Johansson/Bjarke vind ekonomisk forening).

풍력터빈을 암반 위에 설치하는 경우에는 타워와 암석을 볼트로 연결하기도 한다. 암석에 다수의 깊은 구멍을 뚫고 긴 강재 와이어를 끼워 넣은 후 콘크리트를 주입한다. 터빈의 크기에 따라 달라질 수 있으나, 개별 와이어들은 30톤 또는 그 이상의 견인력을 견뎌야 한다. 그런 다음, 타워의 장착 베이스가 형성되어 강철 와이어에 고정된다(그림 3.28 참조). 해상풍력의 경우, 해저 면의 지반특성에 따라 다른 형태의 기초들이 사용된다. 얕은 수심에서는 중력식 또는 모노 파일이 사용되고, 깊은 수심에서는 트라이팟 기초를 사용한다. 중력식 기초는 조선소에서 제작되며 강화 콘크리트로 만들어진다. 해저면 평탄작업이 완료되면 중력식 기초를 설치지점까지 끌고 와서 내부에 고중량물을 채운 후에 바닥에 가라앉히는 방식으로 설치한다. 모노파일은 단순하게 타워의 연장이라고 생각할 수 있다. 모노파일 기초는 바닥에 뚫어진 구멍에 끼워 넣거나, 항타 장비를 이용하여 박아 넣는 방식으로 설치한다. 트라이팟은 세 개의 다리로 구성된 철재 구조물이다.

그림 3.28 암반 기초. 암반 기초는 볼트 또는 10~15m 깊이로 구멍을 뚫은 후 강재 와이어를 삽입하는 방식으로 고정된다(사진: Tore Wizelius).

전기 및 제어시스템

대부분의 현대식 풍력터빈은 바람의 운동에너지를 전기에너지로 변환한다. 로터는 바람의 운동에너지를 축을 돌리기 위한 회전력으로 변환하고, 축에 의해 전달된 힘으로 발전기를 구동시켜 전기에너지를 생산한다. 발전기는 구동부인 로터와 정지부인 스테이터로 구성된다. 발전기 로터에는 영구자석 또는 전자석에 의해 자기장이 형성된다. 풍력터빈이 회전하기 시작할 때 발전기는 회전자기장을 만들어낸다. 이 자기장이 정지된 코일을 통과하면 코일에서 전류가 유도되고 이 전류는 전력계통으로 공급된다.

대부분의 발전기는 교류전류AC를 만들어낸다. 이는 로터가 매 회전할 때마다 전류와 전압의 방향이 수차례 바뀌게 된다는 것을 의미한다. AC 전류의 주파수, 즉 주기 수는 발전기의 회전속도에 따라 결정된다. 발전기로부터 일정한 주파수를 얻기 위해서는 풍력터빈의 회전속도가 항상 일정하게 유지되어야 한다. 만약 회전속도가 변할 경우, 주파수와 전압이 변하게 된다.

▎풍력터빈의 전기시스템

발전기를 사용하고 계통에 직접 연계되어 있는 풍력터빈들은 계통주파수에 일치하는 회전속도를 갖는다. 유럽은 50Hz, 즉 초당 50 싸이클의 주파수를 갖는다(미국은 60Hz이다). N과 S극, 단 2극으로 이루어진 단순한 발전기가 50Hz의 주파수 공급에 필요로 하는 로터의 회전속도는 50 × 60초 = 3,000rpm이다. 발전기의 극수는 증가될 수 있기 때문에 1 회전당 1 싸이클 이상을 얻을 수 있다. 4극 발전기는 50Hz를 공급하기 위해 1,500rpm이 필요하다. (회전속도와 발전기 극 수의 관계는 $n = 6,000/p$로 계산될 수 있고, p는 극 수이다.) 대부분의 양산되는 발전기는 4극 또는 6극을 가진다. 전력계통에서는 3상 교류전류를 사용한다. 이는 세 개의 교류전류들이 서로 평행하게 움직이는 것을 의미한다. 이들 3개의 전류는 1/3 주기로 서로 치환된다. 발전기는 각 전류에 대해 1쌍의 극을 이용하여 세 개의 분리된 AC 전류를 만들어낸다.

일부 제작사들은 64 또는 96극 이상의 매우 많은 극수를 갖는 고리형 발전기를 사용하기도 한다. 직경이 큰 이러한 발전기들은 낮은 회전속도(주변 속도는 터빈의 로터 회전속도와 마찬가지로 발전기 직경에 따라 증가함)에서도 발전이 가능하다. 발전기 극 수와 직경을 증가시켜서 전기에너지 생산에 필요한 발전기 회전속도를 로터 블레이드의 회전속도까지 효율적인 방법으로 낮출 수 있다. 이러한 설계 개념을 적용하면 기어박스가 필요치 않다.

풍력터빈에는 서로 다른 두 종류의 발전기가 사용된다. 동기식 발전기는 계통연계 유무에 상관없이(국소계통, 배터리저장장치, 국소부하(워터펌프 등)) 사용될 수 있다. 비동기식 발전기는 회전자를 자화magnetize시켜 작동하고, 계통주파수에 의해 제어되기 때문에 계통에 연결되어야 한다. 발전기 회전자의 회전속도와 계통주파수가 완벽히 일치할 때 발전기는 이상적인 상태로 운전된다. 전기에너지를 생산하기 위해서는 주파수보다 약간 높은 수준으로 회전속도가 비동기화되어야 한다. 정격회전수 1,000rpm인 비동기식 발전기는 전 출력을 발생시키기 위해 1,010rpm으로 작동되어야 한다(그림 3.29 참조). 터빈에 설치된 비동기식 발전기는 고정된 로터 회전속도를 갖지만, 실제로는 회전속도가 완벽하게 고정되지는 않는다. 회전속도가 동기속도에 비해 낮다면 발전기는 양의 토크를 발생시키며, 전기모터와 같은 역할을 하게 된다. 반대로 풍력터빈 로터에 의해 구동되는 고속 축의 회전속도가 동기속도보다 조금 빠르다면, 발전기 기능을 하며 계통에 전력을 송전하게 된다. 동기속도와 정격 rpm 사이의 정상작동 범위는 최대 약 1%의 편차를 보인다(그림 3.29에서 토크가 100%인 지점). 풍속이 증가하면 토크가 증가하여 로터가 가속되려 하지만, 대신에 로터 자기력이 증가하여 발전기 출력을 증가시킴으로써 더 많은

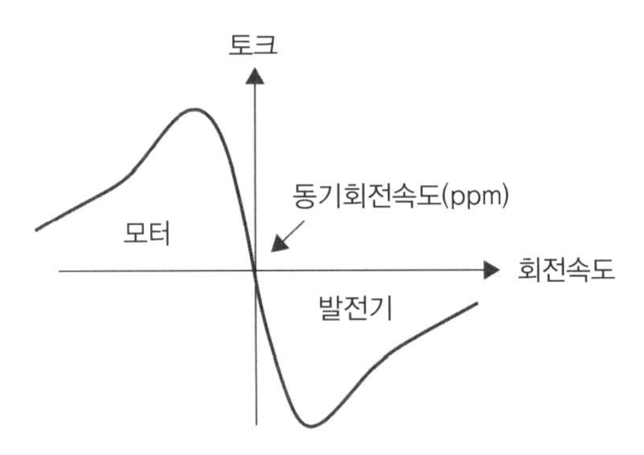

그림 3.29 비동기식 발전기의 모멘트 곡선. 이 그림은 축 토크와 비동기식 발전기의 회전속도 사이의 관계를 나타낸다.

전기에너지를 송전할 수 있게 한다.

동기속도에서의 작동속도 편차를 슬립slip이라 하며, 정격회전속도에 대한 백분율 편차로 나타낸다. 슬립은 발전기 정격출력에서 약 1% 수준으로 가장 크게 나타난다. 발전기가 정격출력을 발생시킬 때 로터의 축 토크가 증가되도록 두지 않는다. 풍속이 점차 증가할 경우, 발전기의 과부하를 방지하기 위해 로터를 회전시키는 힘의 일부는 피치 또는 실속제어 등에 의해 버려지게 된다. 만약 불필요하게 높은 출력이 오랫동안 발생할 경우, 발전기는 과열 등의 문제로 인해 파손될 것이다. 짧은 기간 동안의 과출력은 허용될 수 있다. 이러한 현상은 피치제어시스템이 블레이드 각도를 새로운 고풍속조건에 맞도록 조정하는 과정에서 발생될 수 있다. 발전기는 시동풍속에 근접한 바람이 불어오는 상황에서 터빈이 잦은 시동과 정지를 반복하는 것을 방지하기 위해 짧은 시간 동안 모터처럼 작동할 수 있다.

동기식 발전기는 전기를 생산하기 위해 반드시 계통에 연계될 필요는 없다. 이는 국부계통에 연계할 수 있으며, 열을 발생시키는 전기 저항기를 단계적으로 연결하고, 부하를 변경하여 로터 회전속도를 풍속에 맞춰 조정할 수 있는 전기온수기 등에 직접 연결할 수도 있다. 이러한 일들을 통해 터빈은 효율적인 팁 속도비를 유지할 수 있다. 주파수가 변하기는 하지만 가열 부하에는 아무런 문제가 되지는 않는다.

▌풍속과 출력의 상관관계

발전기의 크기는 정격출력에 따라 결정된다. 풍력터빈의 정격출력은 정격풍속조건(12~16m/s, 터빈제작사, 모델, 사이트 등에 따라 다름) 또는 그 이상의 풍속조건에서 도달한다. 저풍속조건에서의 출력은 매우 낮게 나타난다. 풍속과 출력의 관계는 출력 곡선으로 나타난다(그림 3.30 참조).

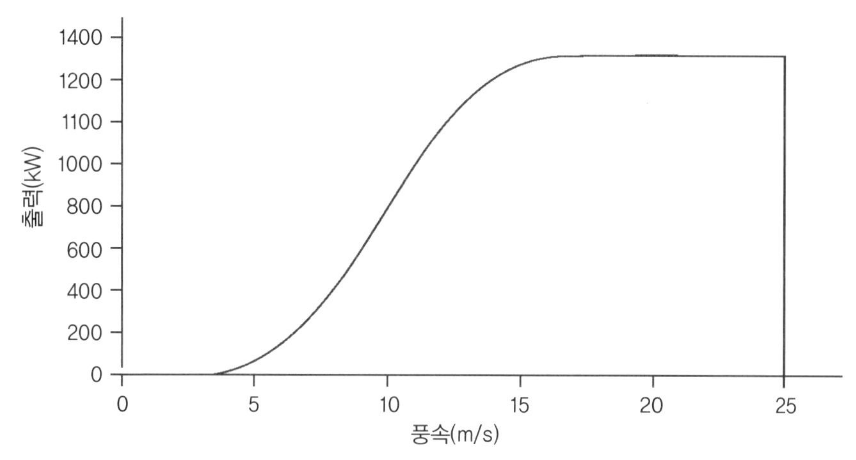

그림 3.30 풍력터빈의 출력 곡선. 출력 곡선은 각 풍속조건에서 터빈이 얼마만큼의 출력을 발생시킬 수 있는지를 나타낸다. 이 터빈은 4~5m/s에서 출력을 발생시키기 시작해서 16m/s에서 정격출력인 1,300kW를 발생시킨다. 종단풍속(25m/s 이상)에서는 출력이 발생되지 않으며, 터빈은 제어시스템에 의해 작동을 정지한다.

특정 최대 풍속(대부분 25m/s)에서 풍력터빈은 작동을 멈추게 되며 계통으로부터 분리된다. 터빈이 정지하고 제동된 상태로 있을 때 터빈에 작용하는 하중은 감소되며, 로터는 회전하지 않는다. 정지 상태에서의 풍력터빈은 허리케인 수준의 고풍속조건(60m/s)에서도 안전하다. 풍력터빈이 견딜 수 있도록 설계되는 최대풍속을 생존 풍속survival wind speed이라 한다. 연중 25m/s 이상(종단풍속)의 바람이 불어오는 총 시간이 짧으므로, 이 기간 동안 터빈정지로 인해 생산하지 못한 전력량은 무시할 만한 수준이다.

미국인 Charles F. Brush는 1887~1888년에 최초의 전력생산용 풍력터빈을 설치했다. 이 터빈은 20년 동안 작동했으며, 배터리 충전용으로 사용되었다. 20세기에 접어들면서 덴마크에서도 전력생산용 풍력터빈이 개발되었다. 이 터빈들은 독립형 시스템으로 제작되었고, 배터리 충전, 물 끓이기, 워터 펌프 작동용으로 사용되었다. 오래전 터빈들은 DC 발전기를 사용했다. 이런 유형의 발전기에서는 전력이 로터에서 발생하며, 회전 접점(정류자)을 통해 전기가 송전된다. DC 발전기의 심각한 단점은 정류자가 마모되어 서비스 필요성이 증가한다는 점이며, 이러한 유형의 발전기는 현재 거의 사용되지 않는다.

AC 발전기를 이용하여 배터리를 충전할 경우, 첫째로 정류기를 통해 교류전류를 DC로 변환해야 한다. 현재 이러한 형식의 100W~수 kW급 소형 풍력터빈을 필요로 하는 틈새시장이 있으며, 캐러밴caravan, 항해용 요트, 휴가용 교외 별장, 등대, 통신 탑, 해상 오일 플랫폼 등 계통연계가 불가능한 조건에서 배터리 충전용으로 사용된다. 소형 터빈의 로터 회전속도는 매우 빠르므로 기어박스가 불필요하다. 대부분 영구자석형 동기식 발전기를 사용하는 직접 구동식으로 설계된다.

▌고정 회전속도를 갖는 비동기식 발전기

최초의 계통연계형 풍력터빈은 1970년대 말에 설치되었으며, 1980년대 초에 표준 비동기식 발전기를 사용하는 실속제어형 풍력터빈이 시장에 출시되었다. 이 터빈은 고정속도로 운전되며, 매우 단순한 전기시스템으로 구성되었다(그림 3.31 참조).

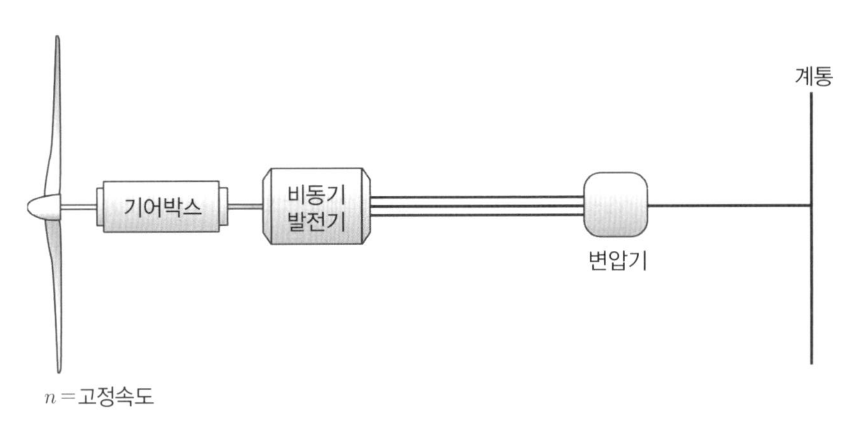

그림 3.31 고정속도형 비동기식 발전기. 비동기식 발전기의 부하가 로터로부터 전달되는 출력에 비례하여 증가하므로, 회전속도는 고정된 채로 거의(슬립) 변하지 않는다. 발전기 회전속도를 1,500rpm까지 증속시키기 위해서는 기어박스가 필요하다(일러스트레이션: Typoform).

이러한 단순한 설계는 몇 가지 문제점의 원인이 되었고, 계통운영자들은 풍력터빈 수가 증가하게 되면 전력품질에 부정적인 영향을 미친다고 주장했다. 풍력터빈의 발전기가 계통에 연결되었을 때의 영향은 실제로 같은 크기의 전기모터가 시동되었을 때와 같다. 풍력터빈이 작동되어 계통에 연결되면 발전기는 회전자를 자화시키기 위해 무효전력이 필요하다. 발전기가 계통에 연결되면 짧지만 강력한 전류 스파이크가 발생하고 전압강하가 1초 동안 발생한다. 운전 중에 터빈은 유효전력을 발생시키지만, 계통으로부터 무효전력을 일부 사용하기도 하므로 계통용량에 불필요한 수요를 부담하게 한다.

소프트스타트 발전기

예전에는 풍력터빈 정격용량이 작았기 때문에 계통 교란 문제 또한 허용한계를 초과하지 않았다. 그러나 이러한 문제점을 해소하기 위해 무효전력 소비와 차단전류를 감소시켜주는 커패시터, 소프트스타트(한 쌍의 사이리스터로 구성되는) 등의 부가장치들이 터빈에 장착되었다(그림 3.32 참조).

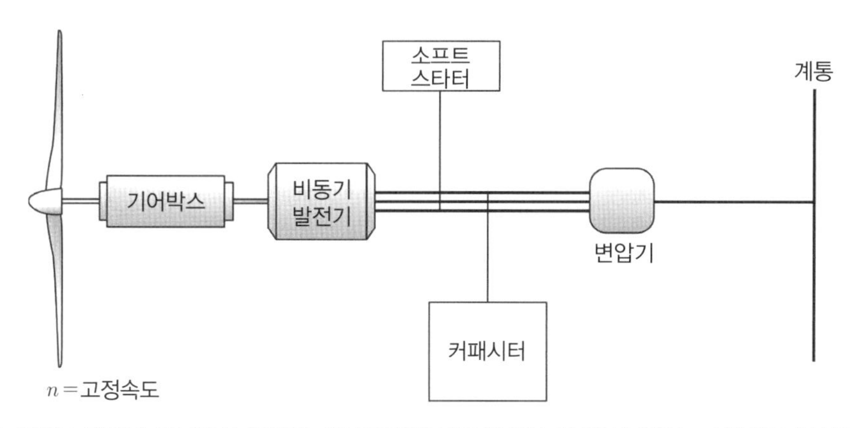

그림 3.32 그리드 적응형 비동기식 발전기. 풍력터빈이 계통에 접속될 때 발생하는 스파이크 현상을 억제하기 위해 소프트스타터를 사용하고, 무효전력 수요를 줄이기 위해 커패시터를 설치한다.

부분 부하로 운전되는 발전기(500kW의 발전기가 100kW의 전력을 생산할 때)의 효율은 정격조건으로 운전될 때에 비해 크게 낮다. 상대적으로 높은 풍속조건에서 우수한 팁 속도비를 갖도록 설정된 고정속도형 터빈은 팁 속도비가 높은 이유로 저풍속조건에서 로터효율이 상대적으로 낮게 나타나며, 동시에 부분 부하 상태로 운전되는 발전기 또한 낮은 효율을 보인다.

▎이중 발전기

특히 저풍속조건에서의 바람에너지를 보다 효율적으로 활용하기 위해서, 일부 터빈제작사들은 두 대의 발전기를 사용하거나, 이중 권선형 발전기(한 대가 두 대의 발전기와 같은 역할을 함)를 사용했다. 6극, 1,000rpm 소형 발전기는 저풍속에서 상대적으로 낮은 회전속도로 전 부하 발전을 한다(팁 속도비가 더 우수). 풍속이 특정 한계지점(~7m/s) 이상으로 증가할 경우에는 4극, 1,500rpm의 보다 큰 발전기가 교차 발전을 시작하며, 회전속도는 고정속도 설정값으로 상승하게 된다(그림 3.33 참조). 저풍속에서 회전속도를 낮춤으로써 로터가 회전할 때 발생하는 공기역학적 소음이 줄어들 수 있다. 소음은 거주 지역에 풍력터빈을 설치하고자 할 때 가장 중요하게 고려되어야 하는 제한요소이기 때문에 소음 레벨의 감소는 큰 장점이 된다.

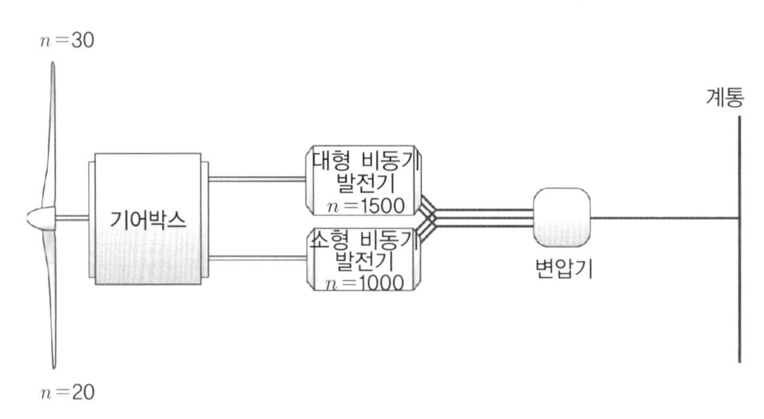

그림 3.33 두 개의 발전기를 사용하는 풍력터빈. 낮은 풍속을 더 효율적으로 사용하기 위해 두 개의 발전기를 적용한 풍력터빈이 개발된다. 작은 용량의 발전기는 저풍속용으로 사용하고, 큰 용량(정격용량)의 발전기는 더 높은 풍속조건에서 사용된다(일러스트레이션: Typoform).

▎가변속도

바람에너지를 최대한 효율적으로 얻기 위해서는 풍력터빈의 로터 회전속도가 풍속에 비례해야 한다. 가변속도형 풍력터빈은 모든 풍속조건에 대해 팁 속도비를 최적화할 수 있다. 높은 팁 속도비를 갖는 터빈들은 팁 속도 값의 범위가 광범위하며, 최적값을 기준으로 상당 부분 변화할 수 있고, 높은 효율을 유지할 수 있다. 두 대의 발전기를 사용하는 터빈들은 가변속도형 터빈의 초기 방식이라 할 수 있다.

발전기가 가변속도로 운전되면 전기적 출력의 주파수가 변동하게 된다. 전류는 계통에 적합하도록 송전되어야 한다. 이 문제를 해결하기 위해 발전기가 계통에서 분리된다. 발전기에서 생산하는 AC는 일차적으로 DC로 정류되며, 계통주파수와 전압으로 변환하는 장치인 인버터에 의해 다시 AC로 변환된다. 가변속도형 풍력터빈은 1980년대 후반부터 시장에 등장했다. 이들은 주파수 변환장치 등과 같은 전력변환장치를 장착하고 동기식 발전기를 사용했다(그림 3.34 참조).

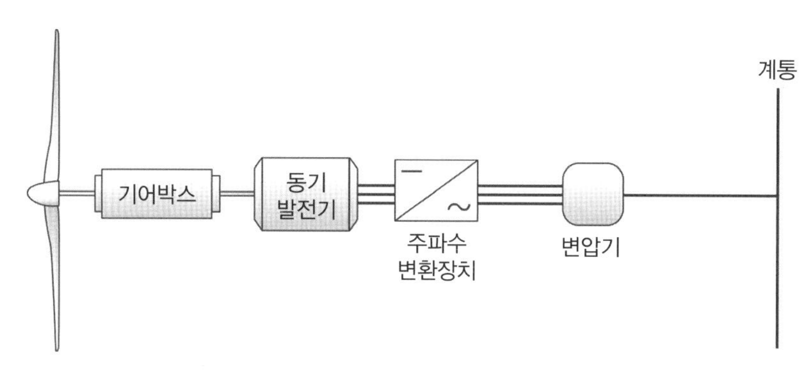

그림 3.34 가변속도형 터빈. 가변속도형 풍력터빈은 동기식 발전기를 사용할 수 있다. AC 전류를 정류해서 주파수 변환장치를 이용하여 계통에 일치하는 주파수로 재변환한다(일러스트레이션: Typoform).

동기식 발전기

링 발전기라 불리는 다극 동기식 발전기들은 수력발전소에서 오랫동안 사용되었다. 이 형식의 발전기는 낮은 회전속도에서도 발전이 가능하다는 장점이 있다. 풍력터빈에서는 링 발전기가 기어박스 없이 로터에 의해 직접 구동될 수 있다. 풍력터빈 또한 동기식 발전기를 사용할 수 있다.

독일의 풍력터빈제작사인 Enercon에서 1992년에 이러한 형식으로 설계된 E-40 모델을 최초로 출시했다. 링 발전기는 직경이 약 4m 정도로 크고, 4극, 6극의 일반적인 표준 발전기 대신에 60극의 동기식 발전기를 적용했다. 링 발전기는 로터와 동일한 회전속도에서 발전이 가능하다. Enercon 터빈들은 가변속도형으로 설계되었고, 생산되는 전력을 계통에 송전하기 위해 전력전자 장치를 사용했다(그림 3.35 참조).

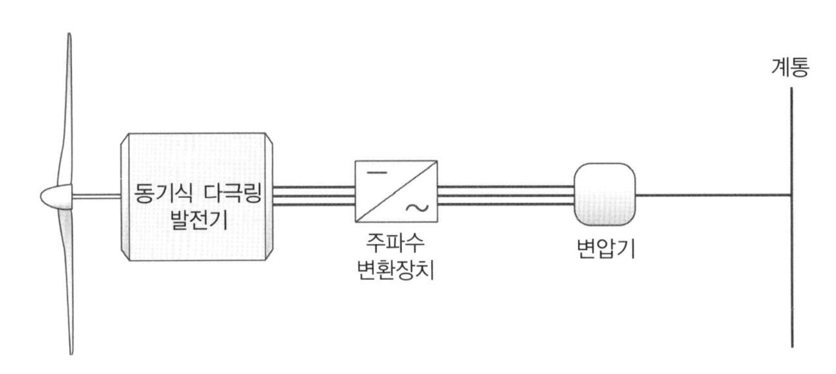

그림 3.35 직접 구동식 링 발전기를 사용하는 터빈. 다극식 링 발전기는 낮은 회전속도로 인해 로터에 직결된 형태의 적용이 가능하다. 동기식 발전기는 가변속도로 운전되므로 전력변환장치를 이용해서 계통 전압과 주파수에 일치하도록 전류를 변환해야 한다(일러스트레이션: Typoform).

동기식 발전기의 큰 장점 중 하나는 유지보수가 필요한 기어박스가 사용되지 않는다는 점이며, 대형 링 발전기의 무게가 무거우므로 터빈 무게가 증가한다는 단점도 있다. 일부 터빈제작사들은 단순하고 강건한 형태의 1단 또는 2단의 유성기어와 상대적으로 작은 다극 링 발전기를 사용하는 하이브리드 터빈을 개발하기도 했다. 현재는 영구자석PM: Permanent Magnets을 사용하는 다극 발전기를 사용한다.

가변속도로 운전되는 터빈 로터는 바람을 더욱 효과적으로 활용할 수 있다. 이 형식은 다음과 같은 또 다른 장점이 있다. 바람은 크고 작은 난류 성분을 갖기 때문에 터빈의 부품 변형률에 큰 영향을 미치는 작용 하중이 항상 변화한다. 만약, 로터 회전속도가 변할 수 있다면 돌풍 조건에서 로터의 회전속도가 증가하더라도 더 많은 에너지를 회수할 수 있으므로 하중이 주축과 기타 부품요소로 전달될 필요가 없다. 터빈이 대형화될수록, 터빈에 작용하는 하중을 줄이려는 노력이 더욱 중요해지고 있다.

발전기 슬립

비동기식 발전기를 사용하는 터빈제작사들은 로터 회전속도를 특정 범위 이내에서 변화시킬 수 있도록 설계한다. 이를 가능하게 하는 기술은 로터 와인딩 내 저항을 변화시키거나 전력전자장치를 이용해서 전류를 제어하는 것이다. Vestas사는 발전기 회전속도의 슬립을 1~10% 증가시킬 수 있는 OptiSlip이라는 시스템을 개발했다. 갑작스러운 돌풍이 불어올 때는 로터 회전속도가 약 10% 정도 증가하는데, 이때 발전기의 출력과 주파수에 영향을 주지 않는다. 잉여

출력은 열에너지로 소산된다.

비동기식 발전기 기술개발의 다음 단계는 로터 캐스케이드 커플링rotor cascade coupling이 있는 슬립 링을 사용하는 것이다(그림 3.36 참조). Vestas, Nordex 및 일부 터빈제작사들이 이 기술을 적용했다. 비동기식 발전기의 전류는 발전기 로터에 의해 유도된다. 이 전류는 낮은 주파수를 가지며 발전기 회전속도의 슬립에 의해 제어된다. 이 전류는 슬립 링을 통해 송전되고 주파수가 계통주파수로 변환될 수 있다. 이 개념은 회전속도를 넓은 범위에서 가변 제어할 수 있게 한다. Nordex사의 2.5MW 터빈은 로터 회전속도가 10~18rpm으로 가변한다. 이 방법을 사용하면, 터빈 정격출력의 약 20%만 변환하면 되기 때문에 주파수 변환기를 훨씬 더 작게 만들 수 있었다. 무효전력이 제어될 수 있다는 점은 이 시스템의 또 다른 장점이다.

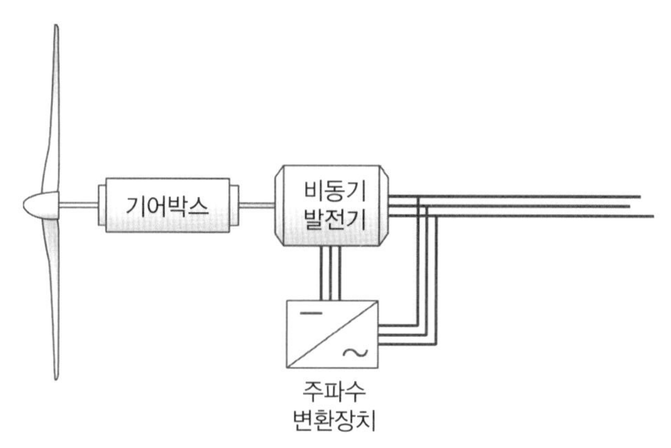

그림 3.36 로터 캐스케이드 커플링과 주파수 변환장치를 적용한 비동기식 발전기. 로터 캐스케이드 적용을 통해 가변속도 운전이 가능하며, 대부분의 출력은 고정자 와인딩에서 발생된다. 회전자 와인딩의 극히 일부만이 계통 주파수로 변환될 수 있다(일러스트레이션: Typoform).

▎계통연계

대형 풍력터빈의 전압 레벨은 대부분 690V(산업용 전압)이며, 변압기 없이 공장 등에 연결될 수 있다. 1990년대에 제작된 이보다 작은 300kW 이하의 터빈들은 400V의 전압을 가지며, 농장이나 가정에 연결된 피더 케이블에 직접 연결할 수 있다. 일반적으로 400V 또는 690V의 전압을 내는 풍력터빈은 변압기를 통해 10~20kV의 고전압으로 승압하여 전력계통에 연결한다. 대형 풍력단지들은 내부 전력망을 갖고 있으며, 변전소가 지역 계통에 고압으로 연결되어 있다.

중소형 풍력터빈들은 적절한 용량의 변압기가 타워 옆 지상에 설치되어 있으며, 대형 풍력터빈들은 변압기가 장치되어 있다. 변압기는 출입문보다 낮은 타워 내 지하층에 설치될 수 있다. 일부 터빈제작사들은 로터 무게에 대한 균형 추 역할을 위해 변압기를 나셀 내부에 설치하기도 한다. 발전기에서 생산된 전기는 나셀에서 타워를 거쳐 지상으로 송전되며, 고전압 케이블은 저전압 케이블에 비해 면적이 작아져도 되기 때문에 얇은 두께의 케이블을 사용할 수 있다. 1980년대 이후로 풍력터빈의 전기시스템은 많은 발전을 해왔고, 전력계통에 더 적합한 방식으로 연계될 수 있었다. 현대식 풍력터빈들은 계통으로 송전되는 전력 특성이 전력 전자기기에 의해 제어되므로, 풍력단지가 설치된 접속지점의 계통에서 요구하는 위상각과 무효전력을 발생시킬 수 있다. 그동안 계통운영자에게 전력품질 문제를 유발했던 풍력터빈들은 이제는 계통의 전력품질을 향상시키는 용도로 사용될 수 있다.

이런 오랜 문제를 해결하기 위해 사용되는 전력 전자기기들은 또 다른 문제를 야기했다. (이 문제는 전력 전자기기를 사용하는 공장과 가정에서도 동일하게 발생할 수 있다.) 이 전자장치들은 50Hz 이외의 주파수로 고조파와 전류를 생성하며, 전력품질에 부정적인 영향을 미친다. 이러한 부정적 영향은 다른 여러 종류의 필터를 적용하여 어느 정도 개선할 수 있으나, 이런 종류의 기기들은 비용이 많이 들며, 모든 부정적 영향을 처리하는 데는 거의 도움이 되지 않는다.

▌풍력터빈 제어시스템

풍력터빈의 모든 움직임들은 현대식 컴퓨터 기술에 의해 제어되고, 전류의 스파이크 및 기타 전력품질에 부정적 영향을 미치는 요소들은 전력전자장치에 의해 개선될 수 있다. 풍력터빈 운전 데이터는 소유자와 제작사 사무실에 모뎀으로 연결되어 컴퓨터 화면에 직접 표시된다. 고장이 발생할 경우, 터빈 운영자 또는 소유자에게 운전 알람 경고를 발생시켜 알린다.

제어시스템은 운전제어, 모니터링, 운전 후속 조치 등 3종류 기능을 충족해야 한다(Box 3.4 참조).

대부분의 경우 타워 내부 지상층에 설치된 컴퓨터에 의해 터빈 제어시스템이 통제된다. 가끔 나셀에도 유지보수 중에 사용되는 디스플레이가 있는 터미널이 있는 경우도 있다. 풍속계, 기계부품, 전력계통에서 수집된 데이터는 광섬유 케이블을 통해 전송된다.

Box 3.4 제어시스템 기능

풍력터빈의 제어시스템은 다음과 같이 세 종류의 기능으로 구성된다.

운전제어

풍력터빈에 설치된 컴퓨터에 풍향 및 풍속계로부터 수집된 데이터가 저장되고, 나셀이 특정 방향으로 요잉될 필요가 있는 경우에는 요 모터로 신호를 전달하여 제어한다. 피치 제어형 풍력터빈의 경우, 제어시스템에 의해 피치 각도가 조정된다. 또한 발전기가 계통에 접속되거나 단락될 때에도 제어시스템이 작동한다.

모니터링

센서를 이용하여 기어박스, 발전기 및 기타 부품의 온도, 로터와 나셀의 진동, 계통 전압 등의 다양한 값들을 측정한다. 측정값이 허용한계를 초과하는 경우 풍력터빈은 정지하게 되며, 관련된 알람 신호들이 운영 및 담당자에게 전달된다. 심각하지 않은 고장의 경우에는 운영자에 의해 원격으로 재가동된다.

운전상태 경과

풍력터빈에 설치된 컴퓨터는 발전량, 풍속, 정지 기록 및 기타 변수 등의 데이터를 수집한다. 수집된 데이터들은 자체적으로 분석되어 풍력터빈 또는 원거리에 설치된 화면에 그래프나 표의 형태로 나타내어진다. 모든 상용화된 중대형 풍력터빈들은 전산화된 고급 제어시스템을 탑재하고 있다.

항상 변화하는 바람으로 인해 풍향, 풍속이 매 초마다 변하게 된다. 발전량을 효율적으로 유지하기 위해 터빈 로터는 바람 방향에 수직하게 놓여야 한다. 제어시스템은 이러한 풍향, 풍속 정보를 지속적으로 확인한다. 수집된 정보들이 컴퓨터에 의해 분석되고, 요 모터에 특정 각도만큼 나셀을 회전시킬 것을 명령한다. 가변 피치형 블레이드를 장착한 터빈들은 제어시스템에 의해 얼마만큼의 블레이드 피치 각도가 조정되어야 하는지 계산된다.

풍력터빈은 모든 예측 불가능한 바람조건에 대응할 수 없으며, 만약 그렇게 된다면 나셀이 끊임없이 움직여야 하고 요 모터는 쉽게 마모될 것이다. 터빈들이 대부분 원거리에 설치되므로 운전 신뢰성은 매우 중요한 요소이다. 터빈은 많은 유지보수비용을 투자하지 않고도 수년간 매일 운전되어야 한다. 제어시스템은 발전량을 최적화할 뿐 아니라, 터빈의 유효수명을 결정하고 정전이나 주요 부품 고장 또는 오작동으로 인한 손상으로부터 터빈을 보호해야 한다. 따라서 제어시스템은 특정 시간 동안 풍향 변화가 지속되지 않는 경우에 나셀을 돌리기 위한 요 모터의 작동 명령을 내려서는 안 된다. 새로운 풍향 변화에 대해 요 모터의 작동에 의한 나셀 방향을 제어하기 위해서는 풍향 변화가 최소한 특정 각도 및 특정 시간 동안의 변화를 지속해야 한다. 제어 프로그램은 나셀이 몇 회전했는지를 카운트하며, 3회전 시 타워를 따라 지상으로 연결된 송전 케이블은 완전히 꼬여 있는 상태가 된다. 이때 제어시스템은 터빈을 정지시키고, 재가동되기 전까지 나셀을 반대 방향으로 회전시키는 명령을 내려 케이블 꼬임을 풀어준다.

제어시스템은 터빈의 모든 기능을 면밀히 감시한다. 제어시스템은 기어박스와 발전기 온도, 유압시스템 압력, 기계부품 및 로터 블레이드 진동, 발전기, 전력계통의 전압 및 주파수, 그리고 기타 다수의 변수 값들을 확인하는 센서와 광섬유 신경망을 갖는 두뇌와 같은 역할을 한다. 이 측정 데이터들은 서버 컴퓨터에 수일 동안 저장되고, 운전이 중단될 경우 원인분석을 가능케 한다.

풍력터빈은 기계적 고장이 발생하지 않은 상황에서도 비상 제동장치를 사용할 수 있으며, 계통 정전이 가장 일반적인 상황에 해당한다. 모니터링 센서가 고장 났을 때도 비상 제동장치가 사용되며, 심각한 고장 발생 시에는 터빈이 재가동되어야 한다. 운영자는 고장 이력을 컴퓨터를 통해 인지할 수 있으며, 터빈 수리에 필요한 예비부품을 확인할 수 있다. 이는 종종 인쇄회로 보드 또는 센서와 같은 고급제어시스템의 일부 구성 요소를 파손하는 경우도 있다. 제어시스템은 현대식 풍력터빈에서 가장 약한 부품 중에 하나이다.

데이터 기술은 풍력터빈 기술과 거의 같은 수준까지 발전했고, 고급 컴퓨터 하드웨어와 소프트웨어 비용은 감소했다. 터빈제어에 고급 소프트웨어를 사용함에 따라 효율성이 증가했고, 이러한 소프트웨어들은 터빈제작사들의 가장 가치 있는 자산 중 하나가 되었다. 일부 제작사들은 모뎀을 통해 서로 다른 지역에 설치되어 있는 풍력터빈에 접속하고, 터빈제어를 담당하는 제어 소프트웨어를 원격으로 업그레이드할 수 있다.

해상풍력발전의 개발로 인해 신뢰성과 기술적 가능성에 대한 수요가 더욱 증가했다. 다음 단계에는 부품 상태에 대한 정보를 제공하고, 이들이 사용한계에 도달하기 시작할 때 경고를 보내어 파손되기 전에 교체 또는 정비가 가능하도록 고급 센서들을 설치하게 될 것이다. 고장 난 센서가 터빈을 멈추게 하지 않도록, 이미 여러 모델에 센서 세트가 중복 설치되어 있다.

많은 국가는 발전량, 고장보고서 등에 관한 정보들을 수집하고, 보고서로 발간하거나 웹상에 공개한다. 이러한 데이터의 공공적 공개는 풍력발전 개발에 매우 큰 가치를 갖는다.

효율과 성능

풍력터빈의 발전량은 로터 회전면적, 허브높이, 터빈이 얼마나 효율적으로 바람의 운동에너지를 전기에너지로 변환할 수 있는지와 같은 몇 가지 요소에 의해 결정된다. 물론 평균풍속과 풍력터빈이 설치된 특정 사이트에서의 빈도분포 또한 중요한 요소이다.

▍로터 대형화

바람의 출력 $P = 1/2rAv^3$ 이며 로터 회전면적 A에 비례하고 풍속 v의 3승에 비례한다. 풍력터빈의 로터 회전면적과 정격출력은 지속적인 비율로 증가해왔다. 1980년대 초반부터 풍력터빈의 출력은 평균 4~5년 주기로 두 배씩 증가해왔다(그림 1.3 참조).

상업용 풍력터빈의 로터면적은 1980년에 200m²에 불과했으나 21세기에 들어 5,000m²까지 커졌고, 2014년에는 13,000m²까지 커졌다. 같은 기간 동안 정격출력은 50kW에서 6MW까지 증가했다. 연간발전량도 90MWh/year에서 15,000MWh/year로 비슷한 비율로 증가해왔다. 터빈 크기는 4~5년 주기로 두 배씩 커졌다. (시장지배형 터빈의 정격출력 기준) 2015년에는 5MW의 정격출력을 갖는 터빈들이 상용화되었으며, 과거와 같은 개발이 지속될 경우에는 수년 이내에 8~10MW 터빈들이 상용화될 것이다.

로터 회전면적은 터빈의 정격출력과 같은 비율로 커지지 않았다. 이는 타워 높이가 계속해서 커졌는데, 더 큰 로터는 더 높은 타워가 필요하기 때문이다. 높이에 따라 풍속이 증가하기 때문에 터빈은 더 많은 에너지를 흡수할 수 있고, 더 큰 용량의 발전기를 사용할 수 있다.

풍력터빈의 크기를 증가시키면서 가격경쟁력을 유지하는 것은 쉬운 일이 아니다. 풍력터빈의 크기가 증가하면 더 큰 터빈은 더 낮은 가격으로 전력을 생산해야 하는데, 그렇지 않을 경우에는 크기를 늘리는 것이 무의미하다. 로터반경이 증가할 때 회전면적은 반경의 제곱에 비례하여 증가하지만, 터빈의 체적과 무게는 세제곱에 비례하여 증가하는 것이 문제가 된다. 로터 블레이드와 다른 부품들의 길이, 폭, 두께 등이 확대되어야 한다. 소형 터빈이 대형크기로 확대될 때 관련 부품들이 비례적으로 증가한다면, 로터 회전면적이 증가하는 것에 비해 더 빠른 속도로 무게가 증가할 것이다. 재료비용은 풍력터빈의 무게에 비례한다.

이상과 같이 불가능해 보이는 관계는 첨단 엔지니어링, 더 정확한 하중 계산, 새로운 설계 개념의 개발, 제어전략 및 재료에 의해 극복될 수 있었으며 터빈이 대형화되면서 불가피하게 무게가 증가하는 것을 줄여야 했다.

이는 두 가지 요인에 의해 가능했다. 첫 번째는 터빈 높이를 증가시켜 더 많은 발전량을 얻음으로써 비용 효율이 증가했다. 두 번째 요인은 1980년대 초의 터빈이 지나치게 커서 대부분 부품에서 약간의 무게를 줄일 수 있었다. 하지만, 어떤 경우에는 무게감소가 너무 엄격해서 일부 풍력터빈들의 비싼(구매자뿐만 아니라 제작사 입장에서도) 기어박스 개조 및 교체 원인이 되었다(그림 3.37 참조).

출력계수, C_P는 풍력터빈이 바람에너지를 모두 이용하는 것은 불가능하다. 바람이 갖는 에너지의 얼마만큼을 풍력터빈이 이용할 수 있는지를 나타낸다. Betz' 법칙에 따르면 최대 출력계수 값은 0.59이다. 출력계수는 풍속에 따라 변하고, 풍력터빈은 풍속 8~10m/s에서 약 0.45~0.5 수준의 최대 출력계수 값을 보인다. 대부분 풍력터빈은 연중 가장 빈번한 빈도로 불어오는 이 풍속 범위에 최적화되며, 팁 속도비는 로터 블레이드의 회전 소음 제한으로 인해 최적값 이하로 설정된다.

회전하는 로터의 힘을 전기적 에너지로 변환하기 위해 기어박스와 발전기 또는 직접 구동식(발전기와 인버터)을 이용한다. 이러한 변환과정에서 일부 출력은 열에너지로 소산된다. 또한 기어박스, 발전기 및 전력전자장치들의 효율도 풍속에 따라 변화한다.

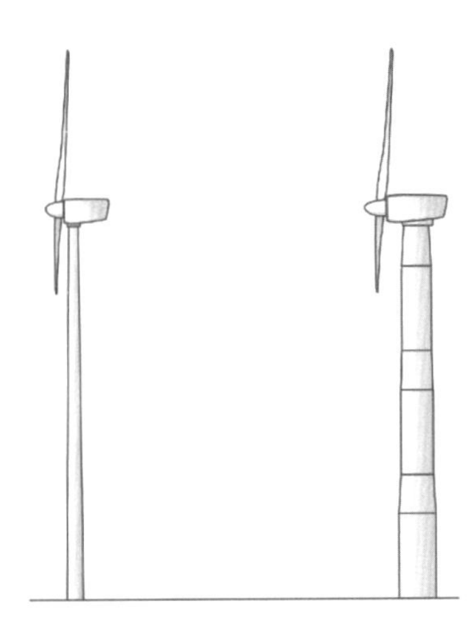

그림 3.37 가볍고 큰 풍력터빈. 2MW 풍력터빈(좌)과 1980년대의 55kW 풍력터빈(우) 크기 비교. 2MW 풍력터빈이 55kW에 비해 더 슬림하고 컴팩트하게 설계된다(출처: Stiesdal, 2000).

발전기 효율

발전기는 정격출력으로 운전될 때 가장 효율적이다. 풍속이 정격 이하로 불어오기 때문에 풍력터빈의 발전기는 대부분 시간을 낮은 출력을 발생시키면서 운전된다. 따라서 발전기는 부분 부하로 운전되므로, 표준 발전기의 효율은 낮아진다(Box 3.5 참조).

Box 3.5 발전기 효율

부분부하 상태에서의 발전기 효율 감소

전 부하 비율	5	10	20	50	100
효율	0.4	0.8	0.90	0.97	1.00

발전기의 물리적인 크기와 효율 사이에도 상관관계가 있다. 발전기가 클수록 열손실이 작으므로 효율이 우수하다.

발전기 크기와 효율의 상관관계

정격출력 kW	5	50	500	1,000
효율	0.84	0.89	0.94	0.95

1MW 터빈이 정격출력의 20%(200kW)로 운전될 때의 효율은 0.95 × 0.90 = 85%이다. 효율, 크기 및 부분 부하의 상관관계는 제작사 및 모델에 따라 다를 수 있으며, 표의 숫자들은 일반적인 예를 나타낸다.

기어박스

대형 현대식 풍력터빈의 발전기 회전속도가 1,515rpm이 필요한 반면, 로터 회전속도는 6~30rpm 정도이다. 이를 증속시키기 위해 기어박스가 사용된다. 터빈 로터가 30rpm으로 회전하는 경우에는 기어비는 30/1520 = 1 : 50.7이 필요하다. 주축이 한 바퀴 회전하면 발전기에 연결된 두 번째 축은 50.7 회전한다. 기어박스는 자동차와는 달리 단일 기어비를 가진다. 1,000rpm과 1,500rpm을 갖는 두 대의 발전기를 사용하는 터빈은 서로 다른 로터 회전속도를 이용한다. 이때 저풍속용 소형 발전기(6극)에 사용되는 로터의 회전속도는 20rpm이다. 1단 또는 2단의 기어박스를 사용하고, 다극 동기식 발전기를 사용하는 하이브리드형 터빈은 많은 회전수를 필요치 않는다. 이 점이 하이브리드형 드라이브 트레인을 사용하는 주된 이유이다.

기어박스는 일반적으로 몇 개의 단으로 구성되므로 회전속도가 단계적으로 증속되며 단별 손실은 약 1% 정도로 추정된다. 풍력터빈에는 3단 기어박스가 사용되며, 97%의 효율로 작동한다.

직접 구동식 가변속도형 풍력터빈은 기어박스가 필요 없다. 대신에 전류의 주파수와 전압이 로터 회전속도에 따라 달라진다. 따라서 전류는 직류DC로 정류되어야 하며, 그 후 인버터에 의해 계통주파수 및 전압과 같은 교류전류AC로 변환되어야 한다(유럽: 50Hz, 미국: 60Hz). 인버터 효율은 약 97%이며 기어박스와 비슷한 수준이다.

❙ 전체 효율

풍력터빈의 전체 효율은 터빈 로터의 출력계수 C_P, 기어박스(또는 인버터) 효율, 발전기 효율에 의해 결정된다.

$$\mu_{tot} = C_p\,\mu_{gear}\,\mu_{generator}$$

종종 C_P를 0.59로 설정하고, $\mu_{rotor}(\mu_r)$이 로터가 이론적으로 이용 가능한 출력을 얼마만큼 사용할 수 있는지를 나타내는 수단으로 사용되기도 한다. 출력계수 C_P가 0.49인 경우, 로터 효율은 $\mu_r = 0.49/0.59 = 0.83$이 된다.

풍력터빈 효율은 풍속에 따라 변한다. 정격풍속 이하의 조건에서는 발전기 효율이 낮아지며, 터빈이 고정속도형일 경우, 팁 속도비가 변하기 때문에 C_P가 감소한다. 정격풍속 이상의 조건에서는 바람에너지의 일부가 버려지기 때문에 C_P가 점차 감소하게 된다. 풍력터빈은 바람에너지를 전기에너지로 변환하는 장치이므로 또 다른 계수 값인 C_e를 사용한다. 이는 개별 풍속에서 바람에너지를 얼마만큼의 효율로 전기에너지로 변환할 수 있는지를 나타낸다(그림 3.38 참조).

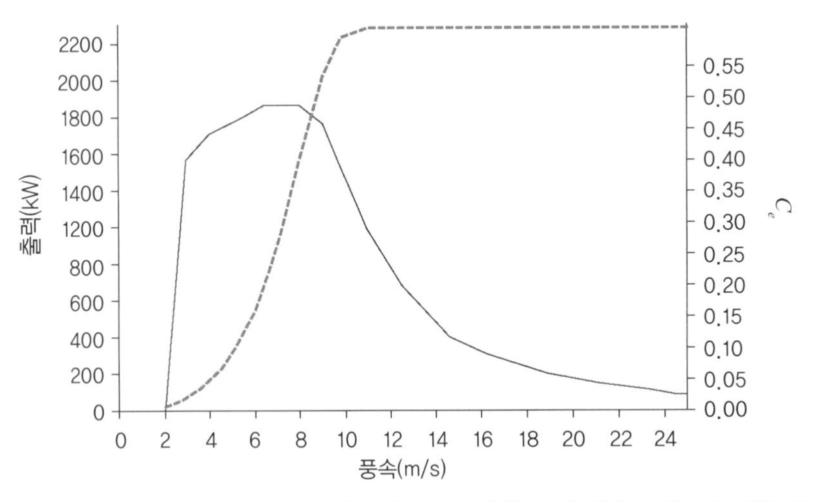

그림 3.38 Siemens SWT 2.3 - 113의 C_e 곡선. 실선으로 표현된 C_e 곡선은 우측 수직 기준 축을 참조한다. 이는 각 풍속에서 얼마나 많은 양의 바람에너지가 전기적 출력으로 변환되는지를 나타낸다. 이 터빈은 풍속 6~8m/s 사이에서 가장 효율적이다(출처: EMD, 2014).

▌출력 곡선

출력 곡선은 각각의 풍속에서 풍력터빈이 얼마나 많은 전력을 생산할 수 있는지를 나타낸다. 서로 다른 풍속조건에서 개별 부품의 효율을 알 수 있다면 출력 곡선을 계산할 수 있다. 출력 곡선은 터빈이 운전 중일 때 측정을 통해서도 확인된다. 출력 곡선은 인증기관 또는 전문 측정기관에 의해 규정에 따라 측정되어야 한다. 또는 기업에 의해 수행되어야 한다. 풍속은 터빈으로부터 적정 간격으로 이격된 지점에 설치된 기상 탑의 허브높이에 위치한 풍속계에 의해 측정되어야 하고, 터빈 출력이 동시에 측정되어야 한다. 측정기간 중 시동풍속부터 종단풍속(25m/s)에 이르는 모든 풍속이 특정 시간 동안 발생되어야 한다. 측정 결과들은 x축은 풍속, y축은 출력으로 표시되는 그래프의 형태로 나타낸다. 각각의 측정값은 점으로 나타내고, 이들은 단일 곡선의 형태와는 거리가 먼 모기떼와 같은 군집을 형성한다. 그 이유는 로터가 돌풍이 불어올 때 출력이 증가할 때까지 짧은 지연이 발생하고, 풍속이 감소하는 경우에는 회전하는 로터의 관성으로 인해 출력이 짧은 시간 동안 현재 값에 머물러 있기 때문이다. 바람이 갑자기 사라진다 하더라도 로터는 회전 관성에 의해 멈출 때까지 회전하게 된다. 개별 풍속조건에서의 평균값을 계산하여, 더욱 부드러운 형태의 단일 출력 곡선을 얻을 수 있다(그림 3.39~3.42 참조).

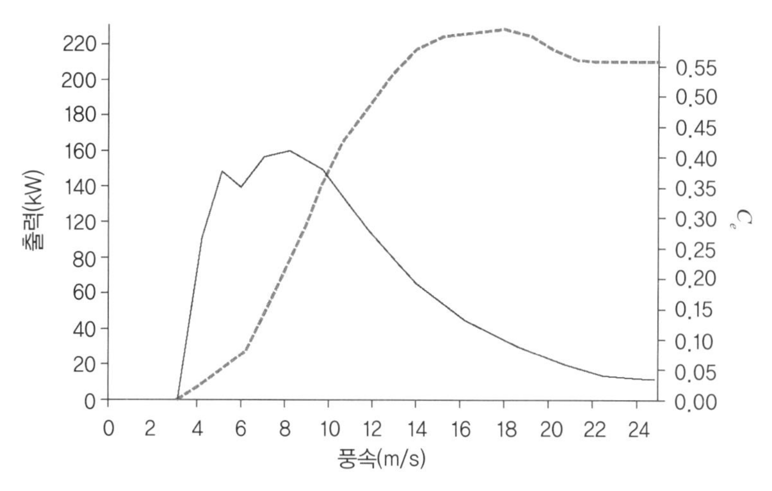

그림 3.39 NEPC 225 - 40 터빈의 출력 곡선. 인도의 NEPC에서 제작된 225kW 풍력터빈은 실속제어형임. 출력이 8m/s, 80kW 지점까지 천천히 증가하고, 이 지점부터 실속이 발생하기 시작함. 출력은 16m/s, 225kW까지 계속 증가하여 깊은 실속이 발생하면서부터 출력이 감소한다. 고정된 블레이드를 사용하는 터빈은 에어포일의 형상에만 의존하여 출력제어를 수행하므로 정격풍속 이상의 영역에서 일정한 출력을 유지하기가 어렵다. 초기 모델들은 출력 감소량이 더 크게 나타났으나 에어포일들이 개발된 이후로, 더욱 안정적인 출력제어가 가능해진다(출처: EMD, 2014).

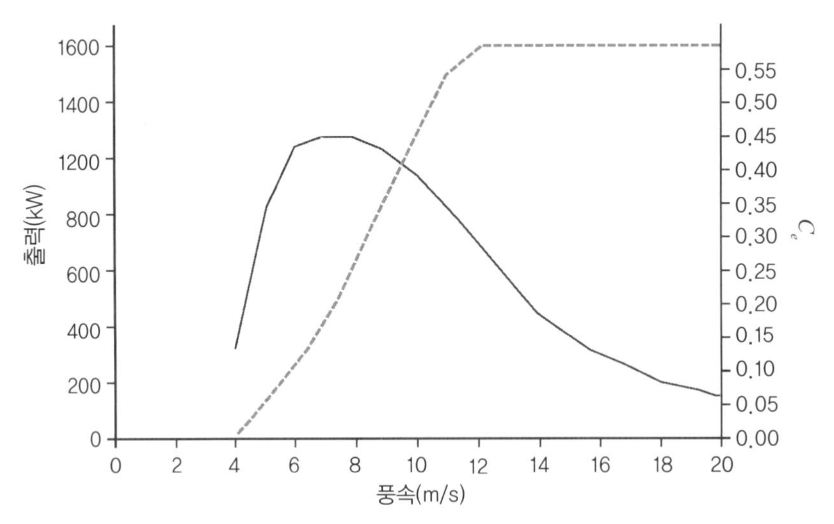

그림 3.40 Vestas V82 1,650 - 능동형 실속제어. Vestas V82 터빈은 능동형 실속 방식으로 출력을 제어한다. 로터 블레이드는 실속상태를 제어하기 위해 각도 조정이 가능하므로 출력 곡선이 더 안정적으로 제어될 수 있다(출처: EMD, 2014).

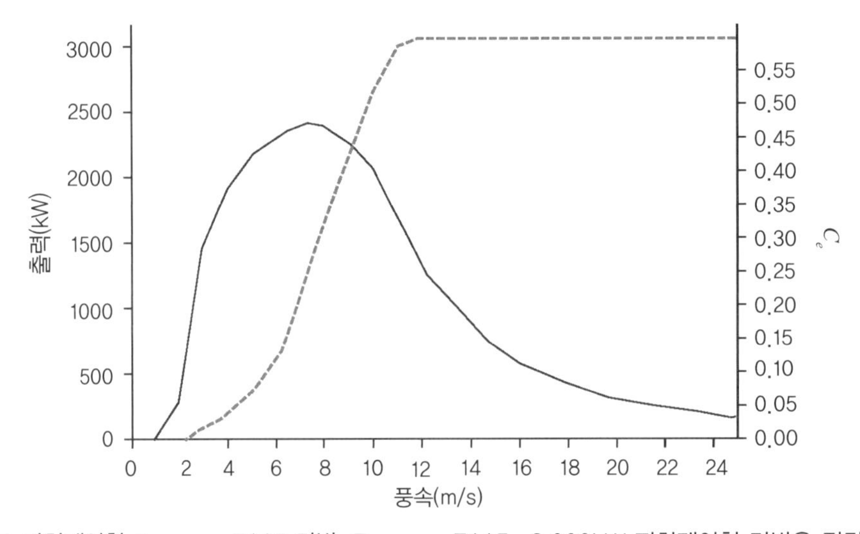

그림 3.41 피치제어형 Enercon E115 터빈. Enercon E115 - 3,000kW 피치제어형 터빈은 정격풍속 이상부터 종단풍속(25m/s)까지 매우 안정적인 출력제어 특성을 나타낸다(출처: EMD, 2014).

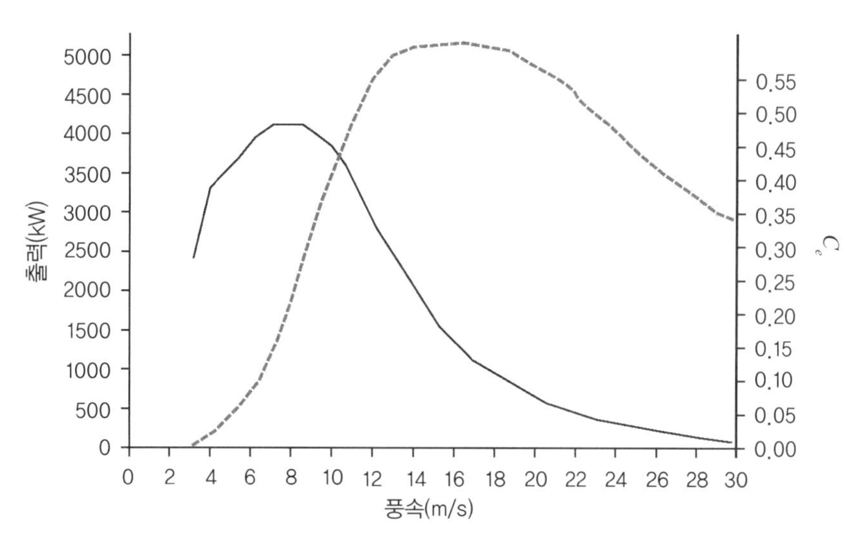

그림 3.42 Gamesa G128, 5MW 피치제어형 터빈. 128m의 큰 로터직경을 갖는 G128 터빈은 풍속이 18m/s 이상인 조건에서 터빈에 작용하는 하중을 감소시키기 위해 정격보다 낮은 출력으로 운전되며, 30m/s의 풍속까지 발전이 가능하다(출처: EMD, 2014).

▌발전용량

특정 풍력터빈이 특정 지역에서 얼마나 많은 전기에너지를 생산할 수 있는지 계산하기 위해서는 해당 지역의 터빈 허브높이에서의 풍속 발생빈도분포를 알아야 한다. 빈도분포에 대한 히스토그램 또는 표는 특정 풍속이 1년 중 얼마나 많은 시간 동안 발생했는지를 보여준다. 터빈의 출력 곡선은 다양한 풍속조건에서 터빈이 생산하는 출력량을 나타낸다. 1년 동안의 예측 발전량은 출력 곡선에 풍속의 발생빈도분포를 곱해서 계산할 수 있다.

풍력터빈의 발전량은 터빈이 설치될 특정 사이트에서의 바람조건에 따라 달라진다. 따라서 터빈이 서로 다른 사이트에 설치되는 문제로 인해 풍력터빈 간의 효율 비교는 어렵다. 설치 사이트에서의 평균풍속과 풍속 발생빈도 모두 중요한 요소이다. 마지막으로, 결정적인 요소는 기술적 효율성이 아니라 비용적 효율성이다.

풍력터빈을 특정 사이트에 맞춤형으로 구성할 수 있다. 몇 가지 허브높이에 대한 선택이 가능하다. 연안 또는 해상지역에서는 낮은 타워 높이가 사용될 수도 있으나, 육상지역에서는 같은 터빈 모델로 동등한 발전량을 얻기 위해서는 더 높은 타워를 사용해야 한다. 평균풍속이 낮은 지역에서는 로터 크기가 크고 정격풍속이 낮은 터빈을 선택하는 것이 좋다. 해상풍력단지에 설치되는 터빈은 발전기의 출력이 크고, 정격풍속이 더 높아질 수 있다. 허브높이 외에도 터빈은 로터 크기와 발전기 크기 사이의 관계를 잘 선택하여 현장에 맞춰 조정할 수 있다.

효율에 대한 주요 수치

풍력발전 통계에서 효율 추정을 위해 다음과 같은 주요 수치들이 사용된다.

- 연간발전량/정격출력(kWh/kW)
- 연간발전량/로터 회전면적(kWh/m^2)

두 가지 주요 수치 모두에 1년 평균값이 사용된다. 그러나 이러한 주요 수치 중 어느 것도 터빈의 효율에 대한 정확한 추정치를 제공하지 못한다. 정격출력에 비해 큰 로터를 갖는 터빈은 정격출력에 비해 많은 발전량을 얻고, 작은 로터와 큰 용량의 발전기를 갖는 터빈은 로터 회전면적에 비해 많은 발전량을 얻는다. 로터 크기와 발전기 크기 사이의 상관성이 낮은 경우에는 두 가지 주요 수치 중 하나의 값에서 큰 값이 나타날 수 있다. 좋은 터빈은 두 가지 주요 수치 모두에 대한 높은 값을 가져야 한다.

이용률은 세 번째 주요 수치이다. 이는 정격출력과 비교하여 일 년 동안 터빈의 출력 평균값을 나타내며, 전 부하 운전시간으로 표현되기도 한다. 이용률 0.3은 풍력터빈이 1년 동안 0.3 × 8,760hours = 2,628hours의 시간 동안 전 출력으로 운전되었다는 의미이다. 이 주요 수치들은 터빈의 효율보다는 바람 자원에 대해 더 많은 의미를 갖는다.

Box 3.6 풍력터빈의 주요 지표

출력/회전면적 : $\frac{\text{연간발전량}}{\text{로터 회전면적}}$ kWh/m^2

출력/정격출력 : $\frac{\text{연간발전량}}{\text{정격출력}}$ kWh/kW

이용률 : $\frac{\text{연간발전량}}{\text{정격출력} \times 8,760}$ %

전부하 시간 : $\frac{\text{연간발전량}}{\text{정격출력}}$ hours

비용 효율 : $\frac{\text{투자비용}}{\text{1년총발전량}}$ cost/kWh/year

가동률 : $\frac{8,760 - \text{정지시간}}{8,760}$ %

가장 유용한 주요 수치는 1년간 총 투자비/kWh로 나타날 수 있는 경제성이다. 이는 특정 사이트의 발전량에 대한 총 투자비를 나타내므로, 특정 사이트에서 서로 다른 터빈 모델, 크기 및 구성을 비교하는 데 유용한 도구가 된다. 그러나 유지보수비용이 고려되지 않을 경우에는 이 수치를 이용해서 가장 경제적인 옵션에 대한 해답을 얻을 수 없다.

풍력터빈의 에너지변환 효율은 그리 중요하지 않다. 연료로써의 바람은 무한정 공짜로 사용할 수 있다. 중요한 것은 비용 효율성이다. 풍력터빈과 전통적인 발전소들 사이의 효율 비교는 합리적이지 못하다.

마지막으로 풍력터빈의 기술적 신뢰성을 나타내는 지표인 가동률이 있다. 이 수치는 %로 나타내어진다. 풍력터빈이 고장, 유지보수 및 정기점검 등의 문제로 1년 중 5일 동안 운전되지 못했다면, 이 터빈의 가동률은 98.6%이다. 이는 바람이 충분히 불었을 경우 터빈이 98.6%의 시간 동안 발전을 했다는 것을 의미한다.

운전 중인 대부분 풍력터빈의 가동률은 약 95~97%에 달한다. 터빈은 노후화됨에 따라 부품고장이 발생한다. 이러한 터빈의 자체 고장뿐만 아니라, 예기치 못한 계통 정전 또한 풍력터빈의 가동을 멈추게 하는 가장 많은 부분을 차지한다.

풍력터빈의 기술적 수명은 20~25년으로 추정한다. 터빈이 노후화됨에 따라 유지보수비용이 크게 증가하는 경우에는 경제적 수명은 이보다 더 짧을 수 있다. 바람 자원이 우수한 지역에 설치된 터빈은 3~6개월 이내에 터빈 제작비를 회수할 수 있으며, 타 발전소에 비해 매우 우수한 에너지 균형을 보여준다. 최근 양산되는 풍력터빈들은 가동률이 매우 높고, 기술적 수명이 20~25년에 이른다. 풍력터빈은 수명을 다하면 분해되어 대부분 부품을 재활용할 수 있다.

:: 참고문헌

Clasesson, P. (1987) *Vindkraft I Sverige: teknik, tillampningar, erfarenbeter.* Kristinehamn: SERO.

EMD (2014) *WindPRO2: Wind Turbine Catalogue.* Ålborg: Energi-og Miljödata.

Gipe, P. (1993) *Windpower for home and business.* Post Mills, VT: Chelsea Green.

Söderagård, B. (1990) *Vindkraftboken.* Stockholm: Svensk Byggtjanst.

Stiesdal, H. (2000) 25 *års teknologiudvikling for vindkraft – og et forsigtigt bud på fremtiden.* Knebel: Naturlig Energi månedsmagasin.

CHAPTER 04

풍력과 사회

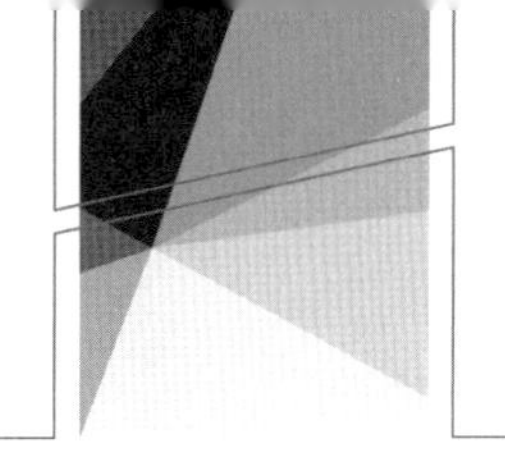

CHAPTER 04

풍력과 사회Wind power and society

풍력개발을 위한 전제조건은 일반적으로 그 나라의 국가정책과 국회의 동의를 얻은 법과 규정에 의해 정해진다. 정치가들이 나라의 경제 운영에 관한 규칙을 결정하고, 이를 운영하는 데 필요한 세금, 공공요금, 보조금 및 기타 통제 수단들은 에너지 분야에서 종종 실제 전력생산비용보다 높은 에너지 가격을 형성하는 데 영향을 미친다. 이것은 풍력과 다른 재생에너지의 촉진에 영향을 미칠 수 있다는 것을 의미하는데, 정치가들이 풍력개발을 위한 체계적인 정책을 마련하게 되면 풍력개발 속도에 영향을 미치게 된다.

각 나라들은 풍력터빈을 설치하기 위해 필요한 절차와 허가를 규정한 자체 법률을 가지고 있으며, 풍력발전으로 생산되는 전기를 보급하고 판매하기 위한 경제 조건 체계를 갖추고 있다. 저자는 스웨덴과 다른 유럽 여러 나라에서 적용되는 경제 체계와 절차에 익숙하지만 모든 나라의 상황을 커버하는 것은 불가능하다. 따라서 여기서는 주로 스칸디나비아와 여러 유럽 지역의 사례를 통해 일반적인 관점을 제시해볼 것이며, 저자가 제시하는 내용들이 다른 대부분의 나라에서 잘 적용되기를 희망한다.

풍력터빈을 설치하기 위해서는 대부분의 경우 지자체(시 단위)로부터 건설 허가를 받는 것이 의무적인데, 어떤 경우에는 지방정부(지방자치 정부(도 단위) 및 이에 상응하는 기관) 혹은 중앙정부로부터 설치허가를 받아야 하는 경우도 있다. 정부 당국은 우선적으로 풍력터빈 설치를 위한 신청서가 법률과 규정에 적합한지 여부를 평가하게 된다.

모든 나라는 정부와 국회 승인에 의해 규정된 에너지 정책을 가지고 있다. 국제 수준에서는 에너지와 관련한 협약, 지침, 조약 등이 있는데, 예들 들면 2001년에 유럽연합(EU)은 회원국들이 이행해야 하는 재생에너지 권장 목표에 대한 새로운 지침을 채택하였고, 2005년에 비준된 교토의정서Kyoto Protocol는 온실가스 배출 저감을 위한 선진국들의 의무사항을 적시하면서 풍력발전 개발은 그 목적을 달성하는 효과적인 수단으로 간주되고 있다. 또한 이러한 종류의 국제협약들은 특정 국가들의 에너지 정책에 영향을 미치고 있다.

허가 신청

지자체(또는 지방의회, 이에 대한 용어는 국가마다 다름)는 계획된 풍력발전사업에 대한 건설을 허가하기 위한 신청서를 평가하는 위치에 있다. 건설위원회 또는 이와 유사한 기관은 일반적으로 이와 같은 임무를 가지고 있으며, 스웨덴의 건설위원회의 위원들은 지방정부의 주민들을 대표하는 지역 정치가들이다. 위원회에서 결정되는 사항들은 관련 법률을 준수해야 하는데, 스웨덴의 경우 일반적으로 건설법에 해당된다. 대부분의 나라에서 국가행정은 지역 차원의 지자체에서 수행하는데, 대규모 개발 사업인 경우 개발을 위해 취득해야 하는 허가권을 가지고 있는 행정 단계(시, 지방정부, 중앙정부)를 결정해야 하고 국가 행정은 이 사업이 관련 법률을 준수하는지를 살펴보기 위해 법률 검토를 실시한다. 바꾸어 말하면 모든 풍력발전사업은 지자체의 허가를 필요로 하며 큰 규모의 사업은 주정부 혹은 중앙정부로부터 추가적인 사업허가가 필요할 수 있다.

환경영향평가

대규모 개발 사업의 경우 환경영향평가를 수행하는 것은 의무사항이며, 포괄적인 환경영향평가를 필요로 하는 사업 규모를 결정하는 규정은 표 4.1에 나타낸 것과 같이 나라마다 다르다. 풍력발전사업의 허가를 취득하기 위한 과정은 나라마다 법률과 규정에 따라 다른데, 스웨덴에서는 일반적으로 환경영향평가 과정을 수행하는 데 최소 1년이 소요되며 대부분의 경우 허가권자의 결정에 재평가를 요청하면서 수년이 소요되고 있다.

표 4.1 환경영향평가를 위한 사업규모 및 요구사항(스웨덴, 덴마크, 독일)

국가	지자체 허가	중앙정부 허가
스웨덴	풍력터빈 1기* 혹은 전체 높이 120m 미만의 풍력터빈 1～6기	전체 높이 150m 이상 풍력터빈 2기 혹은 풍력터빈 6기 초과
덴마크	허브높이 80m 미만의 풍력터빈 1～3기	풍력터빈 4기 이상 혹은 허브높이 80m 이상
독일	풍력터빈 1～2기	풍력터빈 3기 이상 혹은 풍력터빈 용량 10MW 이상**

* 높이제한 없음
** 이 조건은 요구될 수 있는 사항이며, 풍력터빈 20기 이상은 의무사항이다.

민원

풍력발전사업 신청에 대한 평가를 수행할 때에는 발생할 수 있는 반대 민원과의 모든 영향과 이익 충돌 가능성에 대해 조사하는데, 이를 위해 허가권자는 신청서를 여러 관련 기관에 의뢰하여 그 내용을 검토한다.

풍력발전사업과 관련된 가장 일반적인 반대 민원은 다음과 같다.

- 주변 주민: 만일 풍력터빈이 주택 혹은 주말별장 등과 너무 가깝거나 적절하지 못한 방향에 설치되어 있으면 소음과 로터 회전에 의한 그림자 영향으로 불편함을 초래할 수 있다.
- 군 시설: 풍력터빈은 레이다 같은 군 통신을 위한 군사 시설에 전파장애를 발생시킬 수 있으며, 일부 군사 공항에서는 높은 구조물을 반대할 수 있다.
- 통신장애: 풍력터빈은 라디오, TV, 무선 통신(휴대통신), 민간 레이다에 간섭을 일으킬 수 있다.
- 안전: 로터 블레이드로부터 떨어지는 얼음 조각, 블레이드 혹은 다른 부품의 추락, 터빈의 붕괴 혹은 기타 사고 위험을 줄이기 위한 안전지대는 필수적이다.
- 항공장애: 민간 항공의 경우 안전을 위해서 대부분의 공항 주변 지역에 풍력터빈 및 다른 구조물에 대한 최소 이격거리 및 최대 높이 제한에 대한 엄격한 규정이 있다.
- 보존구역: 대부분 나라의 특수한 지역은 자연경관, 문화유산 혹은 다른 공공 목적을 위해 환경 법률과 그 유사한 법률 혹은 규정으로 보호되고 있다.

인허가 절차

유럽 지역의 나라들은 풍력개발을 위한 인허가 과정이 조금 유사하다. 그러나 개발 신청에서 허가까지의 시간을 보면 수년이 소요되는 나라가 있는 반면 일부 나라에서는 매우 짧은 경우도 있다. 또한 개발 허가에 대한 긍정적인 결과가 나올 가능성 또한 나라마다 매우 다르다. 심지어 건설 허가와 환경영향평가를 위한 요구사항이 유사하더라도 승인을 위한 자체 진행 과정의 효율성은 다르다.

풍력터빈을 설치하는 데 소요되는 시간은 약 3개월 정도이며 모든 과정이 계획대로 진행된다면 신청에서 건설 허가를 취득하는 데까지 6개월 이상 소요되지 않는다. 따라서 개발과정에 소요되는 실제 시간은 행정적, 정책적 문제에 의존하게 되는데, 이것은 우선순위와 정책 계획의 문제이다.

1990년대 덴마크 육상풍력개발은 매우 빠르게 진행되었다. 덴마크 정부는 지자체(시단위)들과 지방정부에 그 지역에서 풍력터빈을 설치하기 위한 적합한 지역을 지정하는 권한을 부여하였는데, 이 계획 과정에서 상충되는 이해관계와 관련된 많은 검토와 평가가 미리 이루어졌다. 이 계획으로 인해 풍력개발자가 허가 신청서를 제출하는 시점에는 협의해야 할 실무사항들만 남게 되었다. 덴마크에서는 해상에서도 그들의 목적을 달성하기 위해 해상풍력발전에도 이와 유사한 방법의 신청 및 허가 방식을 적용하였다.

다른 많은 나라에서는 이와 같은 정책 계획을 수행하지 않았기 때문에 풍력발전에 적합한 사이트를 찾는 것은 개발자들의 몫이었고, 개발자들은 제출한 신청서가 행정당국에서 풍력발전이 목적에 적합하다는 데 동의해주기만을 바랄 뿐이었다.

영국에서는 해상풍력개발을 위한 효과적인 해결책으로 'one-stop shop'을 만들었다. 이는 풍력개발에 대한 모든 측면의 검토와 허가를 수행하고 개발자와 긴밀한 대화를 통해 이를 처리할 수 있는 사무소를 개설하는 것이었다. 이를 통해 풍력개발을 위한 신청에서 풍력단지 발전개시까지의 시간이 획기적으로 단축되었는데, 신청 승인 비율이 2000년 56%에서 2003년 96%로 증가하였다. 스페인은 지역 차원에서 이와 유사한 방법을 적용하였다.

이를 통해 풍력개발을 위한 허가과정 시간을 단축하기 위해서는 정부의 정책적 의지와 행정기관의 행정 절차적 기술이 필요함을 알 수 있다.

풍력정책

유럽에서는 1980년대 초반 상업용 풍력발전을 위한 개발이 시작되었다. 오늘날 덴마크, 독일, 스페인과 같은 나라들은 수천 MW의 풍력발전소가 운영되고 있으며 수십만 명이 고용되는 새로운 산업을 보유하고 있다. 유럽풍력에너지협회EWEA에 의하면 2012년 유럽연합 내 풍력에너지 분야에 종사하는 고용 인원 규모는 249,000명으로 알려져 있다.

다른 나라들은 풍력개발이 늦어지고 있는데, 이것은 그 나라들 사이의 풍력발전 개발 진행 속도를 보면 그 차이를 알 수 있으며, 이러한 풍력개발 속도의 차이는 나라별 각국 정부에 의해 수행되는 풍력산업 육성 정책에서 찾을 수 있다.

현재 어떤 정책적 방안과 규정들이 풍력발전 개발을 촉진하는 데 도움이 되는지는 명확하며, 일부 풍력정책 방안들은 풍력개발을 느리고 낮은 수준으로 유지시키고 있다.

덴마크와 독일, 스페인의 경우 풍력발전에 투자하고 풍력터빈을 소유, 운영하는 것이 이득이 되도록 하였다. 이들 나라들의 풍력발전에 대한 법률과 규정은 풍력터빈 소유자가 투자비를 회수하는 데 소요되는 기간 동안 이들이 생산하는 에너지에 대해 고정적이고 보다 높은 가격을 보장해주었다. 또한 이들 나라들에서는 풍력발전 개발이 신속히 이루어져야 한다는 명확한 정책을 가지고 있었고, 이러한 정책은 풍력발전단지를 건설하기 위해 필요한 허가를 취득하고 이를 전력계통에 연결하는 과정이 너무 어렵거나 시간을 소모하지 않도록 하였다.

이러한 나라의 정치가들은 풍력발전을 지원해야 하는 확실한 동기를 가지고 있는데, 그중 하나는 풍력발전에 의한 재생에너지는 에너지 생산으로 인해 발생하는 환경적 영향이 감소한다는 것이고, 또 하나는 교토의정서에 의해 감축 의무를 지는 대부분의 나라들은 풍력발전으로 인해 이산화탄소 배출량이 저감된다는 것이다.

어느 나라이든 새로운 제조 산업의 개발은 새로운 고용창출과 경제성장을 가져오게 되는데, 풍력발전은 이러한 정치가들의 목적을 달성할 수 있도록 해줄 것이다.

국가 에너지 정책

풍력발전과 풍력발전이 전력시장에서 경쟁할 수 있는 조건을 관리하는 것은 국가 에너지 정책이다. 덴마크의 에너지 정책 중 풍력발전은 성공적인 사례를 가지고 있으나, 스웨덴은 아직 시작도 하지 못했는데, 이들의 차이점을 확인하는 것은 간단하다. 이 장에서는 '풍력발전 가능성: 스웨덴과 덴마크 비교'(Miyamoto, 2000)를 가지고 스칸디나비아 반도에 인접한 두 나라의 에너지 정책을 설명하고 분석하였다.

덴마크는 부분적으로 분산전력시스템을 가지고 있으며, 덴마크 정부는 풍력개발을 위한 강력하고 확고한 포부를 가지고 있었다. 덴마크 전력의 상당 부분은 석탄과 가스 등 화력발전소를 통해 생산되었는데, 1980년대에 풍력발전에 투자한 농민들과 개인 투자자들에게 충분한 투자보조금을 제공하였고, 은행과 같은 금융거래처에는 풍력 투자에 대한 어떠한 정치적 위험요소가 없었기 때문에 풍력 투자자들은 호의적인 대출을 받을 수 있었다. 특히 지자체와 지방정부는 지역 풍력발전단지를 건설하기 위한 물리적 공간을 제공하는 임무를 수행하였는데, 이것은 풍력개발에 대한 투자 면에서 긍정적인 영향을 미쳤다. 동시에 덴마크 정부는 풍력발전 개발에 적극적으로 참여하고 활용하도록 풍력터빈을 이용한 독립 전력생산자가 판매하는 전력에 높은 가격을 지불하도록 하였다. 이렇게 함으로써 덴마크에는 풍력터빈 제조사들이 성장할 수 있는 큰 규모의 국내 시장이 형성되었고, 또한 덴마크 풍력터빈 제조사들은 정부의 도움을 받아 해외 시장에 자리 잡기 위한 기반을 마련할 수 있었다.

덴마크 정부는 풍력개발을 위한 규정, 계획 그리고 기타 방안들이 조율된 장기 풍력산업 육성 정책을 실시하였다. 이러한 정책으로 인해 덴마크는 전력생산을 위해 필요한 환경적 요구사항과 온실가스 배출 감소와 같은 교토의정서에 대한 의무를 지킬 수 있었고 이러한 내용들은 실제 풍력개발 시작 시점에 주요 안건이 아니었기 때문에 풍력발전 개발기간을 단축할 수 있었다. 동시에 덴마크는 풍력과 관련한 새로운 산업 분야를 관리하였는데, 이것은 곧 세계 시장을 지배하게 되었다(그림 4.1 참조).

스웨덴의 경우 강력한 중앙집중식 전력시스템을 가지고 있었고 스웨덴 정부는 풍력발전 개발에 강한 의지를 가지고 있지 않았다. 스웨덴 전력의 대부분은 원자력발전과 수력발전에 의해 생산되었기 때문에 전력생산으로부터 발생되는 온실가스 배출 감소에 대한 정부의 어떤 압력도 없었다. 국가 재정 분야에서도 풍력에 투자하기 위한 어떤 제안도 받지 못했으며, 풍력발전에 대한 부정적 태도를 가지고 있었다. 풍력발전을 위한 인허가 법률과 규정은 매우 복잡했는데 이것은 스웨덴인들이 전통적인 자연보존에 대한 인식과 맞물리고 풍력개발 허가권자와 다른 기관들과의 조율이 원활하지 않으면서 인허가 과정은 오랜 시간을 끌게 되었다. 이 때문에 스웨덴의 전력산업은 풍력에 대해 소극적이었고, 풍력으로 생산된 전력가격은 불안정하고 예측할 수 없었다. 스웨덴에서도 민간 사업자가 독립 사업 개발자의 도움을 받아 정부에서 제공하는 일부 보조금을 받으며 풍력터빈을 설치하긴 하였으나 스웨덴의 풍력개발은 강력한 내수시장과 풍력터빈 제조 산업을 육성하기에는 너무나 평범한 수준이었다(그림 4.2 참조).

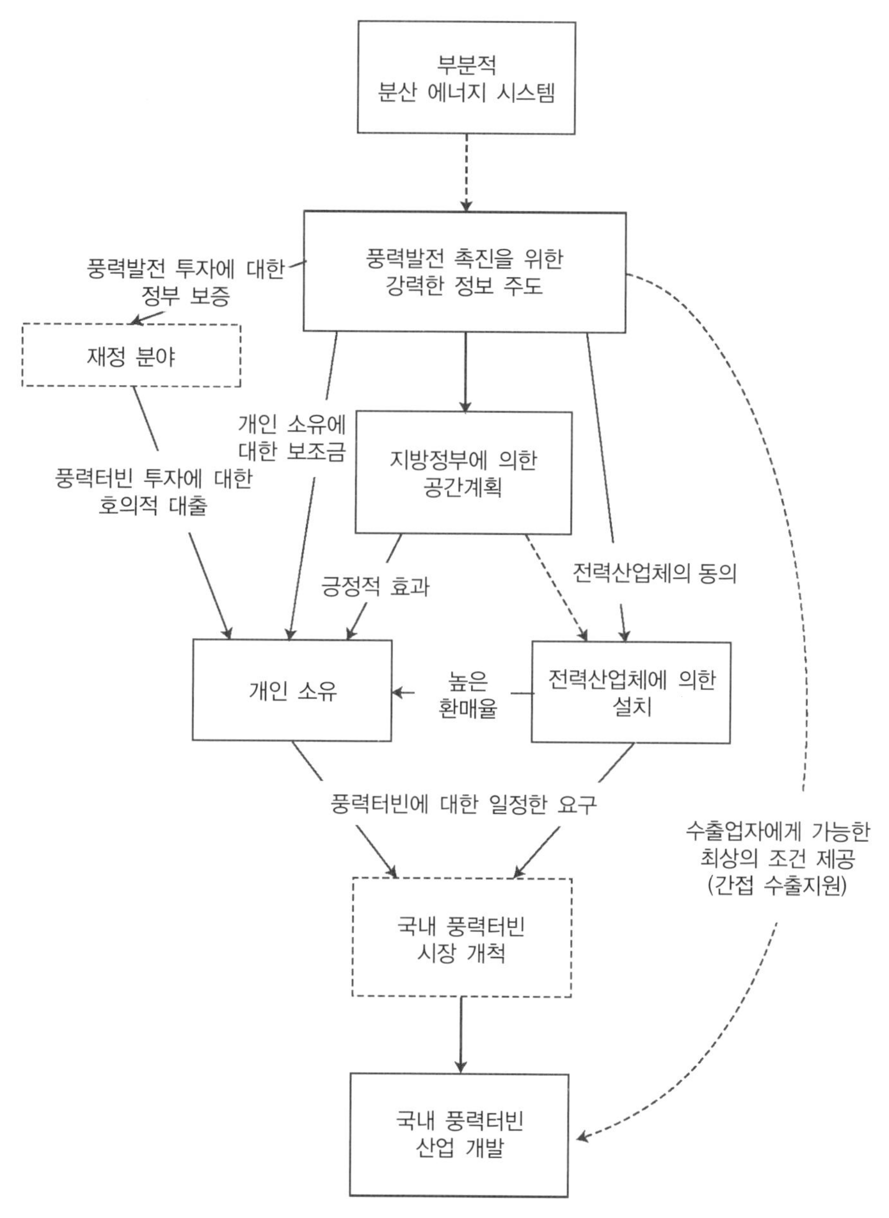

그림 4.1 덴마크의 풍력 정책(출처: Miyamoto, 2000)

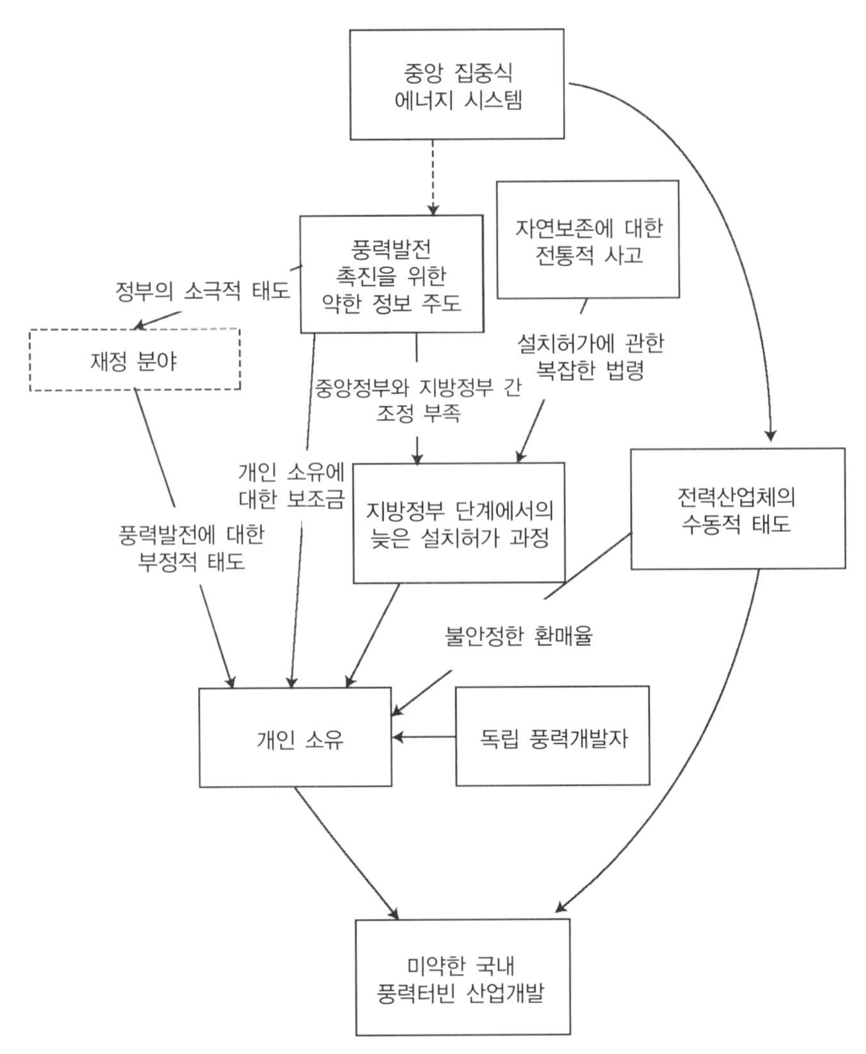

그림 4.2 스웨덴의 풍력 정책(출처: Miyamoto, 2000)

2006년에 도입된 풍력 법률에 의해 스웨덴 정부는 처음으로 스웨덴에 풍력발전이 시급히 개발되어야 한다고 언급했다. 그러나 개정된 인허가 규정은 수행 과정이 빠르지 않았으며, 오히려 더 늦어졌다. 지자체의 허가권(예: 지방자치 정부는 그 지역 안에 모든 풍력발전사업에 대한 허가를 준다는 규정)은 오히려 많은 개발 사업을 지연하거나 정지시켰다. 그러나 몇 년이 지난 후 전력시장에서 재생에너지 관련 녹색인증서 가격이 투자를 자극할 만큼 충분히 높은 수준에 올라갔을 때 풍력개발 효과가 일부 나타났고 스웨덴에서도 그제야 본격적인 풍력개발이 시작되었다.

스웨덴의 풍력발전정책이 구체화되면서, 스웨덴 정부는 스웨덴에서 풍력발전 개발 속도를 올리기 위한 계획을 일부 착수하였으나 여전히 스웨덴 국내 풍력발전산업을 이끌지는 못했다. (그러나 스웨덴 산업은 많은 풍력터빈 부품을 생산한다.) 스웨덴 내 서로 다른 여러 주정부 기관 사이의 협력은 여전히 열악했으며, 전력회사(특히 주정부가 소유하고 있는 전력회사, Vattenfall)는 여전히 풍력발전에 소극적이었다. 그러나 풍력개발사업을 위한 재정지원은 높아지는 전력 수요와 인증서 가격으로 인해 점차 나아지고 있다.

재생에너지 지원방안

새로운 발전소에서 생산되는 전기에너지는 기존 오래된 발전소에서 생산되는 것보다 항상 비싸다. 항상 새로운 발전소가 비싸다는 것은 아니며, 오래된 발전소(일부는 건설 당시 경제적 보조를 받음)는 이미 그들의 부채를 상당 부분 상환했기 때문에 결론적으로 아주 낮은 부채자본을 가지고 있다는 것이다. 새로운 발전소에 경제적 지원을 강화할 필요가 있는 이러한 상황은 비단 풍력발전에만 국한되는 것은 아니고 모든 발전소에 적용되며, 가동되지 않는 오래된 발전소를 새로운 발전소로 건설하기 위해서는 다른 종류의 경제적 지원이 필요하다.

유럽의 몇몇 연구자들이 풍력발전과 다른 재생에너지원의 촉진에 사용되었던 다양한 지원 방안에 대하여 RE-XPANSION 프로젝트에서 기술하고 있는데, 이들의 비교 분석 결과는 재생에너지를 위한 지원방안(Support Schemes for Renewable Energy, EWEA, 2005) 보고서에 제시되었다.

보고서에서 풍력발전 촉진에 사용된 장려책은 아래와 같이 3개의 범주로 구분할 수 있다.

- 녹색시장제green marketing: 재생에너지 가격과 생산량을 결정하는 자발적 시스템
- 고정가격제fixed prices: 정부가 전기 생산자에게 지급하는 전기가격을 결정하고 수량은 시장에서 결정하도록 맡기는 시스템
- 할당제quotas: 정부가 전기 생산량을 결정하고 그 가격은 시장에 맡기는 시스템

이 제도 중 녹색시장제는 비효율적임이 입증되었다. 설문조사를 통해 상당수의 소비자들은 풍력과 같은 재생에너지에 조금 더 많은 비용을 지불하겠다고 주장하지만, 그러한 기회가 오면 실제로 위와 같은 것을 선택하는 사람은 단 1%도 되지 않았다.

고정가격제와 할당제는 법률에 의해 규정되고 강제성이 있으므로 시스템을 좀 더 효율적으로 만든다. 이는 좀 더 세부적으로 구분할 수 있는데, 보고서는 재생에너지를 위한 지원 방안의 종류를 5가지로 정의하였다.

- 투자보조금investment subsidies
- 고정가격매입fixed feed-in tariffs
- 프리미엄 제도fixed premium systems
- 입찰제도tendering system
- 녹색인증서 거래제도tradable green certificate systems

투자보조금

투자보조금investment subsidies 제도는 풍력개발 초기단계에 덴마크, 독일, 스웨덴 등 많은 나라에서 시행되었고 그 효과가 입증되었다. 이 제도의 장점은 간단하다는 것인데, 보조금이 미리 지급되며 보조금 지원은 사업 진행 기간 동안 감소되거나 철회되지 않기 때문에 투자의 안정성을 보장한다. 이 제도의 단점은 좋은 사업과 나쁜 사업을 구별하지 않는다는 것이다. 투자보조금 제도는 현재 대부분의 나라에서 사라졌지만 2008년과 2009년 금융위기 이후 미국에서 2년 동안 재시행되기도 하였다.

고정가격매입*

고정가격매입fixed feed-in tariffs 제도는 지금까지 풍력개발을 장려하기 위한 가장 효과적인 방법이었다. 풍력발전으로 생산된 전기에 지급되는 가격은 특정가격 또는 소비자 가격과 관련하여 고정되고 전력가격은 풍력터빈이 운영되는 기간 혹은 지정된 목표에 도달할 때까지 고정된다. 이 제도는 투자자들에게 그들의 투자비를 회수할 수 있도록 보장하는데, 이 제도는 풍력개발 분야에서 지금껏 가장 성공적이었던 덴마크, 독일, 스페인 3개 나라에서 사용되었다.

---

* 차액지원제도(FIT)의 하나로 시장가격 변동에 관계없이 고정가격으로 매입해주는 제도, 일반적으로 전력가격이 고정가격보다 낮으므로 그 차이만큼 보상되는 것으로 만일 전력가격이 고정가격보다 높은 경우에는 손실보상이 되지 않는다. 우리나라에서는 2002년에 발전차액지원제도라는 이름으로 시행되었다.

프리미엄 제도*

프리미엄 제도fixed premium systems는 다른 신재생에너지 지원방안과 혼합하여 사용되었는데, 프리미엄 제도에 의한 전력가격은 풍력발전과 경쟁하는 다른 에너지원에 의한 전력가격과 연관되어 결정된다.

입찰제도

입찰제도tendering system는 소위 비화석 연료 의무NFFO로 불리는 제도하에 영국에서 시행되었다. 그러나 입찰에 선정된 프로젝트들이 건설되지 못하면서 잘 시행되지는 않았다. 지금은 녹색인증제도로 변경되었으나 입찰제도는 덴마크와 영국에서 해상풍력 건설을 위해 사용되고 있다.

녹색인증서 거래제도**

재생에너지를 위한 녹색인증서 거래제도tradable green certificate systems는 이탈리아(2002), 영국(2002), 벨기에(2002) 그리고 스웨덴(2003)에서 도입되었다. 전력생산자는 1년간 생산된 전력에 대해 인증서를 발급받으며 이것은 인증서 시장에서 거래될 수 있다. 이러한 인증서 가격은 전력시장에서 수요와 공급에 의해 결정된다.

지원방안들에 대한 평가

재생에너지 지원방안Support Schemes for Renewable Energy 보고서상의 다양한 지원방안들은 에너지 분야에 종사하는 500명 이상의 전문가들의 설문조사로 평가되었다. 이 설문조사에 의하면 재생에너지 지원제도의 가장 중요한 속성은 투자자의 의지와 유효성이었다. 지원제도 중 차액지원제도FIT가 가장 높은 점수를 받았고, 녹색인증서 제도와 입찰제도는 가장 낮은 점수를 받았다. 녹색인증서 제도의 경우 다른 지원제도와 비교하여 가장 중요한 요소인 투자자 의지와 유효성에서 낮은 점수를 받았는데, 이 설문조사의 주요 결론은 차액지원제도가 가장 선호하는 지원방안이었다는 것이다.

이들 지원제도의 세부 규칙과 규정은 나라마다 다르기 때문에 각 나라들은 자신들만의 독특한 시스템을 갖추었다. 따라서 각 나라의 서로 다른 제도를 비교하고 평가하기는 어렵다. 역사

---

* 차액지원제도(FIT)의 하나로 시장가격의 변동에 따라 매입가격도 항상 일정한 지원금이 포함된 변동가격으로 변하는 것으로 변동차액지원제도(Variable FIT)라고도 한다. 프리미엄 제도는 전력가격이 폭등하는 경우 정부 재원에 압박요소로 작용한다.

** 우리나라에서는 2012년 RPS제도로 시행 중이다.

적으로 보면 덴마크, 독일, 스페인은 매우 성공적이었다. 그러나 동일한 제도를 도입한 그리스와 프랑스의 성공률은 낮았다. 재생에너지 지원제도는 재생에너지 활용을 촉진하기 위한 요소 중 하나일 뿐이다. 이 보고서의 저자는 재생에너지를 위한 잠재적이고 효과적인 촉진 전략에 대하여 다음과 같은 4가지 주요 요소를 제시하였다.

1. 잘 설계된 지급 구조
2. 계통연계와 계통망의 전략적 개발
3. 적절한 행정처리 과정과 유연한 신청 과정
4. 주민 수용성

녹색인증서 거래제도는 현재 몇 년간 적용되고 있는데, 이 제도는 인증서 가격이 높은 동안은 효과가 증명되었으나 반면 높은 정치적 위험을 가지고 있다. 스웨덴의 경우 정치인들은 초기 투자자들이 충분한 투자금 회수를 위해 인증서 가격을 일정 수준으로 유지하기 위한 할당량을 늘릴 준비가 되어 있지 않았다. 이로 인해 그들은 전력시장의 규제완화 이후 고정가격제도에서 녹색인증서제도로 변경한 것에 대한 강한 논쟁을 벌였다. 할당제quota system는 고정가격제도보다 좀 더 시장 지향적으로 가는 것이 요구되는데, 이 보고서의 저자는 다음과 같은 다른 의견을 제시하였다.

> 정부가 수량을 결정하고 가격 결정을 시장에 맡기는 제도는 정부가 가격을 고정하고 수량의 결정을 시장에 맡기는 제도보다 더 시장 지향적이라고 볼 수 없을 것 같다.
> 할당기반 제도와 가격기반 제도의 주요 차이점은 할당제의 경우 전력생산자들(예: 풍력터빈 운영자들) 사이에 경쟁을 도입한다는 것이다. 만일 정부가 가격이나 수량을 결정하는 경우 생산비용 절감이 중요한 발전설비 제조사들(예: 풍력터빈 제조사들)이 서로 경쟁하게 된다(EWEA, 2005: 27).

새로운 전력생산을 위해서는 필요한 투자를 자극하는 보증된 전력가격 지급을 통해 정해진 시간 내에 정해진 목표(MW급 전력생산)를 달성하는 것이 가능하다. 이는 덴마크가 풍력개발을 수행한 과정을 보면 명확히 알 수 있는데, 덴마크의 풍력개발은 계획한 것보다 몇 년 앞서 목표를 달성하였다. 덴마크는 이미 2005년까지의 목표를 1999년에 달성했으며, 현재 2030년까지 풍력발전에서의 전력 목표 50%를 달성하였다. 2013년 덴마크의 풍력보급률은 33%이다.

독립 전력생산자

대부분의 나라에서 풍력은 주력 에너지를 생산하는 대규모 전력회사에 의해 개발되지 않았고 농민과 조합 혹은 소규모 회사가 하나 혹은 작은 그룹단위의 풍력터빈을 설치하고 운영하였다. 이들을 소위 독립 전력생산자IPP: Independent Power Producer라고 한다. 지난 몇 년 동안 설립된 신규 전력회사의 일부는 이러한 영역으로 진입했는데, 주로 대규모 해상풍력사업에 투자하기 위한 것이었다. 전체 전력시스템에서 풍력발전 비율이 큰 덴마크, 독일에서는 풍력터빈 소유자 및 운영자의 대부분이 독립 전력생산자이다. 덴마크에는 약 150,000명의 서로 다른 풍력터빈 소유자들이 있고 이들의 대부분은 풍력조합과 농민조합에 회원인 개인들이다. 스웨덴의 경우 2012년 설치된 풍력발전설비 용량의 76%가 독립 전력생산자 소유이다(그림 4.3 참조).

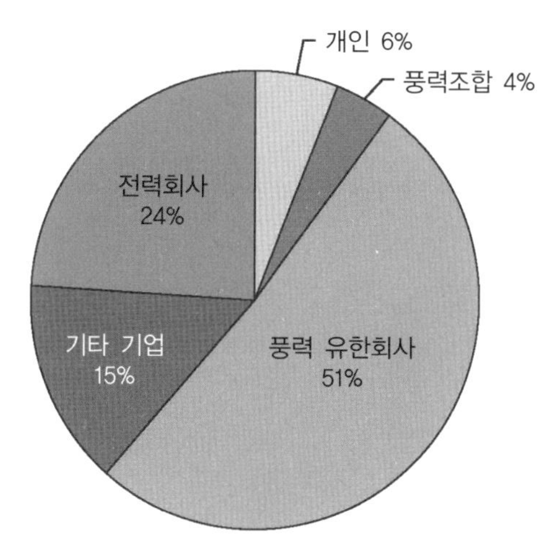

그림 4.3 풍력발전 소유 비율(스웨덴, 2012). 전력회사들은 2012년에 스웨덴에 설치된 전체 풍력발전설비 용량의 단 24%를 보유하고 있다. 대부분의 풍력발전소는 개인, 풍력조합, 대부분 지역에 위치한 풍력 유한회사 그리고 풍력사업보다 다른 사업 규모가 큰 회사들이 보유하고 있다.

독일, 덴마크, 스웨덴의 주요 발전소와 전력회사들은 풍력발전의 반대자였고 현재도 어느 정도는 여전히 반대하는 입장이다. 그러나 지난 몇 년 동안 이러한 대규모 전력회사들은 그들의 생각을 바꾸었는데, 현재는 동에너지Dong Energy로 이름을 바꾸고 혼스레브Horns Rev 대형 해상풍력단지를 개발한 덴마크 엘삼Elsam은 1990년대 말에 풍력에 대한 그들의 생각을 바꾸었다. 그들은 풍력발전에 대한 경험을 통해 새로운 사업 기회를 깨닫고 영국 및 세계 여러 지역에 대규모 해상풍력단지를 개발하기 위한 자체 풍력부서를 설립하고 운영하였다. 스웨덴 주 정부가 보유한 전력회사인 바텐팔Vattenfall은 2005년에 혼스레브Horns Rev 전력의 60%를 구매하여 풍력 비즈니스 분야에서 큰 역할을 담당하고 있다.

▎동등조건에서의 경쟁

풍력으로 생산되는 전력가격을 다른 에너지원의 전력생산 가격과 비교할 때, 비교 분석에 사용되는 주요 인자는 동일 조건이어야 한다. 전력생산으로 인해 초래되는 건강과 환경의 손상과 같은 사회적 비용도 외부 비용으로 포함되어야 한다.

전력요금에는 이러한 외부 비용이 포함되어 있지 않다. 2012년 유럽위원회EC: European Commission는 2012년 보고서ExternE: Externalities of Energy에서 에너지원별 외부 비용에 대한 계산 방법을 다시 제시하였다. 이 보고서의 결론 중 하나는 전력가격에 건강과 환경영향에 대한 비용을 포함하게 되면, 석탄 혹은 원유를 사용한 전력생산 요금은 두 배로 하고, 화석 가스의 경우 30%를 증가해야 한다고 했다(그림 4.4 참조).

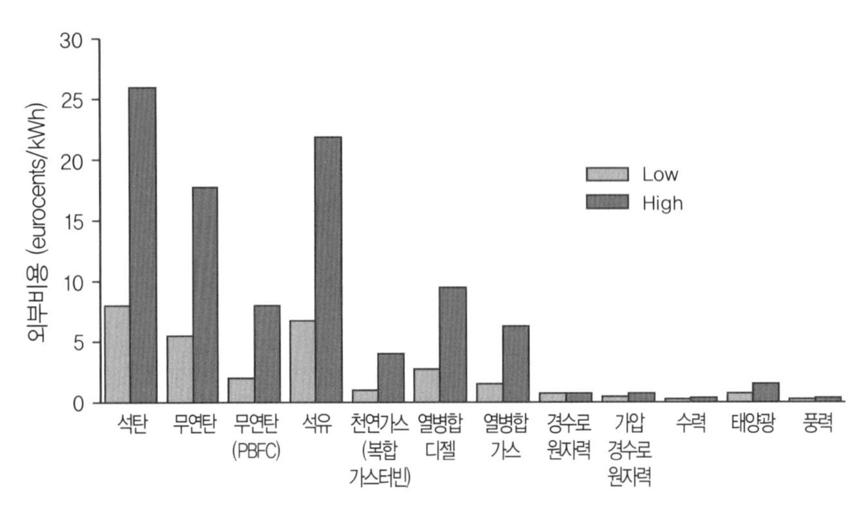

그림 4.4 유럽연합의 에너지원별 외부 비용(출처: European Environment Agency, 2005)

만일 외부 비용 계산에 경제성 부분을 포함한다면, 풍력은 2000년대 초 신규 발전소들 중에서 전력생산을 위한 가장 저렴한 수단이 된다. 바람은 원자재 비용을 지불하지 않으므로 화석연료와 같이 세계 시장의 원자재 가격 변동에 의한 가격 상승 위험요소가 없는 반면, 화석연료 혹은 원자력발전의 경우 원자재 가격 상승이 전력생산 가격에 매우 큰 영향 요소로 작용한다.

정책 권장 사항policy recommendations

풍력은 여러 가지 면에서 전통적인 전력생산 기술과 차이가 있는 새로운 에너지원이다. 풍력은 유해물질을 배출하지 않기 때문에 건강과 환경에 유리하고 풍력터빈은 분산계통에 연결될 수 있어, 이것은 분산전원시스템(마이크로그리드)에 이용할 수 있다. 또한 풍력터빈은 전통적인 발전설비와 비교하여 작은 단위의 모듈이므로 전력시스템에 지속적으로 추가할 수 있고 독립 전력생산자들이 소유하고 운영할 수 있다.

대규모 전력회사를 위해 만들어지고, 전통적이고 강력한 전력회사들에 의해 지배되는 전력시장에서 재생에너지가 동등한 조건으로 경쟁하기 위해서는 기존 재래식 기술에 수십 년간 재정적, 정치적 지원으로 형성된 경쟁 열세를 제거할 필요가 있다. 2005년에 동등한 경쟁을 위해 필요한 개선안이 도출되었고 개선안에 따른 정책 제안이 제시되었는데, 이 권장 사항에 제안된 개선안의 대부분은 지금까지 이행되지 않고 있다(Box 4.1 참조).

Box 4.1 RE-XPANSION의 정책 권장 사항

재생에너지를 위한 지원 전략(Support Schemes for Renewable Energy, EWEA, 2005) 보고서는 아래와 같은 몇 가지 정책 권장 사항들을 제시하였다.

- 알려진 외부 비용들은 오염을 유발하는 에너지 기술에 대해 적절한 환경세금을 통해 보전해야 한다. 기후변화에 대한 비용은 정량화할 수 없기 때문에 이것은 대기 중 온실가스의 안전한 최대 농도를 준수할 수 있는 수량 체제로 다루어져야 한다. (예를 들면, 교토의정서와 같은 국제협약을 근거로 한다.)
- 만일 외부비용을 배출세로 보전할 수 없으면, 전통적 에너지와 재생에너지의 차이를 보전하기 위하여 차액지원 혹은 프리미엄 방식을 사용해야 한다.
- 온실가스 감축목표를 달성하기 어려운 경우 재생에너지가 공평하게 경쟁할 수 있도록 추가적인 조치를 취해야 한다.
- 재생에너지의 촉진, 공급의 안전, 공급의 다양성, 지역 고용 등에 대한 기타 다른 이유들을 절대로 간과해서는 안 된다. 이러한 요소들은 자체적으로 재생에너지 정책을 결정할 때 고려될 필요가 있다.

전 세계 풍력에너지에 관한 자문을 수행하는 그린피스Greenpeace가 작성한 보고서Wind Force 12는 신재생에너지에 대한 법적 구속력이 있는 목표를 요구하고 있다. 그린피스는 이러한 목표가 정부로 하여금 재정구조, 계통연계 규정, 기획 및 행정절차를 개발하도록 강제할 것이며, 전력시장은 투자 위험 최소화와 충분한 투자 회수 보증을 위한 국가 법률과 안정적이고 장기적인 재정 방안을 포함한 내용이 명확하게 정의되어야 한다고 명시하고 있다. 또한 이 보고서는 재생에너지와 시장 왜곡을 제거하기 위한 전력시장의 개혁을 요구하고 있는데, 이 개혁안은 다음 내용을 포함한 재생에너지의 시장 장벽을 해결하는 것이 필요하다고 하였다.

- 유연하고 균일한 기획과정과 허가 시스템, 통합된 최소비용 전력계통 계획
- 공평하고 투명한 계통연계 및 차별적 접속과 송전 관세의 폐지
- 분산형 발전의 이익을 위한 인식과 이에 대한 공정한 대가를 가진 전력망을 통한 전력의 공정하고 투명한 가격
- 개별 발전과 대규모 발전 회사의 시설 분리
- 계통 인프라 개발과 보수비용은 반드시 개별 재생에너지 사업자보다 계통 관리 권한자에 의해 수행
- 소비자가 정보에 입각한 전력원을 선택 가능하도록 최종 사용자에게 사용 연료와 환경영향에 대한 사항을 공개

여기서 중요한 사항은 화석연료와 원자력발전은 여전히 많은 보조금을 받고 있다는 것인데 이것은 전력시장을 왜곡하고 재생에너지에 대한 지원 필요를 증가시킨다(그림 4.5 참조). 그린피스 보고서에 의하면 풍력발전은 전력생산에 의한 환경오염이 없기 때문에 전력시장이 왜곡되지 않는다면 특별한 지원이 필요하지 않을 것이라고 하였다.

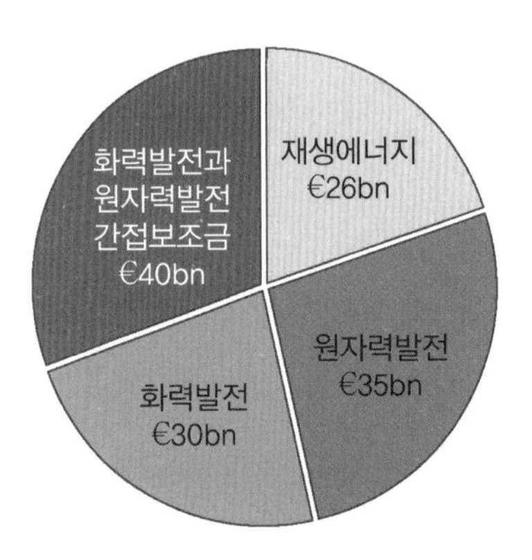

그림 4.5 유럽연합(EU)의 에너지 보조금(2011). 유럽연합위원회 보고서(2013)에 의하면 2011년에 원자력발전은 350억 유로, 화력발전은 300억 유로를 보조금으로 받았다. 여기에 간접보조금은 400억 유로이다. 간접보조금은 석탄 화력발전소 등으로 인체에 미치는 영향에 관한 비용이었다. 재생에너지에 대한 보조금은 260억 유로였다(출처: Sddeutsche Zeitung, www.suddeutsche.de).

풍력과 환경wind power and environment

풍력터빈은 바람으로부터 재생된 에너지를 사용하며 이들은 환경의 저해 요소가 되는 오염물질배출과 사용되는 연료의 수송이 필요치 않다. 풍력터빈은 제조될 때 사용한 에너지를 풍력발전을 통해 3~9개월 내에 에너지를 회수하는데, 이러한 기간은 사이트에서의 풍력자원, 풍력터빈의 크기 및 계산 방법에 따라 달라진다. 또한 풍력터빈은 부수적인 흔적을 남기지 않고 해체할 수 있고, 대부분의 재료는 재활용될 수 있는 반면 전력을 생산하는 다른 방법들은 환경에 막대한 영향을 미친다.

환경적 측면에서 풍력은 최선의 선택이며, 전 세계적으로 그리고 지역적으로 긍정적인 영향을 가지고 있고, 기후변화와 산성화 그리고 농업과 산림, 호수, 경관, 인간의 건강에 영향을 주는 위험요소를 감소시킨다(표 4.2 참조).

표 4.2 에너지원별 환경영향

에너지원	원재료	배출	기타 영향
화력	석탄, 석유, 가스	CO_2, NO_x, SO_x, VOC, 재(ash)	석유시추, 탄광, 수송
화력	바이오매스	NO_x, SO_x, VOC, 재(ash)	산림, 수송
수력	물	없음	토지와 수로 분기점의 개발
풍력	바람	없음	토지사용, 소음
태양광	태양광	없음	토지사용

CO_2(이산화탄소), NO_x(질소산화물), SO_x(황산화물), VOC(휘발성 유기 화합물)

환경영향의 개념은 여러 다른 종류의 영향을 포괄적으로 포함하는데, 풍력터빈은 경관, 식물, 동물, 자연, 문화유산 등에서 소음, 그림자 영향, 경관 영향을 유발할 수 있으나 에너지 생산으로부터 배출되는 오염물질의 영향은 감소된다. 따라서 이러한 영향들의 합리적인 평가가 필요하며 환경영향에 대한 개념은 Box 4.2와 같이 검토되어야 한다(Box 4.2 참조).

Box 4.2 풍력터빈으로 인한 환경영향 검토

환경에 대한 영향은 아래와 같은 형태로 구분할 수 있다.

- 생태계
  - 화학적/물리적 영향 - 산성화, 부영양화, 기후변화, 오염물질 등
  - 동물과 식물에 대한 영향

- 건강과 복지
  - 지역 주민의 불편함에 대한 영향 - 소음, 그림자 영향, 안전

- 문화
  - 경관에 대한 영향
  - 문화유산

화석연료(석탄, 오일, 화석가스 등)의 사용은 이산화탄소, 황산화물, 질소산화물, 휘발성 유기화합물(탄화수소 등), 중금속(납, 카드뮴, 수은 등)뿐만 아니라 그을음과 미세먼지와 같은 온실가스의 배출을 유발한다. 광산, 원유, 가스전에서 연료를 채굴하는 것은 지역적으로 환경에 심각한 영향을 초래하며, 이 과정에서 배출되는 오염물질도 발생한다. 또한 원료 채굴장소에서 발전소까지 연료를 수송하기 위해서 별도의 에너지가 필요로 하며, 이 또한 오염물질을 배출하게 된다.

풍력발전단지 개발을 통한 환경적 이점은 풍력터빈이 설치된 전력시스템에 따라 달라진다. 즉, 풍력에너지 없이 어떻게 전력을 생산할 것이며, 그러면 환경에 어떠한 영향이 있을 것인가? 예를 들어, 스웨덴은 거대한 북유럽 전력시스템에 속해 있는데, 그 전력시스템은 스웨덴, 노르웨이, 덴마크, 핀란드에 걸쳐 서로 연결되어 있고, 독일, 폴란드, 네덜란드와도 전력을 교환할 수 있는 케이블을 보유하고 있다. 따라서 스웨덴에서 새로운 풍력터빈이 전력을 생산하게 되면, 이것은 북유럽 전력시스템 내에 석탄 화력발전소에서 생산되는 동일한 전력량으로 취급되고, 스웨덴의 수력발전소와 원자력발전소의 전력을 대체하는 것이 아닌 석탄 화력발전소의 전력을 수입하는 것과 같다(Holttinen, 2004). 석탄 화력발전소의 오염물질 배출량 비교를 통하여 풍력발전의 환경적 이득을 정량화할 수 있다(표 4.3 참조).

표 4.3 북유럽 전력망에서 풍력터빈에 의한 환경오염물질 감소량

풍력생산량 연간 배출 감소량	1kWh	1GWh
황산화물	0.11g	110kg
이산화탄소	784g	784,000kg
질소산화물	0.23g	230kg
미세먼지	0.02g	20kg

풍력발전으로 인한 환경에 대한 연간 이득은 표 4.3에서 제시된 수치와 함께 예상되는 연간 에너지 생산량을 곱하면 되는데, 버려지는 고체 폐기물clinker(석탄이 타고 난 다음 남게 되는 폐물질)에 대해서는 53g/kWh(53ton/GWh)를 추가한다(Danish Wind Turbine Owners Association, 2011).

오염물질 배출 감소량은 어떤 발전소를 비교 대상으로 했는지에 따라 달라진다. 이산화탄소(CO_2) 배출량은 석탄 화력발전소의 효율에 의존하는 반면 황산화물(SOx)과 질소산화물(NOx)은 각각 다르다. 표 4.3은 오염물질 배출 감소를 위한 설비를 갖춘 석탄 화력발전소를 참조하였다.

오염물질 배출 감소량은 또한 풍력발전이 연결된 전력시스템에 새롭게 연결될 다른 발전소의 유형과 풍력의 실제 전력생산 점유율에 따라 달라진다. 풍력 점유율이 증가하면 풍력발전은 석탄 화력발전만을 대체하지 않고 북유럽 국가의 수력발전과 원자력발전도 대체한다. 4.3%의 풍력발전 보급률을(16TWh/a) 가정하면 CO_2 감소량은 700g/kWh이고, 12.2%를 가정하면(46TWh/a) 감소량은 650g/kWh이다(Holttinen, 2004).

셰일shale 화력발전의 비율이 큰 발틱해 전력시스템에서의 감소량은 1.05kg/kWh로 더 크다. 그러나 화력발전소는 10MW 단위로만 규제할 수 있기 때문에 실제 CO_2 배출량을 줄이기 위한 보급률은 상당히 큰 편이다. CO_2와 기타 배출 감소량은 풍력터빈이 설치된 전력시스템의 설계와 특성에 따라 달라지고, 이 숫자들은 각 전력시스템별로 계산되어야 하는데, 대부분의 전력시스템에서 풍력은 CO_2 배출 감소를 가져올 것이다.

풍력개발은 전 세계 기후를 변화시키는 CO_2를 감소시켜 전 세계 환경에서 전력생산으로 인한 부정적인 영향을 감소시키는 데 공헌할 것이다. 또한 지역범위에서 환경 산성화를 유발하는 황산화물과 질소산화물 등 국가 간 대기 오염물질 배출을 감소시킬 것이므로 풍력은 세계적, 지역적으로 긍정적 영향을 가지고 있다.

요구되는 토지면적

풍력은 다른 에너지원에 비해 많은 토지면적을 필요로 하는 것처럼 보인다. 그러나 풍력발전에 필요한 토지면적에 대하여 다른 발전소와 비교, 분석한다면 풍력발전이 많은 토지면적을 차지하는 것에 대해 다시 생각해봐야 한다. 화석, 우라늄과 같은 연료를 사용하는 발전소는 전기 생산 단계에서 폐기물 처리장을 비롯하여 광산, 원유정, 정유소, 항구, 저장시설 등을 포함하는 광범위한 면적을 사용한다. 실험적 연구에 의하면 풍력이 필요로 하는 토지면적은 설비 기초foundation 및 진입로, 변압기와 기타 장치를 포함하여 0.018~0.49ha/MW로 정도로 같은 연구에서 영국의 원자력발전소의 경우 필요한 면적은 16ha/MW로 보고하고 있다. 다양한 발전소의 필요 토지면적에 대한 비교연구는 1990년대 말에 이루어졌는데, 풍력터빈의 크기가 급속도로 커지고 있기 때문에 현재 풍력발전에 필요한 토지면적은 더 감소하였다.

풍력발전에 필요한 토지면적은 풍력단지에 배치된 형태에 따라 풍력터빈의 타워 외곽을 연결하는 경계로 정의된다. 풍력단지에 12개의 풍력터빈이 있다고 가정하면, 풍력터빈들이 일렬로 나열되어 있는 경우 필요한 토지면적은 감소하지만 4개 풍력터빈들을 3열로 배치한다면 필요한 토지는 증가한다. 1.5MW 12개의 풍력터빈이 3×4 배열로 배치되었을 경우 필요면적은 81ha이고, 2×6 배열로 배치되었을 경우 필요면적은 47ha로 바뀐다. 풍력단지 전체 용량이 18MW로 동일한 전체 출력용량에 필요한 토지면적은 각각 4.5ha/MW와 2.6ha/MW가 되는 것이다. 그러나 풍력발전단지에서 사용된 토지면적의 95% 정도는 이전과 같은 형태로 활용할 수 있기 때문에 실제로 필요한 토지면적은 0.225ha/MW와 0.13ha/MW가 된다.

만일 동일한 전체 풍력단지 용량에 3MW(로터직경이 90m인 경우) 풍력터빈을 설치한다면, 필요한 풍력터빈은 단 6대이다. 다만 풍력터빈 간 이격거리는 더 커지지만 6개의 풍력터빈을 3기씩 2열로 배치할 경우 56ha가 필요하며, 정격출력이 5MW(로터직경이 128m인 경우) 풍력터빈이라면 사각형 형태로 배치할 수 있고 이때 필요한 면적은 또한 57ha 정도이다. 더 큰 풍력터빈을 설치하여도 MW당 요구되는 면적은 동일하지만 높은 타워 높이를 가지면서 더 많은 에너지를 생산하게 된다. 따라서 토지면적당 에너지 생산량은 풍력터빈의 크기와 함께 증가하게 되며 풍력자원이 우수할수록 풍력터빈 설치량은 줄어든다.

지역영향

풍력발전단지에서 진입로는 풍력터빈을 설치 위치까지 운송하기 위해서 반드시 필요하며, 크레인 작업을 위한 영역이 확보되어야 하고, 전력 케이블이 풍력터빈 간에 설치되어 전력계통과 연결되어야 한다.

풍력터빈은 일반적으로 콘크리트 기초 위에 세워지는데, 지표면이 바위로 구성된 경우 볼트로 체결될 수도 있다. 콘크리트 기초는 커다란 사각형 혹은 원형의 거푸집 형태로 구성되고 지표면에서 수 미터 아래에 설치되어 타워 하단 플랜지와 볼트로 체결된다. 기초는 지표면 밑에 묻히게 되어 풍력터빈은 지표면에서 풍력터빈 타워 하단 이상의 면적을 차지하지 않는다.

진입로는 굴착기, 크레인, 기타 중장비 등이 사이트로 접근하기 위해 가장 가까운 도로에서 연결되어야 하는데, 이러한 진입로는 임시로 만들 수도 있고, 간단하게는 단단한 기존 이면 도로를 활용하거나 바닥에 강철 플레이트를 설치하여 사용하기도 한다. 진입로에서 요구되는 사항은 지형 조건과 풍력터빈 크기에 따라 다르게 되는데, 풍력터빈을 운송할 때 진입로는 이동 중장비와 대형 크레인의 하중을 견딜 수 있어야 한다.

단일 풍력터빈은 바닥에 묻힌 케이블에 의해 전력계통으로 바로 연결된다. 여러 대의 풍력터빈들이 같이 설치되는 경우 내부 연계선에 의해 서로 연결된 다음 주 계통 선으로 연결되고, 대형 풍력발전단지의 경우 별도의 변전 시설을 필요로 한다.

환경 측면에서 풍력개발로 인해 직접적으로 물리적인 영향을 미치는 요소는 풍력터빈 기초와 진입로, 전력계통으로 연결되는 케이블 그리고 풍력단지 지상 공간을 차지하는 풍력터빈으로 볼 수 있다. 풍력터빈이 설치 완료된 후에 지상 토지는 경작지 혹은 목초지와 같이 이전과 같은 용도로 활용이 가능하다.

풍력터빈은 환경에 영향을 미치는 오염물질 배출을 야기하지 않는다. 다만 풍력터빈 로터에 의한 약간의 소음과 낮 시간 동안 풍력터빈이 시야에 보이는 것, 해가 뜨고 질 무렵 햇빛으로 인한 로터 회전 그림자가 비추는 것이 있다.

풍력터빈의 기술적, 경제적 수명은 최소 20년이다. 이것은 기어박스, 발전기, 블레이드 등 주요 부품을 교체함으로써 사용 기간을 연장할 수 있고, 하부기초는 더 오랜 수명 기간을 가지며 이것은 궁극적으로 동일한 위치에 새로운 풍력터빈을 설치하는 데 재사용할 수 있다. 풍력터빈의 빠른 기술개발로 이러한 경우는 많지 않으나 미래에는 선택사항이 될 수 있다. 풍력터빈은 단 하루 만에 해체할 수 있으며, 사이트는 이전 상태로 복원할 수 있고 대부분의 부품은 재활용이 가능하다. 풍력터빈은 환경에 지속적인 영향을 미치지 않는다.

자 연

풍력발전으로 인한 식물생태계와 동물생태계에 미치는 영향은 그 지역에 자생하는 식물과 동물의 종류에 따라 다르다. 식물생태계는 건설 기간 동안 혹은 하부 기초, 케이블 매설용 참호로 인해 발생할 수 있는 수자원 환경 변화에 의한 영향을 받을 수 있고, 야생동물에 대해서는 새들과 박쥐들에게 미치는 영향에 대하여 많은 논의가 이루어졌으며 여러 연구를 통해 이러한 문제들을 해결하고 있다.

1980년대 덴마크에서는 작은 새들이 풍력터빈 나셀에 둥지를 만드는 문제가 있어서 시스템 제조사들은 나셀 외부에 열려 있는 모든 공간을 그물망으로 막는 작업을 하였다. 미국에서는 많은 매가 로터 블레이드에 부딪히는 문제가 있었는데, 그 이유는 매의 먹잇감이 되는 작은 새들이 타워 위에 둥지를 만들었기 때문인 것으로 밝혀졌다. 오래전 풍력터빈 타워는 새들이 둥지를 만들기에 완벽한 격자 구조를 이루고 있었는데, 이러한 문제는 풍력터빈 타워가 원통형 철판 구조로 변화하면서 해결되었다. 스페인 남부 타리파Tarifa에서는 많은 독수리가 풍력단지에서 죽었는데, 그 이유는 풍력단지 중앙에 거대한 쓰레기 매립장이 있어 독수리들이 이곳에서 먹이를 찾으면서 발생하였고 이 문제는 쓰레기 매립장을 다른 곳으로 이동하면서 해결되었다. 그러나 새들이 풍력터빈과 충돌할 위험은 경험적으로 적은 것으로 알려지고 있다.

캘리포니아의 알타몬트 패스Altamont Pass에서는 여전히 풍력터빈에 새들이 충돌하는 문제가 발생하고 있다. 68개의 풍력터빈을 운영하는 노르웨이 스몰라Smola섬에서는 150MW 용량의 풍력단지가 2002년에 완공된 후 약 40마리의 바다 독수리가 풍력터빈과 충돌하는 일이 발생하기도 하였다. 그 섬에는 약 150여 마리의 바다 독수리가 자신들의 영역을 구축하고 있는데, 그 섬에는 나무들이 없어서 바닥에 그들의 둥지를 만들었기 때문에 풍력터빈들이 스몰라섬에 서식하는 바다 독수리 개체 수에 영향을 미치지는 않았다. 오늘날에는 'dtBird'와 같은 기술이 있는데, 이것은 독수리와 여러 종류의 새들이 풍력터빈에 가까이 접근하면 이를 경고 하고 접근하지 못하도록 막는 기술이다. 이러한 기술은 새들의 충돌을 방지하기 위하여 스페인, 프랑스, 그리스, 이탈리아 그리고 노르웨이 스몰라섬에서도 사용하고 있다.

그러나 새들은 풍력터빈이 아니더라도 항상 불안정한 생활을 하고 있다. 새들의 약 30%는 자연 혹은 인간이 만든 구조물(건물 유리창, 높은 구조물, 송전탑 등)에 의해 태어난 첫해에 죽는 것으로 알려지고 있는데, 미국에서는 여러 가지 원인으로 인해 새들이 죽는 연간 예측치에 대한 연구를 수행한 바 있다(표 4.4 참조).

표 4.4 구조물 충돌 및 기타 원인에 의한 조류사망률(미국)

물체	사망 개체 수(백만/연)
송전탑	130~174
자동차	60~80
건물	100~1,000
전신타워	40~50
농약	67
야생동물*	39
풍력터빈	0.0064

* 위스콘신 지역 한정(Sagrillo, 2003)

몇몇 연구는 풍력터빈으로 인한 새들의 죽음에 대하여 수행하였다. 미국 국립풍력조정위원회The National Wind Coordinating Committee는 2001년까지 수행된 이들 연구를 분석하여 미국에서 운영 중인 3,500개의 풍력터빈에서 발생하는 연간 새들의 사망이 모든 종에 대하여 약 6,400마리로 추정하였다. 이 숫자는 미국에서 인간이 만든 구조물과 그 밖에 활동으로 인해 충돌하여 죽는 연간 새들 중 0.01~0.02%에 해당한다(NWCC, 2001). 그 이후로 더 많은 풍력터빈이 미국에 설치되었지만 조류가 풍력터빈에 충돌하는 위험은 여전히 적다.

풍력발전으로 인한 조류의 다른 영향은 풍력터빈이 설치된 지역에서 새들이 떠난다는 것이다. 이러한 위협적인 영향은 새들의 종류에 따라 다양하며, 대부분의 새들은 풍력터빈을 두려워하지 않는 것 같으며 금세 익숙해지고 있다.

해상풍력단지에서는 바다새들에 대한 영향 또한 조사되었다. 이에 대한 종합적인 연구가 덴마크 투노크놉Tuno Knob과 니스테드Nysted, 스웨덴의 칼마Kalmar 해협에서 수행되었다. 이들 풍력발전단지들은 철새들의 이동경로 중간에 위치하고 있으며 매년 15만 마리의 새들이 평균 12개의 풍력터빈을 지나간다. 철새들의 경로는 1999년부터(풍력터빈이 설치되기 이전) 2003년까지 낮 동안 시각적으로 관찰하였으며, 밤과 안개 중에는 레이다를 이용하여 관측하였는데, 이 기간 동안 단 한 마리가 풍력터빈과 충돌하는 것이 관찰되었다. 이 지역에서 풍력터빈에 부딪혀

죽는 가장 좋지 않은 경우의 수는 1년 동안 14마리가 충돌할 것으로 예측한 것인데, 이것은 무시할 만한 수준으로 사냥꾼들은 이 지역에서 매년 3,000마리의 새를 사냥할 수 있는 허가를 나라로부터 받고 있다. 이 연구는 새들이 다양한 날씨 조건에서 풍력터빈을 적절히 피해감을 보여주고 있다.

중요한 철새들의 휴식처와 둥지를 만드는 지역은 일반적으로 철새 보호 구역으로 지정된다. 그러나 어떤 영향을 최소화해야 하는 조건을 가진 해안과 해상, 풍력터빈을 설치할 지역에서는 항상 새들의 상태를 조사하는 것이 매우 중요한다.

박쥐들이 풍력터빈 주변에서 벌레를 잡으려고 할 때 로터 블레이드와 충돌하여 죽을 수도 있다. 이러한 경우의 대부분(90%)은 여름부터 초가을(7월 말에서 9월) 사이 미풍이 부는 따뜻한 밤에 발생하거나 약간(10%)은 늦은 봄(5월에서 6월 초)에 발생한다.

일부 벌레들은 마치 새들과 박쥐처럼 이동을 하는데, 이동기간 중 벌레들이 풍력터빈 주변으로 모이게 되면 이 기간 동안 박쥐들이 충돌하는 위험이 발생한다. 이러한 위험은 박쥐들의 종류마다 다양하다. 이들 중 높은 고도에서 벌레를 사냥하는 박쥐들이 취약한데, 유럽에서는 죽은 박쥐들의 98%가 이러한 종류에 속하고 있다. 이러한 문제는 충돌이 발생하는 날씨 조건을 알고 있기 때문에 이 기간 동안 풍력터빈 가동을 중지하여 이를 피하는 것이 가능하고 이미 개발되어 적용하고 있다.

전 세계적인 기후변화는 새들에게도 심각한 영향을 미친다. WWFWorld Wide Fund for Nature 보고서(Bird Species and Climate Change from WWF, 2006)에 의하면 200편이 넘는 학술논문을 분석한 결과 세계 온난화는 전 세계 새들에게 심각한 영향을 미칠 것으로 보고하고 있는데, 새들 중 일부 종류는 이동을 하지 않거나 이동경로를 변경하면서 굶어 죽을 것이고, 산, 섬, 습지 그리고 북극 혹은 남극에 사는 철새들과 바다새들은 이보다 더 좋지 않다고 하였다.

결국 전 세계적인 기후변화를 고려한다면, 기존의 전력시스템을 재생에너지로 변화하는 과정은 새들과 박쥐들에게도 이득이 될 것이다.

소음sound propagation

풍력터빈은 두 종류의 소음을 야기하는데, 나셀(기어박스, 발전기 및 기타 기계 부품)에서 발생하는 기계적 소음과 로터 블레이드에서 발생하는 공력소음이 그것이다. 풍력터빈에서 발생하는 소음을 어떻게 측정해야 하고, 제조사는 이를 어떻게 적용해야 하는지, 풍력터빈의 거리에 따른 소음량은 어떻게 계산해야 하며, 측정된 음향 레벨(소음 수준)은 다양한 종류의 건물들에서 어떻게 허용되는지에 대한 규정과 방법이 정의되어 있다.

측정소음은 방출원 소음과 방사소음으로 구분할 수 있다. 방출원 소음은 풍력터빈이 방출하는 소리로 소음 값은 풍력터빈 로터 중심에서 방출되는 소음으로 측정된다. 이 소음은 측정 시 풍속이 지표면 10m 높이에서 8m/s가 불어올 때를 기준으로, 풍력단지 주변에 장애물이 없는 개방된 상태에 표면거칠기 등급이 1.5(표면조도 0.5)에서 발생되는 소음으로 정의한다. 방출원 소음은 풍력터빈으로부터 거리에 따른 소음을 계산할 때 사용된다.

방사소음은 풍력터빈으로부터 지정된 거리에서 측정되거나 계산되는 값으로 방출원 소음과 허브높이를 알고 있다면, 풍력터빈으로부터 거리별 방사소음을 계산할 수 있다. 소음은 dBAdecibel A 단위를 사용하는데, 이것은 서로 다른 주파수 소리의 A 가중치 합으로 다른 주파수에서 인간의 인지 감각으로 보정된 단위이다.* dBA 단위는 사람의 청각에 인지되어 있는 소리를 기준으로 측정되는데, 일반적인 대화 소음 레벨은 65dBA이고, 냉장고의 소음은 35～40dBA 정도이며, 도심의 거리에서 약 75dBA, 시끄러운 댄스클럽의 소음이 약 100dBA이고, 조용한 침실은 30dBA 정도이다.

풍력터빈 허브에서 방출되는 방출원 소음은 약 95～105dBA(이 수치는 풍력터빈의 기술사양서에 근거한 것)이다. 최근 풍력터빈의 소음은 주로 로터 블레이드로부터 발생하는데, 기계적 소음은 나셀 내부 흡음재와 좀 더 정밀하게 제조된 부품들과 댐퍼에 의해 소멸되어 요즘에는 기계적 소음인 경우 부품이 고장 난 경우에만 들을 수 있다. 풍력터빈 로터에서 발생하는 소음은 공기역학적인 바람 소리이다. 풍력터빈의 저주파는 사람들이 일상생활에서 익숙한 다른 방출소음보다 매우 낮다. 풍력터빈 제조사들은 블레이드 형상에 대한 연구 등 꾸준한 연구개발을 통해 풍력터빈의 공력소음을 줄이기 위한 연구를 수행하고 있다.

풍력터빈에 의한 소음 수준은 이웃하는 건물과의 거리가 결정적인 역할을 한다. 표 4.5는 풍력터빈에 의한 소음 방출량이 거리에 따라 어떻게 변하는지를 보여주는 것으로, 데시벨decibel은 로그 스케일을 사용하는데 음향파워sound power가 2배 증가하면 3dBA가 올라간다.

풍력터빈의 소음은 다른 종류의 산업 소음과는 다르다. 공력소음은 낙엽이 바스락거리는 소

---

* 주파수별로 같은 크기의 소음도 사람마다 인지하는 크기가 다르므로 이를 표준화하기 위해 보정한 값을 사용한다.

리 혹은 바람에 의해 유입되는 소리와 같은 특성을 갖는다. 가변속 풍력터빈인 경우 낮은 풍속에서는 천천히 회전하며 대부분의 풍속에서 배경소음보다 낮은 소음 레벨을 갖는다.

풍력터빈은 특정 조건하에서만 소리를 들을 수 있다. 바람이 약해지면 풍력터빈은 멈추게 되고 이런 경우 어떠한 소리도 들을 수 없다. 풍속이 8m/s(지표면에서 10m 높이에서) 이상이 되면 풍력터빈의 소음은 낙엽이 흔들리는 소리와 기타 바람에서 유도된 배경소음에 의해 묻히게 된다. 따라서 일반적으로 풍력터빈의 소음은 시동풍속인 3~4m/s에서 8m/s 사이에서 들을 수 있고, 최대 소음 수준은 풍속 8m/s(지상 10m 높이에서)에서 발생한다. 소리는 풍력터빈에서 바람이 흘러가는 방향으로 더 많은 전파가 일어나기 때문에 다른 방향에서의 소음 수준은 더 낮을 것이다.

표 4.5 풍력터빈의 거리별 소음 수준

방출원 소음	방사소음		
	45dBA	40dBA	35dBA
105dBA	350m	575m	775m
100dBA	200m	350m	575m
95dBA	120m	200m	350m

소음 계산 방법

풍력터빈으로부터 방사되는 다양한 거리에 대한 소음은 음향 전달을 계산하기 위한 수학 모델을 이용하여 계산할 수 있는데, 이러한 계산을 위한 국제표준(ISO9613-2) 계산법이 있다. 그러나 일부 국가에서는 국제표준 방식을 대신하는 별도의 계산 모델을 사용하기도 하며, 이들 국가의 소음 전문가들은 국제표준보다 좀 더 정확한 계산 방법을 요구하고 있다. 그러나 다양한 소음 계산 모델들의 결과들은 많은 차이를 보이고 있지 않다(표 4.6 참조).

표 4.6 나라별 소음 계산 방식에 의한 방사소음*

ISO9613-2	덴마크	네덜란드	스웨덴
34.1	35.5	36.0	35.5

* 풍력터빈 허브높이 50m, 방출원 소음 100dBA 기준, 풍력터빈으로 부터 500m 지점(단위: dBA)

표 4.6을 보면 풍력터빈에서 500m 떨어진 지점에서 결과의 차이는 2dBA 미만으로 인간의 귀가 인지할 수 있는 가장 작은 소리의 차이가 3dBA임을 고려하면 이 결과는 실제로 같은 수준이다. 주거지역에서 최대 방사소음이 35dBA를 나타내는 최소거리를 보면 네덜란드와 덴마크, 스웨덴의 경우 500m보다 조금 넘는 거리를 적용하고 있고, 국제 기준값을 사용하는 독일과 그 밖의 나라들은 500m보다 조금 짧은 거리를 적용하고 있다(표 4.7 참조).

표 4.7 소음 35, 40, 45(dBA)에 대한 거리*

dBA	ISO9613-2	덴마크	네덜란드	스웨덴
35	456	525	555	525
40	305	325	325	325
45	205	195	185	195

* 풍력터빈 허브높이 50m, 방출원 소음 100dBA 기준

소음 규칙과 규정

풍력터빈과 이웃하는 거주지에서 권장되는 방사소음의 규정은 나라마다 다르다. 덴마크의 주거지 소음 한계는 45dBA이며 스웨덴은 40dBA이고, 영국의 경우 주변 배경소음보다 5dBA를 넘지 않도록 규정하고 있다(표 4.8 참조).

풍력터빈에 의한 방사소음을 계산할 때에는 지표면이 딱딱하고 평평하다는 가정을 기초로 하고 있어 소리 파장이 반사되는 것으로 계산하고 있고, 소리가 흡수되거나 굴절될 수 있는 초목과 건물, 기타 구조물은 고려되지 않고 있다. 이러한 단순한 선형계산 모델을 사용하여 방사소음 영역의 한계를 설정하는 것은 좋지 않은 경우이다. 따라서 넓은 면적에 많은 풍력터빈이 설치된 풍력발전단지에서 방사소음은 풍향에 따라 다르고, 풍력터빈의 후방에서 더 높게 나타나기 때문에 소음 계산 결과가 항상 너무 높게 나타난다. Nord2000과 같은 좀 더 진보된 계산 방법들은 바람의 방향과 바닥의 특성, 기타 다른 방출원 소음을 고려하여 거주지 인근에서 실제로 발생하는 방사소음에 대하여 좀 더 정확한 계산결과를 제공하고 있는데, Nord2000은 현재 스웨덴과 일부 다른 나라에서 채택하여 사용하고 있다.

표 4.8 나라별 권장 방사소음 제한(dBA)

국가	사무실 산업지역	주택가	마을	휴양시설
덴마크	–	39, 37[a]	44, 42[a]	40
독일	50-70	40	45	35
네덜란드	40	35	30	–
영국[b]	+5	+5	+5	+5
프랑스[b]	+3	+3	+3	+3
노르웨이	40	40	40	40
스웨덴	50	40	40	35

주: a 풍속 8m/s와 6m/s, 실내 저주파 소음치는 최대 20dBA
b 저녁과 밤 사이에 배경소음을 초과하는 최대치

그림자와 반사 효과

일부 낮 동안 풍력터빈에 이웃하는 건물이 적절치 못한 위치에 있을 때 풍력터빈은 이웃하는 건물에 거주하는 사람들에게 불편함을 초래할 수 있는 그림자를 만들 수 있다. 최근의 로터 블레이드는 표면에 무반사 코팅을 하기 때문에 로터 블레이드에 의한 반사 효과는 문제가 되지 않는다. 로터에 의한 회전 그림자가 창문을 지나갈 때 섬광과 같은 효과가 있을 수 있는데, 이것은 풍력터빈이 설치되기 전에 이러한 그림자 영향에 대한 검토가 되지 않으면 발생할 수 있다.

빛을 교란시키는 그림자 영향은 풍력터빈 인근에 위치한 집이 풍력터빈에 가까이 있을 때 더 크게 나타난다. 그러나 최대 방사소음 규정에 의해 이웃하는 주거지까지의 최소거리를 일반적으로 6~10D 거리를 두기 때문에 그림자 영향은 연중 제한적인 일부 낮 시간에 짧은 기간에만 발생한다. 그러나 풍력터빈의 허브높이가 증가되거나 로터직경이 커지면 그림자 크기 또한 커지게 된다. 그림자는 거리에 따라 흐려지는데, 대기 중 광학현상으로 인해 그림자의 선명도는 거리가 멀어질수록 감소하고 결국에는 사라진다.

이론적으로 로터직경이 45m인 경우 풍력터빈의 그림자는 최대 4.8km에 이른다. 이것은 해가 뜬 직후 그리고 해가 지기 전에 최대로 발생한다. 블레이드 폭이 2m인 2MW 풍력터빈의 경우 그림자 영향을 받는 거리가 2km로 계산되긴 하지만 실제로 그림자는 최대 1.4km까지 나타난다.

풍력터빈의 그림자는 서쪽에서 시작하여 북쪽을 통해 동쪽으로 이동하며 일출에서 일몰로 해시계의 그림자와 같은 방향으로 이동한다. 해의 고도가 낮은 겨울에는 해가 늦게 뜨기 때문에 그림자는 타 계절과 다른 경로로 이동한다. 해의 고도는 위도별로 낮 시간 동안 각 시간별로 정확하게 계산할 수 있기 때문에 각 위치에서 그림자의 경로를 정확하게 계산할 수 있다(그림 4.6 참조). 주거지가 풍력터빈의 서쪽에 놓여 있으면 오전 6시에 그림자 영향을 받을 수 있고, 풍력터빈의 북쪽에 있으면 낮 12시, 동쪽에 있다면 저녁 6시에 그림자 영향이 나타날 수 있다. 낮 시간 동안 그림자 영향은 겨울보다 여름에 짧게 나타난다. 만일 주거지가 풍력터빈에서 500m 떨어져 있다면 최대 20분 이상 그림자 영향이 나타나지 않을 것이다.

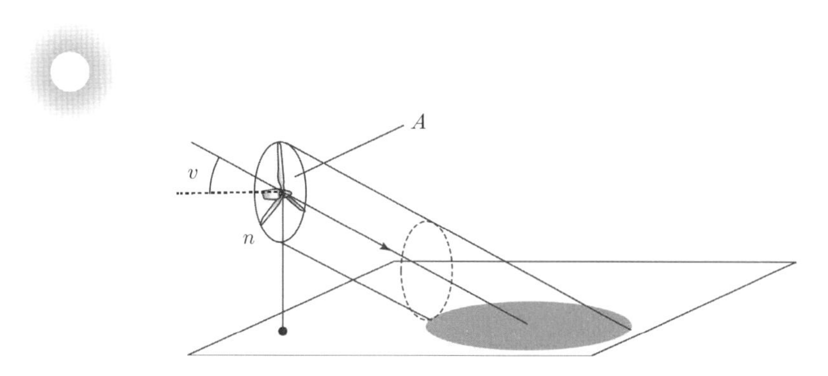

그림 4.6 그림자 영역을 위한 계산 모델. 허브높이(n), 로터회전면적(A), 수평면에 대한 태양의 경사도(v)를 이용하여 그림자 위치를 계산할 수 있다(그림 출처: EMD/Typoform).

덴마크 풍력산업협회 홈페이지(www.windpowerwiki.dk)에서는 낮 시간 동안 지정된 장소에서 풍력터빈으로 인한 그림자 영향이 언제 발생할지, 연간 어느 정도의 시간 동안 발생하는지를 계산할 수 있다. 이 홈페이지의 예측과 계산 결과는 풍력터빈으로부터 발생하는 그림자 영향의 최대 시간을 보여주고 있는 것으로 항상 해가 비추고, 바람 방향이 항상 최대 그림자 영향(풍력터빈 로터가 창문을 마주보는 상황)이 발생하는 방향으로 분다고 가정한 최악의 경우를 보여주고 있다. 그러나 하늘은 가끔씩 흐리고, 풍속과 풍향은 변하기 때문에 실제 그림자 영향은 가장 좋지 않은 경우의 1/3 정도로 매우 낮다. 만일 월별 일조량 비율 및 가용한 풍속과 풍향분포를 알 수 있다면, 실제 그림자 영향이 미치는 실제 시간을 계산할 수도 있다.

그림 4.6의 계산 모델은 그림자 영향을 과대 예측할 수 있는 단순계산을 기반으로 한다. 기하학적 모델로 불리는 이 계산 방식은 태양을 하나의 점으로 가정하며, 빛과 그림자는 진공상태로 퍼진다고 가정하고 있다. 그러나 태양은 하늘에 0.5도를 차지하고 있으며, 햇빛은 실제로 로터 블레이드 뒤에서 만나는 경우에만 특정 거리에 그림자를 나타내고 또한 대기 중의 공기는

빛을 산란시킨다. 독일 과학자인 한스디터 파인츠Hans-Dieter Freund가 이 두 개의 현상에 대하여 연구하였는데, 그는 좀 더 실질적인 결과를 얻기 위한 물리적 보정 인자를 도입하였다. 그림자 영향의 최대 거리는 풍력터빈의 허브높이와 로터직경에 따라 다르고, 그림자의 길이 또한 대기 중 습도와 온도에 의존하는 대기의 투명도에 따라 다양하다. 또한 그림자는 맑은 여름날보다 겨울철 맑은 날에 좀 더 길게 나타나며 수평면보다 수직면이 먼 거리에서 더 많이 관찰된다. 이러한 파인츠Freund 연구에 의해 그림자의 최대 길이를 표 4.9와 같이 계산할 수 있다.

수직 표면상에 있는 창문 혹은 건물 정면에 비추는 그림자 영향의 최대 거리는 75m 허브높이와 동일한 로터직경을 가지는 풍력터빈의 경우 여름철에는 1,100m에 이르며, 맑은 날 겨울철 동안은 수백 미터 더 길게 나타나고 특정 영역을 감싸는 그림자의 크기는 거리에 따라 감소한다(Freund, 2002).

표 4.9 풍력터빈 그림자의 최대 길이(단위: m)

허브높이	로터직경	여름		겨울	
		수평	수직	수평	수직
25	25	200	350	300	700
50	50	300	700	600	1,250
75	75	500	1,100	850	1,800
100	100	600	1,375	1,100	2,300
125	125	700	1,650	1,300	2,700

경관 영향

풍력터빈은 공장, 송전탑, 고가도로와 같은 대부분의 다른 구조물들처럼 생활환경에서 경관에 영향을 미치는 요소 중 하나이다. 풍력터빈은 높은 구조물이고 회전하는 로터를 가지고 있기 때문에 주변을 지나가는 사람들의 주목을 끌기에 충분하다.

풍력터빈은 풍력발전을 바라보는 인식에 따라 상대적 영향을 가진다. 이러한 영향이 긍정적인지 혹은 부정적인지에 대한 생각은 매우 주관적이며 다른 주변 상황에 따라서도 매우 다양해진다. 일부 사람들은 풍력터빈이 자연 환경을 산업영역으로 바꾸어버리는 기계 정도로 생각할 수도 있으며 다른 관점에서는 바람의 힘을 보여주는 멋있는 구조물로 보기도 한다. 어떤 이는 자연이 제공하는 에너지를 사용하는 하나의 새로운 방법으로써 이를 받아들이기도 한다.

농업에 종사하는 사람들은 효율적인 방법으로 자연자원을 이용하길 원하고, 주변을 생산환경으로 생각하며 그 주변에서 생활하고 있다. 관광객들과 별장을 소유한 사람들은 종종 자연풍경을 미학적이며 마치 우편엽서의 사진처럼 바라본다. 어떤 의견이나 경험은 시간이 지남에 따라 변하는 경향이 있어서 풍력터빈 또한 일정 시간이 지나면 자연환경에 가치 있는 구성 요소로 간주될 수 있다.

풍력터빈이 경관에 얼마나 영향을 주는지를 결정하는 것은 어려운 일이다. 경관 가치에 대한 판단은 매우 주관적이고, 많은 사람은 이것에 대한 매우 다양한 의견을 가질 수 있다. 확실히 일부 풍력터빈은 적절치 않은 위치에서 운전되는 것이 있으며, 반면 경관과 잘 어울리는 것들도 있다. 명백하게 이러한 차이를 만드는 요소들이 있으나 어떻게 풍력터빈을 환경 내에 가장 조화롭게 설치할 것인지에 대한 일반적 규정을 정규화하는 것은 매우 어려운 일이다(그림 4.7 참조).

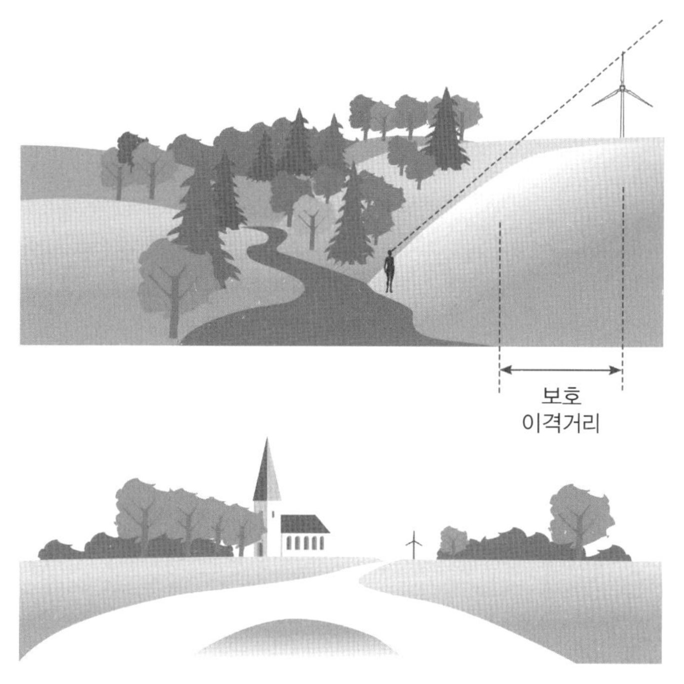

그림 4.7 경관 내 풍력터빈의 위치 선정. 계획된 풍력터빈의 설치 장소와 기존 건물 및 자연의 경관에 미치는 영향을 고려하여 선택하는 것이 중요하다. 이러한 것에 대한 확인은 다양한 방향에서 풍력터빈을 관측하는 것으로 가능하다. 계곡에서 작은 산의 능선이 보여야 하고 교회 혹은 이와 유사한 건물 등과 충분한 이격거리를 확보함으로써 풍력터빈이 경관을 해치지 않게 해야 한다(그림 출처: Typoform/Lansstyrelserna i Skne, 1996).

풍력발전 개발자는 설치할 풍력터빈이 가능한 많은 생산량을 올릴 수 있는 사이트를 매우 신중하게 선택한다. 그 사이트 주변에는 가능한 장애물 없이 개방되어 있어야 하고, 바람에 영향을 주는 건물, 나무 및 기타 장애물과 적절한 거리를 두어야 하는데, 추가적으로 미학적 관점을 고려하여 풍력발전 사이트가 선택되면 더 좋은 사이트가 될 것이다.

풍력터빈의 경관 영향은 거리가 멀어짐에 따라 빠르게 감소하기 때문에 시각적 효과가 무시될 수 있는 한계를 설정할 필요가 있다. 가장 좋은 일반적인 규칙은 풍력터빈 허브높이의 10배 거리 내에서 풍력터빈의 위치를 검토하는 것이다(높이 90m 풍력터빈의 경우 900m 반경 내). 이 거리는 방사소음의 40dBA 한계를 벗어나는 장소이고 더 멀어지면 풍력터빈이 보이기는 하지만 풍력터빈이 더 이상 경관에 영향을 미치지 않는다. 풍력터빈으로부터 거리가 10~16km를 넘어가면 풍력터빈은 경관에 자연스럽게 놓여 있게 된다.

풍력터빈은 허브높이 400배의 거리까지 보이는데, 예를 들면 높이 90m 풍력터빈은 36km 거리에서도 볼 수 있다. 그러나 이를 보기 위해서는 시야가 확보되는 아주 맑은 날이어야 한다. 대부분의 사람들이 20km 거리에서 풍력터빈의 모습을 보기 위해서는 쌍안경이 필요할 것이다(표 4.10 참조).

표 4.10 풍력터빈에 대한 시각 영역

전체높이	근접 지역	중간 지역	원거리 지역	영역 외
	반경 0~4.5km	반경 4.5~10km	반경 10~16km	반경 14~16km
150m	우세적이다.	가시성은 주변 풍경의 특성에 따라 달라진다.	보이기는 하나 우세하지는 않는다.	수평선에 있는 작은 구조물로 일부 기상조건에서는 감지되지 않는다.

풍력개발 계획 단계에서는 사진합성을 통해 이러한 경관 영향을 검토할 수 있다. 대부분의 풍력단지 개발 소프트웨어는 이러한 기능을 제공하나 포토샵Photoshop 혹은 이와 유사한 소프트웨어를 사용하여 수행할 수도 있다.

풍력터빈의 수와 크기 및 이들의 배치 또한 경관에 영향을 미친다. 경험적으로 인간의 눈은 높이 차이를 거리 차이로 해석하기 때문에 작은 풍력터빈과 큰 풍력터빈을 구분하기 힘들다. 또한 풍력단지 내에 다른 형태의 배치를 인지하는 것도 어렵다.

새로운 구조물이 경관에 얼마나 영향을 미치는지를 평가하는 것은 단순히 지도를 보면서 달라지는 것이 무엇이고, 법률과 규정을 해석하는 것으로는 불가능하다. 이러한 것들은 그 지역 내에서 일하고 살아가는 사람들에 의한 평가가 중요한데 이를 바라보는 관점은 지역 공동체의 전통, 그들의 기억 및 느낌에 따라 달라진다. 이러한 부분은 일반적으로 풍력개발을 위한 허가 과정의 일부로서 공동 협의 과정을 통해 명확해질 수 있다.

마지막으로, 우리가 살고 있는 풍경은 사람들에 의해 만들어진 것임을 인지하는 것이 중요하며 지속 가능한 사회에서 미래의 풍경은 오늘날의 풍경과는 다르게 보일 것이다.

아래는 한 현대 지리학자의 의견이다.

> 경관은 자연경치가 아니다. 이것은 실제로 더 이상 소장품이 아니며, 지구 표면 위에 살아가는 사람들이 만든 공간 시스템이다. 자연환경은 항상 인공적이다(J.B. Jackson, quoted in Pasqualetti et al., 2002).

풍력개발 계획 수립

풍력개발을 계획하는 것은 여러 가지 의미를 가지고 있으며 국제적, 국가적 혹은 국가 지방 단위별 다양한 레벨에서 수행된다. 가장 상위 레벨은 국제 조약으로 교토의정서와 같은 국제 조약은 법적 구속력을 가지거나 권고사항일 수도 있다. 이러한 국제 조약에 의해 이산화탄소 배출을 감소시키고 전 세계적 기후변화 위협을 다루기 위한 목표를 달성하기 위해서 중요한 것은 화석연료를 신재생에너지원으로 교체하는 것인데 그중 하나가 풍력발전이다. 이러한 종류의 국제 조약들은 국가 차원 혹은 국제적 차원의 풍력개발, 기타 재생에너지 개발을 위한 의지를 보여준다.

대부분의 나라는 몇 종류의 국가 에너지 정책을 가지고 있는데, 풍력개발은 그 일부가 될 수 있고 에너지 정책에서는 국가 차원 그리고 지역차원에서 얼마나 많이, 얼마나 빠르게 풍력을 개발해야 하는지에 대한 목표를 설정할 수 있다. 에너지 정책에서 중요한 부분은 풍력개발에 적용하기 위한 법률, 규정을 수립하는 것으로 이에 대한 내용은 실행절차 부분에서 논의되었다.

지역차원에서 풍력발전을 위한 공간 계획은 그 지역의 허가자에 의해 좌우된다. 허가자는 건설 허가, 환경평가 등을 주관하고 일부 지역에서는 풍력개발을 위한 종합적인 계획을 수립하고 이를 수행하는데, 풍력개발에 필요한 적절한 장소를 지정하기도 한다. 이와는 반대로 정부의 도움 없이 자신들이 직접 풍력개발 계획을 수립하는 개발자들도 있다. 이러한 개발자들은 전체적인 사업 아이디어 및 사업 계획, 전략 그리고 사업적 포부를 가지고 풍력개발에 적합한 사이트를 조사하고 적합성 평가를 수행하여 프로젝트를 수행한다. 이런 종류의 계획은 '6장 사업 개발'에서 설명하고 있다.

여기서 이야기하고자 하는 계획의 초점은 공간 계획에 관한 것으로 풍력개발을 촉진하거나 장애가 될 수 있는 규정과 규칙 같은 정책구조는 이러한 계획을 규제하게 된다. 계획 수립을 위한 법률은 나라마다 다르기 때문에 이러한 내용을 비교하는 것은 효과적인 계획 전략을 적용하고 장애가 될 수 있는 잘못된 방법을 피할 수 있는 아이디어를 제공할 수 있다.

풍력개발의 목표

덴마크 정부는 풍력개발을 위한 목표를 설정하였는데, 그 첫 번째 기본 계획은 Energy 81로 2000년까지 1,000MW 설치를 목표로 하였다. 기본 계획에 이어 세부 실행 계획으로 1990년에 Energy 2000, 1996년에 Energy 21을 수립하여 2005년까지 1,500MW 용량을 목표로 하였는데, 1999년에 이미 이를 달성하였다. 중장기 계획으로는 2030년까지 5,500MW를 목표로 하고 있고, 이중 4,000MW는 해상에 설치할 계획이다. 이 목표에 의해 덴마크는 덴마크 전력의 50%를 풍력으로 공급할 예정이다.

1992년에는 풍력발전에 관한 법률이 제정되었다. 이를 토대로 덴마크 정부는 지자체와 지방정부에 풍력터빈 설치를 위한 계획을 수립하도록 요청하였다. 특정한 할당량이 주어지지는 않았지만 지방정부는 지역 주민들로 구성된 공공협의체를 통해 풍력자원이 양호한 지역을 선택하였고 이를 통해 2,600MW 이상의 용량을 계획하였다.

덴마크에서 풍력발전을 위한 공간 계획은 세 단계의 레벨로 구분하여 실행되었는데, 그것은 중앙정부에 의한 국가 계획, 지방정부에 의한 지방 계획, 지자체에 의한 지역 계획이다. 공간 계획 실행은 지방정부들이 새로운 에너지 생산을 위한 장소를 지정하는 것으로 지자체는 지방 계획에 대응하기 위하여 풍력터빈을 설치할 수 있는 장소를 설정하는 지역 풍력 계획을 수립하였다. 풍력 계획에는 단일 풍력터빈, 소규모와 대규모 풍력단지, 허브의 높이와 색상 조건 등을 포함하고 있다.

지방정부는 실행 계획에 따라 지역자치 계획에 지구 허가, 설치허가를 발행한다. 또한 모든 지방정부는 그 지방에서 풍력터빈 설치를 위한 조건이 담긴 지방 계획 가이드라인을 수립한다. 공간 계획에서는 전력계통 운영자가 풍력터빈을 전력시스템에 연결할 수 있도록 전력계통을 강화하고 확장을 준비할 수 있도록 계통운영자를 참여시키는 것이 매우 중요하다고 강조하고 있다(Box 4.3 참조).

Box 4.3 덴마크 티스테드(Thisted) 지자체의 지역 계획

덴마크 저틀랜드(Jutland) 림포드(Limfjord)에 티스테드 지차체는 매우 우수한 바람 자원을 가지고 있다. 지역 계획이 시작되었을 때 그 지역에는 이미 99개의 풍력터빈이 운영 중이었다(대부분 100kW 미만).

자연보호협회, 농민협회, 사냥꾼, 지역 민속회, 풍력협회, 공공기업, 지자체 공무원 등 이해단체와 기관의 대표들로 구성된 워크그룹이 만들어졌다.

계획의 시작은 지자체 지도와 바람 자원지도였다. 상위 지방정부의 지역 풍력 계획에서 제외된 첫 번째 구역은 포함되지 않았다(해안선 주변, 건물과의 최소 이격거리 등). 그런 다음 풍력터빈 설치가 가능한 것으로 고려된 모든 영역을 지도상에 표현했다. 모든 사이트에 대해 검토하고 지역 장애물 등으로 인한 부적합 지역은 제외되었다.

워크그룹은 지도와 함께 둘러앉아 이 계획에 포함되어야 할 모든 지역에 대해 의견일치가 이루어질 때까지 토론하고 논의하였다. 그다음 이 계획은 건설 위원회로 넘겨지고 위원회는 제안된 지역에 대해 검토한 후 일부 수정을 하였다. 최종적으로 이 계획을 자치의회의 정치가들이 승인하기 전에 시민들에게 공개되었다.

스웨덴의 개발 목표

스웨덴 정부는 2002년부터 재생에너지(풍력발전, 바이오 열병합발전, 소수력발전 등)로부터 전력을 생산하기 위한 목표를 제안하였다. 이 목표는 재생에너지로 2010년까지 10TWh를 생산하는 것이며, 풍력발전으로는 2015년까지 10TWh를 생산하는 것이었다. 이 제안서는 2002년 6월에 국회에서 승인되었고 실행 계획은 이후 해상풍력 10TWh를 추가하여 총 30TWh로 증가되었다. 그러나 이 계획에는 풍력 개발에 대한 특정한 목표가 없었으며, 얼마나 많은 전력생산 비율을 풍력발전을 통해 생산해야 하는지에 대한 뚜렷한 목표가 없었다. 이 계획 목표는 단지 지자체가 자치 종합 계획 내 혹은 이와 유사한 문서에서 풍력개발을 통해 연간 30TWh를 생산 가능하도록 하는 지역을 선정해야 한다는 의미만 있었다. 이 계획이 실행되기 위해서는 풍력개발에 적용하기 위한 경제적 조건과 기타 규정을 주관하는 정치인들에게 의존해야만 했다.

스웨덴 지자체는 풍력 계획에 대한 독점권을 가지고 있다. 이것은 지자체 지역 경계 내에서 어떻게 육상과 해상을 사용할지에 대해 결정하는 독점적 권한이 중앙정부 혹은 지방정부가 아닌 지자체에 있다는 것이다. 토지 사용을 위한 가이드라인은 모든 지자체가 수립해야 하는 지방자치 종합 계획MCP: Municipal Comprehensive Plans에 공개되어야 한다. 그러나 지자체는 다양한 종류의 공공 이익에 대하여 고려해야 하고 지방 행정부는 이것을 수행하기 위한 적합성을 확인해야 한다. 고려해야 하는 공공 이익 중 하나는 스웨덴 환경법에 명시된 국가보존구역이다. 현재 관점에서 특별한 지역과 건물들을 보호하고 관리하는 규칙과 규정을 가진 문화유산법은 풍력개발을 위한 계획과 허가 과정에 영향을 줄 수 있다.

국가보존구역

스웨덴 환경법에서는 국가보존구역을 지도상에 명시하여 정의하고 있다. 이러한 영역들은 자연보호, 휴양지, 군사지역 등 국익과 관련된 사항들이 될 수 있다. 환경법에 의하면 풍력단지와 같은 특정 유형의 산업시설에 적합한 육상과 해상은 그 산업시설의 운영과 상충될 수 있는 사항(무분별한 개발 등)으로부터 보호되어야 한다. 이것은 이 지역에 높은 건물 혹은 공장이 건설되는 것을 허가하지 않는다는 것을 의미한다. 국가보존구역은 보호되어야 하므로 지정된 목적에만 사용할 수 있다.

국가보존구역에 대한 법률과 규정이 도입되었을 때 풍력은 그 공간에 들어갈 수 없었고 그 당시 풍력개발을 하기 위한 구역은 없었다. 그러나 2004년에 지방 행정부 연합체로 구성된 에너지위원회는 풍력개발을 위한 구역을 지도상에 추가하였고 이 구역은 2013년에 갱신되면서 새로운 풍력자원지도의 기반이 되었다. 추가된 구역의 주요 조건은 지상 100m에서 평균풍속이 최소 7.2m/s 이상이어야 하고 국립공원과 그 밖에 보존 영역은 제외되어야 한다는 것이다(Box 4.4 참조).

Box 4.4 풍력발전을 위한 국가보존구역에 대한 기준

육상

- 지표면 100m 높이에서 평균풍속 7.2m/s 이상
- 면적 5km^2 이상(인구 밀집지역인 스웨덴 남부는 제외)
- 풍력터빈과 건물(집, 교회 등)과의 이격거리 800m 이상

해상

- 해수면 100m 높이에서 평균풍속 8.0m/s 이상
- 면적 15km^2 이상
- 수심 35m 이하

국가 차원에서 풍력개발 계획의 길잡이 역할을 하기 위해서는 풍력개발에 적합한 영역을 찾아보고 지정하여야 한다. 국가 차원에서 육상풍력발전 계획을 수행하는 것은 수많은 지역적 상황을 고려해야 하기 때문에 힘든 일이다. 그러나 해상풍력은 국가 차원의 계획 수립이 적합한 곳으로 덴마크와 독일, 영국은 이런 방식으로 풍력개발을 수행하였다.

지방정부 및 자치단체의 계획 수립

많은 풍력발전사업이 어떤 지역에 위치해야 하는지에 대한 계획이 없이 개발된 적이 있다. 덴마크에서는 수백 개의 풍력터빈이 어떠한 계획도 없이 1980년대에 설치되었는데, 설치 공간에 대한 계획은 1992년에서 1994년에 정부의 요청으로 처음으로 만들어졌다. 스웨덴과 독일 및 대부분의 다른 나라들도 동일한 방식으로 따라했다. 계획 수립에 대한 요구는 풍력개발이 일정 수준에 도달했을 때 처음으로 등장했고 이 시기에 정치가들은 풍력터빈들을 가장 적합한 장소에 설치하는 것이 필요함을 알게 되었다.

개발자 입장에서 풍력발전의 공간 계획은 강점과 약점을 동시에 가지고 있다. 서로 다른 지리적 영역의 적합성에 대하여 정책 반영 계획이 없다면 개발 신청의 결과는 불확실해진다. 이러한 정책 계획이 없을 경우에는 허가 신청이 거부될 수 있고 수익이 발생하지 않을 수 있는 사업에 시간과 비용을 소비할 위험성이 높아진다. 반면 지방정부가 그 지역의 실질적 계획을 수립하는 데에는 약 2년 혹은 그 이상이 시간이 필요하고, 계획을 수립하기 위한 결정이 내려지고 계획이 승인될 동안 모든 허가 결정은 정책 계획 과정의 결과에 달려 있기 때문에 어떤 개발 신청도 처리되지 않는다. 덴마크에서도 풍력개발은 1992년에서 1994년까지 상당히 느리게 진행되었으나 그 이후에는 빠르게 진행되어 장기적인 지역 풍력 계획은 개발자들에게 유리하게 작용하였다.

정책적으로 풍력발전 계획을 수립하지 않는 자치단체는 풍력터빈을 목적에 가장 적합한 지역에 설치할 수 있는 기회를 놓치게 된다. 행정부서는 유용한 풍력발전 계획을 수립하기 위해서 관련 지식이 필요하고 풍력개발 목적에 적합한 영역을 선택할 때 필요한 조건을 이해하고 있어야 한다. 그렇지 않으면 풍력 자원이 좋지 않거나 지형 거칠기가 높고, 계통연계에 적합하지 않을 수 있는 명백한 위험이 있을 수 있으며 이러한 경우 지정된 영역은 전혀 개발될 수 없을 것이다.

풍력개발사업에는 이용될 수 있는 사용 가능한 많은 계획 수립 도구들이 있다. 이러한 계획 수립 도구에서 가장 중요한 입력요소는 바람 자원지도이다. 해당 지역에 가용한 바람 데이터를 가지고 있으면 바람 자원지도는 적당한 소프트웨어를 이용하여 개발할 수 있다. 많은 지역에서 허가자들은 개발된 바람 자원지도를 가지고 있다. GIS 소프트웨어에서 사용하기 위한 관련 지형 데이터 역시 필요하다. 그러나 풍려개발 계획을 위한 바람지도를 준비할 때 GIS 데이터와 지도를 현장 측량을 통해 실제 상황과 비교하는 것이 필요하고 중요하다.

리파워링 계획

덴마크와 독일에서는 수천 개의 풍력터빈이 가동 중이며 일부는 기술적 수명한계에 다다르고 있거나 2세대 풍력터빈에 대한 계획이 시작되고 있다. 이를 리파워링repowering이라 한다. 이들 나라에는 충분한 바람 자원을 가진 토지가 점차 줄어들고 있고 1980년대 설치되었거나 1990년대 초에 설치된 풍력터빈들이 이미 최적의 사이트를 차지하고 있다. 이들 중 작은 것들과 오래된 것들을 조금 더 큰 용량의 풍력터빈으로 교체하게 되면 전체 풍력터빈의 수는 감소하지만 중요한 에너지 생산량은 증가한다. 풍력터빈의 기술적 수명은 20~25년이다. 그러나 풍력터빈이 이러한 단계에 도달하기 전에 해체하고 교체하는 것은 어렵다는 것이 증명되었다. 왜냐하면 오래된 풍력터빈 소유자들 입장에서는 운영을 중단할 명백한 이유가 없고 투자금이 상환되었기 때문에 상환해야 할 남은 비용이 없기 때문이다. 또한 풍력터빈들은 운영자에게 이익이 되고 있으며, 바람 자원이 좋은 부지에 대한 임대 계약도 중요한 자산이기 때문이다.

덴마크에서 리파워링 계획은 2001~2003년에 실행되었다. 정격출력이 100kW 이하의 풍력터빈을 보유한 소유자는 정격출력이 최소 3배인 풍력터빈으로 교체할 경우 5년간 2.3ore/kWh(덴마크 화폐단위, 100ore=1krone)의 보조금을 지급받았고, 정격출력이 100~150kW의 풍력터빈은 최소 2배 용량으로 교체할 시 비슷한 보조금을 받았다. 그 결과로 1,480기의 풍력터빈이 272기의 새로운 풍력터빈으로 교체되었지만 설치용량은 122MW에서 331MW로 증가하였다.

스웨덴 고틀랜드Gotland의 나스덴Nasudden에서도 세대 교체가 이루어지고 있다. 이곳은 4단계로 리파워링을 진행하고 있는데 3단계까지 이미 진행되었다. 리파워링이 시작되기 전에는 81기의 풍력터빈이 운영되었고 작은 것은 150kW에서 크게는 3MW 풍력터빈이 국영 전력회사인 바텐팔Vattenfall에 의해 운영되었다. 현재는 정격출력이 600kW 59기가 1.8MW에서 3MW까지의 대형 풍력터빈 27기로 교체되었다. 두 번째 단계에서는 27기의 풍력터빈이 3MW 12기의 풍력터빈으로 교체되었다(표 4.11 참조).

표 4.11 나스덴(Nasudden) 리파워링 2단계

	이전	이후
설치연도	1993~1996	2011
설치대수	27	12
정격출력	500/600kW	3,000kW
로터직경	37/39/42m	90m
허브높이	40m	80m
연간 에너지 생산량	~30,000MWh	~90,000MWh

리파워링을 시작하기 전 나스덴의 연간 에너지 생산량은 약 51GWh/year였다. 4단계 모두가 실행되면 연간 에너지 생산량은 약 204GWh로 증가할 것이다. 세대 교체는 프로젝트 개발자와 고틀랜드 자치 정부 간의 긴밀한 협력하에 수행되었는데, 개발자들은 오래된 풍력터빈 소유자들과 준비하였고 이들은 현재 새로운 풍력터빈 소유자의 일원이 되었다.

▌계획 수립 방법

풍력개발을 위한 계획은 대부분의 지역에서 비슷한 길을 걸어왔다. 계획이 없던 기간 이후에 풍력에 대한 계획의 필요성은 풍력터빈이 증가하면서 성장하였고 이것은 매우 논리적으로 보인다. 그러나 중요한 차이는 풍력터빈을 배제하기 위한 지역을 선택하는 부정적 계획과 풍력터빈을 위한 적절한 지역을 선정하는 긍정적 방법의 차이이다. 부정적 계획은 장애물로 작용하고 긍정적 계획은 길잡이 역할을 한다. 어떤 방법이 적용될지는 정책 결정에 의존하게 된다.

풍력터빈은 지역 공간 계획에 새로운 구조를 구성한다. 이미 존재하는 지역 계획에서 대부분의 영역은 자연보호, 지역 인프라, 농업지역 등 특별한 목적을 위하여 지정되어 있다. 따라서 소음 제한, 그림자 영향, 최소 거리들이 추가된다. 이러한 구역을 모두 배제하고 남은 영역에서는 풍력개발에 이용될 수 있다. 독일의 경우 풍력개발이 가능한 구역이 1% 미만으로 나타났는데 대부분의 나라에서 풍력발전을 위하여 지정된 구역은 독일처럼 적지 않은 면적을 차지한다.

자연보전 구역의 경계는 많은 경우 매우 관대한 완충 지역으로 설정되어 있다. 경험적으로 환경적 측면에서 풍력터빈의 실제 영향과 인근 지역에 미치는 영향에 대해 배웠으며 이러한 영향 조건들을 적용해야만 한다. 게다가 모든 보전구역은 특수한 목적을 가지고 있다. 그러나 풍력개발 계획 과정에서 고려해야 할 사항은 보전구역 안에 있거나 혹은 가까운 지역에 위치한 풍력터빈이 보전구역의 특수한 목적에 부정적인 영향을 미치는지 여부이다.

풍력발전을 계획할 때 가장 중요한 것은 바람에너지 분포이다. 바람 자원지도는 모든 풍력발전 계획을 위한 시작점이 되어야 한다. 평균풍속에서 조금의 변화는 에너지 구성의 큰 변화를 만들고 풍력발전 프로젝트의 경제적 적합성에 큰 영향을 미치게 된다. 현재 대부분 나라에는 이용 가능한 바람 자원지도가 있을 것이며 이것은 풍력개발에 적용될 방법과 과정에 반드시 포함되어야 한다.

계획 수립에 가장 효과적인 방법은 'Round Table' 방법으로 이에 대한 것은 앞서 제시한 덴마크 티스테드Thisted 자치 정부의 계획 수립 과정(Box 4.3 참조)에서 기술하였다. 이를 위한 전제조건은 풍력터빈이 설치된다는 전제하에 만약이 아닌, 어디에서, 어떤 조건으로 설치하느냐 하는 것으로 티스테드에서는 관련 작업그룹이 세 번의 미팅을 통해 최종 계획을 도출하였다. 영국의 해상풍력개발을 위한 'One Stop Shop' 허가 과정 또한 'Round Table' 방법으로 설명할 수 있다.

지지와 반대

풍력개발 시에는 풍력터빈 주변에 거주하는 주민들이 그들의 환경에 새로운 요소를 받아들이는 것이 중요하다. 많은 나라에서 풍력개발 계획에 반대하는 내용의 신문 기사를 통해 풍력개발을 강하게 반대하는 모습을 쉽게 볼 수 있다. 보도자료에 대한 체계적인 검토가 이루어진다면, 풍력발전에 긍정적이거나 최소한 중립적인 많은 기사뿐만 아니라 재생 가능 에너지원 개발을 촉진시키기 위해 언론 매체에 보낸 기고문을 찾아볼 수 있다.

몇몇 나라에는 풍력개발에 반대하는 조직들이 있다. 영국의 Country Guardians(www.countryguardians.net), National Opposition to Wind Farms(www.nowind.org.uk), 스웨덴의 Association for Protection of the Landscape, 독일의 Windkraftgegner(www.windkraftggner.de) 등이 있는데, 이 조직들은 이들 국가의 소수의견을 대표한다.

풍력터빈을 어떻게 인식하고 있느냐는 매우 주관적인 문제로 사람들은 다양한 방식으로 풍력터빈을 인식한다. 사람들은 풍력터빈에 익숙해질 때 그들의 의견이 바뀔 수 있다. 물론 자연환경, 경관 혹은 주변의 영향을 고려하지 않은 계획을 가진 풍력 프로젝트도 있다. 간혹 풍력에 호의적인 사람들도 이러한 특정한 풍력 프로젝트를 반대하기도 한다. 비록 풍력에 대한 인식이 개인적인 문제 그리고 주관적인 문제이더라도 과학적 방법을 통한 조사를 통해 여론의 객관적 반응을 찾을 가능성은 있는데, 그것이 바로 여론조사이다. 지금까지 수행된 거의 모든 여론조사와 설문조사는 대다수의 응답자가 풍력발전에 긍정적인 태도를 취하는 것으로 나타나고 있다. 이러한 결과는 전국 여론조사뿐만 아니라 많은 풍력터빈이 설치된 인근의 지역 주민들을 대상으로 한 여론조사에서도 마찬가지이다(Box 4.5 참조).

Box 4.5 나라별 여론조사 결과

덴마크

2001년에 실시한 전국 여론조사에서 다음과 같은 질문을 하였다. '덴마크는 전기생산에서 풍력발전 비율을 증가하기 위하여 풍력터빈을 계속 건설해야 하나요?'

응답자의 68%가 '예'라고 대답하였고, 18%는 현재 수준에 만족한다고 하였으며, 7%는 이미 너무 많다고 하였다. 나머지 7%는 결정하지 않았다(Danish Wind Turbine Owners' Association, 2002).

독일

2002년에 실시된 전국 여론조사에서 응답자의 88%는 계획된 기준 조건을 만족할 때까지 더 많은 풍력단지를 건설하는 것을 지지하였다. 단 9.5%만이 이미 충분하다고 생각하였다(Wind Directions, 2003).

영국

1991년에 처음 풍력터빈이 설치된 이후 다양한 기관에서 많은 여론조사가 수행되었다. 영국풍력에너지협회(British Wind Energy Association)는 1999년부터 2002년까지 수행된 42가지의 여론조사를 정리하였는데, 대중의 77%가 풍력에너지에 호의적이며 9%가 반대를 하였다. 2003년에 2,600명을 대상으로 하는 여론조사도 비슷한 결과를 보였는데, 응답자의 74%가 2020년까지 영국전력의 20%를 재생에너지로 생산하고자 하는 정부의 목표와 함께 더 많은 풍력개발을 지지하였으며, 7%가 반대하였고 나머지 15%는 중립적인 응답을 하였다(Wind Directions, 2003).

프랑스

프랑스에서는 2003년에 2,090명을 대상으로 여론조사를 실시하였다. 응답자의 92%가 원자력발전소를 포함한 다른 에너지원의 대체 에너지로서 기술의 환경적, 경제적 이점을 고려하여 더 많은 풍력에너지를 개발하는 데 호의적이었다.

미국

2005년에 실시한 전국 여론조사에 의하면, 응답자의 87%가 더 많은 풍력단지를 건설하는 것은 좋은 생각이라고 하였다(Yale University, 2005).

호주

2003년 전국 여론조사에서 응답자의 95%가 호주에서 빠르게 증가하는 전기 수요에 대응하기 위해서 새로운 풍력단지 건설을 지지하였다.

호주는 대규모 탄광을 가지고 있으며 많은 석탄 화력발전소가 있어서 석탄 산업을 보호하기 위한 강한 압박이 있었다. 그러나 응답자의 71%는 온실가스 배출 감소가 화석연료에 의존하는 산업을 보호하는 것보다 더 중요하다고 생각하였다(Wind Direction, 2003).

스웨덴

고텐부르그(Gothenburg) 대학교의 SOM 연구소의 보고서는 스웨덴 사람들의 태도에 대하여 다음과 같이 보고하고 있다(Hedberg, 2013). 2012년에 실시된 이 전국 여론조사에서 다른 에너지원들에 대한 응답자들의 태도를 보여주었다(표 4.12 참조).

응답자의 66%가 스웨덴은 풍력발전을 현재보다 더 지원해야 한다고 하였고 25%는 현재만큼 지원해야 한다고 하였다. 이 응답자들을 합치면 91%가 풍력발전을 좀 더 혹은 현재 수준만큼 지원해야 한다고 생각하고 있다.

연간 여론조사 결과 추이를 보면 스웨덴에서 풍력발전에 대한 지지는 오랜 기간 높은 수준을 보여주고 있다(표 4.13 참조).

표 4.12 풍력발전과 다른 에너지원에 대한 태도(스웨덴, 2012)
질문: 스웨덴은 향후 5~10년 동안 아래 다른 에너지원들을 얼마나 지원해야 하는가?(%, 2012)

에너지원	좀 더 지원	현재 수준만큼 지원	전체(좀 더+현재)
수력	43	51	94
풍력	66	25	91
태양광	81	17	98
원자력발전	14	38	52
바이오매스	42	47	89
천연가스	20	47	67
석유	2	26	28

출처: Hedberg, 2013

표 4.13 풍력발전에 더 많은 지원을 바라는 비율(%)

	1999	2000	2001	2002	2003	2004	2005
좀 더 지원	74	72	71	68	64	73	72
	2006	2007	2008	2009	2010	2011	2012
좀 더 지원	77	79	80	74	66	70	66

출처: Hedberg, 2013

모든 설문조사를 보면 대부분은 풍력터빈이 많이 설치된 지방에서 수행되었고, 일반적인 풍력발전에 대한 대중의 지지는 매우 광범위하고 재생에너지의 이득을 인지하고 있는 것으로 나타났다. 풍력에 대한 일반적인 지지는 모든 나라에서 높은 것으로 보인다. 그러나 이것이 반드시 응답자가 그들 지역 환경에 풍력터빈을 허용한다는 의미는 아니다.

덴마크에서 발행된 보고서(Danish Wind Turbine Owners Association, 2014)는 집, 학교 혹은 일터에서 풍력터빈을 쉽게 볼 수 있는 사람들이 다른 사람들보다 좀 더 긍정적인 태도를 취하고 있음을 보여주고 있다. 풍력터빈 인근 지역에 사는 사람들이 그 지역에 잠시 방문하거나 휴일 별장을 가지고 있는 사람들보다 호의적이었다. 결론적으로 풍력개발에 대한 긍정적인 태도는 풍력터빈의 지분을 살 수 있는 기회를 제공받는 사람들과 친환경적이라는 정보를 제공받는 사람들에게 더 강하다.

많은 여론조사는 풍력터빈이 많은 지역과 풍력을 실질적으로 경험한 사람들이 있는 지역에서 수행되었다(Box 4.6 참조).

Box 4.6 풍력발전에 대한 의견

영국

영국에서는 10명 중 2명 미만이 자신들의 집 근처에 풍력단지가 개발되는 것을 반대한다. 2003년에 실시된 전국 여론조사에 의하면 4분의 1 이상이 매우 긍정적인 태도를 가지고 있다. 거주하고 있는 지역에 이미 풍력터빈이 설치되어 있는 응답자의 94%는 좀 더 풍력단지가 개발되는 것에 긍정적이며 단 2%만이 부정적 의견을 보였다(Taylor Nelson Sofres, 2003).

스코틀랜드

스코틀랜드 행정부에서 실시한 여론조사에 의하면 스코틀랜드에 설치된 10개의 대형 풍력단지 인근에 거주하는 82%가 풍력으로 더 많은 전력을 생산하는 것을 원하였고 50%는 그들 지역의 풍력단지에 더 많은 풍력터빈이 증가하는 것을 지지하였다.

여론조사는 3개 구역(풍력단지에서 5km 이내, 5~10km, 10~20km)의 거주하는 1,800명을 대상으로 하고 있다. 풍력발전단지가 개발되기 이전에 거주하던 사람들은 경관문제(27%), 건설 중 교통문제(19%), 건설 중 소음문제(15%)가 야기될 것으로 생각했는데, 실제 건설 이후 이러한 비율은 각각 경관문제(12%), 교통문제(6%), 소음문제(4%)로 바뀌었다(Wind Directions, 2003).

프랑스

프랑스 남부 오드(Aude) 지역에서 풍력터빈에 인접하여 거주하는 300명을 대상으로 한 설문에서 46%가 풍력터빈이 시골 지역에 영향을 준다고 하였고, 55%는 풍력단지를 미학적으로 좋다고 생각하였다.

시간 경과에 따른 의견 안정성

빠르게 풍력개발이 이루어진 지역에서는 풍력터빈의 수가 증가하고 시간이 지남에 따라 주민들 사이에 수용 여부가 변할 것으로 예상할 수 있다. 스페인의 일부 지역에서는 1990년대 말에 풍력개발이 빠르게 시작되었고, 2004년에는 세계에서 가장 큰 용량의 풍력터빈이 설치되었다.

스페인에서 많은 풍력터빈이 설치된 3개의 지역Navarre, Tarragona, Albacete을 대상으로 풍력에 대한 사회 수용성에 관한 연구가 수행되었다. 타라고나Tarragona에서는 2001년부터 2003년까지 600명을 대상으로 하는 여론조사를 통해 4개의 연구가 수행되었는데, 4개의 여론조사를 통해 풍력발전단지 주변에 거주하는 사람들이 강한 지지를 보내고 있는 것을 보여주었다. 알바세테Albacete에서는 2002년에 연구가 진행되었는데 응답자의 79%가 풍력에너지가 사람들에게 이득이 될 것으로 생각하고 있음을 보여주었다(EWEA, 2009).

나바레Navarre에서 2001년에 수행된 연구는 85%가 나바레에 풍력발전이 시행되는 것에 대해 호의적임을 보였으며 단 1%가 반대함을 보였다. 또한 이 연구는 새로운 풍력단지가 개발되고 풍력터빈이 설치되는 동안 수용성이 증가함을 보여주었는데, 대부분의 사람들에게 풍력에너지에 의한 혜택이 개발 과정 중 발생하는 부정적인 영향을 불식시켰다(표 4.14 참조). 또한 1995년부터 2001년까지 풍력터빈의 수가 6기에서 659기로 증가하였지만 풍력발전에 대한 긍정적인 태도를 가진 주민들의 비율은 일정하게 유지되었다(EWEA, 2009).

표 4.14 시간 경과에 따른 풍력터빈의 주민 수용성(Navarre)

	1995	1996	1998	2001
풍력터빈*	6	72	187	659
긍정적 %	85	81	81	85
부정적 %	1	2	3	1
무관심/모름 %	14	17	16	14

* 대부분 660kW 풍력터빈

생활환경에서의 풍력터빈

스웨덴 고틀랜드 대학교는 2004년에 발틱해 고틀랜드Gotland섬에서 사람들이 풍력터빈과 가까이 살고 있는 3개의 지역에서 사례연구를 수행하였다. 나르Nar 마을에서는 두 개의 대형 풍력터빈에서 1,100m 이내에 사는 모든 사람들과 인터뷰하였고, 클린트함Klintehamn에서는 일몰 시 그림자 영향을 받는 사람들을 샘플링하였다. 나스덴Nasudden에서는 81기가 설치된 대형 풍력단지 중앙에 위치한 사람들과 인터뷰하여 이 연구에서는 총 69개 가정집과 94명의 사람들이 포함되었다(Widing et al., 2005).

이 여론조사 대상의 모든 응답자가 풍력터빈에 가까이 살고 있음을 고려하면 보고된 불만은 놀라울 정도로 작았다. 그들 중 소수만이 소음과 그림자 영향 혹은 주변 경관을 조망하는 데 불만이 있었다. 전체 응답자의 85%는 집 주변에서 풍력터빈으로 인한 소음에 불만이 없었고, 그림자 영향에 대한 불만이 없는 비율이 95%에 달했다. 81기의 풍력터빈이 가동 중인 나스덴에서는 살고 있는 사람들의 13%만이 주변 경관을 조망하는 데 부정적인 영향이 있다고 생각하고 있었다. 조사대상 3개 지역의 모든 사람들 중 89%는 풍력터빈이 그들의 조망권을 망치고 있지 않다는 의견을 제시하였는데, 풍력터빈 인근에 거주하는 사람들의 풍력에 대한 수용성은 점점 높아지고 있다(Widing, 2005).

▎풍력과 관광산업

풍력터빈은 바람조건이 양호한 사이트에 설치되어야 하기 때문에 많은 풍력단지가 해안지역 및 그 근방 또는 해상에 설치되고 있다. 그러나 많은 해안가는 유명한 관광 휴양지들이 있어서 이해관계가 충돌할 수 있는 위험을 가지고 있고 스코틀랜드나 스키 리조트가 있는 산악 지역에서도 같은 충돌이 발생할 가능성이 있다.

매력적인 휴양지에서 풍력터빈이 관광객들에게 어떤 생각을 갖게 하는지에 대한 설문조사가 이루어졌다. 2003년 독일에서 관광객을 대상으로 한 설문조사에서 응답자의 76%는 원자력발전소와 화력발전소가 경관을 해친다고 생각하였고 27%만이 풍력터빈도 경관을 해친다고 생각하였다(Wind Directions, 2003). 슐레스비히-홀슈타인Schleswig-Holstein에서 실시된 관광산업 설문조사는 풍력산업이 그 지역 관광산업에 영향을 미치지 않음을 보여주었다. 방문객들은 풍력터빈의 수가 증가하는 것을 인지하고 있었고 그것이 관광을 하는 데 영향을 주지 않는다고 하였다(EWEA, 2003).

벨기에는 해안에서 6km 떨어진 지역에 해상풍력을 개발하기 위한 계획을 가지고 있었는데 그 지역에는 많은 휴양지가 있었다(현재는 풍력단지가 완공되어 있다). 2002년에 WFESOWest Flemish Economic Study Offie가 풍력단지가 설치되기 이전 실시한 여론조사에서는 응답자의 78%가 해상풍력단지에 대하여 매우 긍정적 혹은 중립적임을 보여주었다(표 4.15 참조).

표 4.15 해안에서 6km 떨어진 풍력단지에 대한 벨기에 여론조사(%)

조사그룹	부정적	긍정적 혹은 중립
주민	31.3	66.5
별장 등 세컨드하우스 소유자	10.2	88.8
자주 방문하는 관광객	18.7	81.3
가끔 방문하는 관광객	19.5	80.5
호텔 등에서 바다 조망	19.5	80.5
기타	15.3	84.7
전체	20.7	79.3

출처: EWEA, 2003

관광산업의 영향에 대해 스코틀랜드에서 실시된 2개의 여론조사를 보면, 2002년에 실시된 MORI 여론조사에서 방문객들의 90%는 그 지역에 풍력단지가 설치되어 있든지, 설치되어 있지 않든지에 관계없이 휴일에 스코틀랜드를 재방문할 것이라고 했다. 스코틀랜드 관광청에서 실시한 다른 설문조사에서는 방문객의 75%가 풍력개발에 대하여 긍정적이거나 중립적임을 보여주었으나 경관 영향 부분에서는 긍정적인 대답이 적었다. 그러나 방문기간 동안 실제로 풍력터빈을 본 방문객들은 풍력에 긍정적이었다(EWEA, 2003).

서로 다른 주민 그룹이 경관에 대하여 어떻게 평가하는지에 대해 조사한 결과가 있다. 하나의 그룹은 지방에 영구적으로 거주하는 주민들로 이들은 경관을 합리적인 방법으로 활용해야 하는 자연 자원으로 생각하는 반면, 경관을 휴식과 즐거움을 위한 것으로 활용해야 한다는 다른 그룹 사람들은 보다 미학적 관점에서 접근하여 경관을 그림엽서 같이 생각하였다. 스코틀랜드와 독일에서 실시된 여론조사에 의하면 풍력터빈은 관광객들의 그림엽서에 수용 가능한 요소가 될 수 있는 것으로 보고 있다(Hammarlund, 2002).

웁살라Uppsala 대학교의 벤둘라 브라우노바Vendula Braunova에 의해 2013년에 실시된 고틀랜드Gotland 관광객을 대상으로 한 설문조사가 있는데, 섬에 체류하다가 배를 이용하여 섬을 떠나는 관광객들에게 설문지를 7월 한 달 동안 제공하였다. 설문지 응답자 735명의 관광객 83%가 섬에 체류하는 동안 풍력터빈을 보았으며 이들은 풍력터빈이 경관에서 어떻게 인식되었는지에 대한 질문을 받았다. 이 중 59%가 긍정적인 인상을 받았으며, 32%는 별로 신경을 쓰지 않은 반면 8%만이 경관에 부정적인 영향이 있다고 생각하였다(그림 4.8 참조). (Braunova, 2013)

다른 질문은 고틀랜드를 재방문하는 것을 결정하는 데 풍력터빈이 어떤 영향을 미칠 것인가에

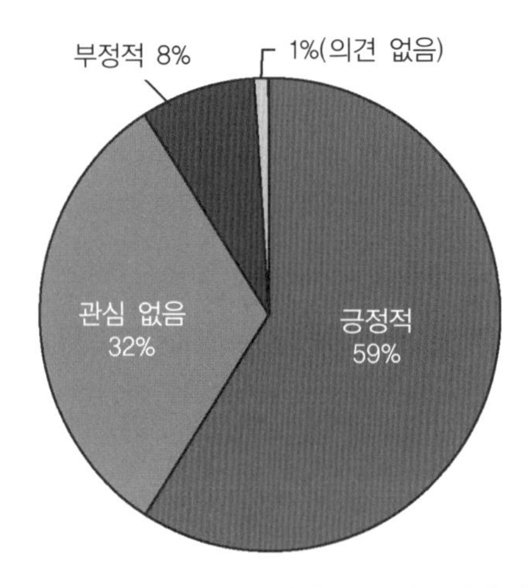

그림 4.8 고틀랜드에서의 관광객들이 풍력발전에 대한 인식. 고틀랜드에서 관광객의 59%는 풍력발전이 경관에 긍정적인 인상을 준다고 하였고 32%는 문제가 되지 않으며 8%는 부정적인 인상을 준다고 하였다. 1%는 의견을 주지 않았다.

대한 것과 풍력이 관광산업에 부정적 영향을 미칠 것인가에 대한 것인데, 그 결과 59%는 별로 개의치 않으며, 19%는 그 섬을 재방문하는 이유 중 하나가 될 것이라고 생각했고 단 2%만이 풍력터빈 때문에 재방문하지 않을 것이라고 응답했다. 결론적으로 풍력은 관광산업에 긍정적인 영향을 가지고 있는 것으로 보인다.

▌님비현상

풍력에 대하여 긍정적인 태도를 가진 사람들도 때때로 그들의 집 혹은 휴일 별장 가까이에 풍력터빈이 설치된다면 다른 태도를 취할 가능성이 있다. 이런 현상은 님비NIMBY: Not In My Back Yard 현상으로 알려져 있는데, 님비현상을 연구한 네덜란드 연구자인 마르텐 볼싱크Maarten Wolsink(2000)는 님비 행동방식을 4가지 형태로 구분하였다(Box 4.7 참조).

풍력에 대한 님비현상을 정량적으로 보면 전형적인 님비 곡선은 보다 높은 단계에서 시작한다. 하나의 그룹 집단에서 풍력에 대한 일반적 태도에 대한 설문조사에서는 75%가 긍정적인 표현을 하였으나 그들이 주거지 근처에 풍력터빈이 설치될 프로젝트가 시작되면, 그들 중 일부는 소음, 그림자 영향 등 그들의 생활환경에 미치는 영향을 걱정하면서 긍정적 태도를 가진 사람들의 비율이 약 60%로 감소하는 경향을 보인다. 그러나 풍력터빈이 설치되고 약 두 달 정도 가동이 되면 긍정적 태도를 가진 사람들의 비율이 처음으로 회복되거나 종종 처음보다 높게 나타나기도 한다.

Box 4.7 NIMBY 유형

- NIMBY A: 일반적으로 풍력터빈 설치에 긍정적이나 자신이 거주하는 가까운 곳에 설치하는 것은 부정적인 태도를 보이는 유형
- NIMBY B: 일반적으로 풍력발전에 부정적인 유형
- NIMBY C: 풍력발전 개발을 위한 계획에는 긍정적이나 자신이 거주하는 근처에 풍력터빈을 설치하는 계획이 있으면 부정적으로 변하는 유형
- NIMBY D: 풍력발전보다는 계획절차에 대해 부정적인 유형

많은 나라와 지역에서 실시한 여론조사에 의하면 일반적인 대중들은 풍력에 대하여 매우 긍정적이다. 만일 환경에 관심 있는 사람들에게 환경 측면의 장점에 대한 정보가 제공되는 경우(풍력터빈이 위험배출 물질이 없이 전기를 생산하는 것) 풍력에 대한 태도는 더 긍정적으로 되

는 경향이 있다.

님비문제에 대하여 많이 논의되었고 님비 반응은 새로운 풍력개발이 계획되는 지역에서 주민들 사이에 발생할 수 있다는 것은 의심의 여지가 없다. 그러나 만일 한 나라에서 풍력개발이 느려지고 신규 에너지 목표 설정치를 충족하지 못한다고 해도 지역사회의 저항을 탓할 수는 없다. 오히려 제도에 의한 장벽, 즉 정부의 정책, 허가 과정을 규제하는 법률과 규정, 풍력발전의 경제적 조건이 지역사회 저항의 원인이다. 마르텐 볼싱크에 의하면 풍력에너지 개발은 대중의 지지보다 제도적 요인에 더 큰 영향을 받는다고 하였다(Wolsink, 2000).

독일 북부 슐레스비히-홀슈타인Schleswig-Holstein 연방 자치주에는 2002년에 1,800MW 용량의 풍력터빈이 설치되었다. 이것은 자치주에서 소비하는 에너지의 30%를 생산하고 있는 것으로 2002년 에거글러스Eggersgluss의 연구에 의하면 대부분의 사람들이 다음과 같은 원칙을 따른다면 풍력터빈 설치를 허용한다고 한다.

- 거주지역에서 충분한 이격거리
- 조용한 풍력터빈의 선택
- 적절한 정보 제공의 유지
- 지역사회에 경제적 이익
- 해당 지역에 소속된 개발자
- 부지선정 시 토지소유주의 견해 반영

만일 모든 풍력 프로젝트 개발자들이 이와 같은 가이드라인을 따른다면, 지역 차원에서의 수용은 일반적인 풍력 수용성보다 높을 것이다.

▎상위 단계에서의 수용문제

풍력발전에 대한 여론을 파악하기 위해 실시된 여론조사들을 보면 풍력의 수용성 문제는 일반 대중의 문제가 아님을 보여주고 있다. 풍력발전은 대중들로부터 매우 강한 지지를 받고 있고 오히려 풍력 수용성의 문제는 나라마다 다르지만 정부, 산업 등과 같은 상위 단계에서 찾을 수 있다.

스웨덴과 많은 나라에서 허가권자, 정치가, 계통 운영자, 발전회사들은 풍력을 수용하기 위한 여러 가지 문제를 가지고 있고, 이들은 풍력개발을 지연시키고 중단시키는 장벽을 증가시키고 있다. 또한 에너지 분야에서 일하고 있는 과학자들 사이에서도 화석연료와 핵에너지와 같은 전통적인 전력 기술에 관심이 많기 때문에 풍력에 대한 수용성은 매우 낮다. 또한 많은 에너지 분야를 선도하는 과학자들은 여전히 전력회사들이 1970년대부터 개발하여 사용 중인 풍력발전에 대하여 근거 없는 주장을 반복하고 있는 실정이다. 그러나 풍력발전은 오늘날 주요 기술이 되어가고 있으며, 심지어 대규모 다국적 전력회사들은 풍력발전단지에 엄청난 투자를 하고 있다.

또한 자연 보호를 위해 일하는 사람들과 환경 보호를 위해 일하는 사람들 사이에서도 의견 충돌이 있다. 많은 생물학자와 자연보호주의자는 여전히 자연은 울타리 내에서 보호되어야 한다고 생각하고 있는데, 그 지역의 울타리가 지역의 식물과 동물의 생활조건과 생존 조건을 변화시킬 기후변화(온도, 습도, 강수량 변화 등)에 의해 영향을 받을 것이라는 것에 대해 이해하지 못하고 있는 것 같다.

:: 참고문헌

Braunová, V. (2013) Impact study of Wind Power on Tourism on Gotland. Master's thesis, Uppsala University.

Danish Wind Turbine Owners' Association (2002) 'Hvem ejer vindmöllerne?' Accessed 7 December 2014 at http://www.dkvind.dk/fakta/07.pdf

Danish Wind Turbine Owners' Association (2011) 'Vindmoller og drivhuseffekten' Accessed 7 December 2014 at http://www.dkvind.dk/fakta/M2.pdf

Danish Wind Turbine Owners' Association (2013) 'Danskernes mening om vindmoller' Accessed 7 December 2014 at http://www.dkvind.dk/fakta/M6.pdf

Eggersglüss, W. (2002) 'Das steht und das dreht sich' in Ministerium für Finanzen und Energie des Landes Schledwig-Holstein(ed.) *STimmen zur Windenergie*, pp.8-10.

European Commission (2013) Communication from the commission. Delivering the internal electricity market: make the most of public intervention. Draft 1. Brussels: European Commission.

EWEA (2003) 'Public acceptance in the EU' in *Wind Energy-The Facts-Environment*. Brussels: EWEA.

EWEA (2005) *Support Schemes for Renewable Energy*. Brussels: EWEA. Accessed 22 December 2014 at http;//www.ewea.org/fileadmin/ewea_documents/documents/projects/rexpansion/050531_Rex-final_report.pdf

EWEA (2009) *Wind Energy The Facts*. Brussels: EWEA.

ExternE (2012) *Externalities of Energy*. Luxembourg: European Environment Agency.

Frend, H.D. (2002) 'Einflüsse der Lufttrübung, der Sonnenausdehnung och der Flügelform auf dem Schattenwurf von Windenergieanlagen', *DEWI* no.20.

Gammelin, Cerstin (2013) 'Oettinger schönt Subventionsbericht'. *Süddeutsche Zeitung*, 14 October. Accessed 7 December 2014 at http://www.sueddeutsche.de/wirtschaft/foerdurung-derenergiebranche-oettinger-schoent-subventionsbericht-1.1793957.

Greenpeace (2005) *Wind Force* 12. Brussels: EWEA Publications.

Hammarlund, K. (2002) 'Society and wind power in Sweden'. In Pasqualetti, M., Gipe, P. and Righter, R. (eds) *Windpower in View*. London: Adcademic Press.

Hedberg, P. (2013) 'Fortsatt stöd för mer vindkraft', in Weibull, L. Oscarsson, H. and Bergström, A. (eds) *Vägskäl*. Göteborg: SOM-institutet, Göteborgs universitet.

Holttinen, H. (2004) *The impact of Large Scale Wind Power Production on the Nordic Electricity System*. Helsinki: VTT Publications.

Länsstyrelserna I Skåne (1996) *Lokalisering av vindkraftverk och radiomaster I Skåne*. Lund: Länsstyrelserna I Skåne.

Miyamoto, C. (2000) *Possibility of Wind Power: Comparison of Sweden and Denmark*,. Lund: IEEE, Lund University.

NWCC (National Wind Coordinating Committee) (2001) *Avian Collision with Wind Turbines: A Summary of*

Existing Studies and comparisons to Other Sources of Avian Collision Mortality in the United States. Washington. DC: West Inc.

Pasqualetti, M., Gipe, P. and Righter, R. (2002) *Wind Power in View.* London: Academin Press.

Pettersson, J. (2005) *Waterfowl and Offshore Windfarms: A Study 1999-2003 in Kalmar Sound, Sweden.* Lund: Lund University.

Remmers, H. and Betke, K. (1998) 'Messung und Bewertung von tieffrequentem Schall', *Fortschritte der Akustik DAGA* 98. Oldenburg: Deutsche Gesellschaft fur Akustik.

Rönnborg, P. (2009) *Det där ordnar marknaden.* Göteborg: Gothenburg University.

Sagrillo, M. (2003) *Putting Wind Power's Effect on Birds in Perspective.* AWEA.

SOU (1999) *Rätt plats för vindkraften.* Stockholm: Fakta info direct SOU.

Taylor Nesson Sofres (2003) *Attitudes and Knowledge of Renewable Energy amongst the General Public.* London: TNS.

Widing. A., Britse, G., and Wizelius, T. (2005) *Vindkraftens miljöpaverkan: Fallstudie av vindkraftverk I boendemiljö.* Visby: CVI.

Wind Directions (2003) 'A summary of opinion surveys on wind power', September/October, 16-13.

Wezelius, T. (2014) *Wind Power Ownership in Sweden: Business Models and Motives.* London: Routledge.

Wizelius, T., Britse, G. and Widing, A. (2005) *Vindkraftens miljöpåverkan utvärdering av regelverk och bedömningsmetoder.* Visby: CVI.

Wolsink, M. (2000) 'Wind power and the NIMBY myth: institutional capacity and the limited significance of public support'. *Renewable Energy* 21(1): 49-64.

WWF (2006) *Bird Species and Climate Change.* Fairlight, NSW: Climate Risk.

Yale Unversity (2005) *Survey on American Attitudes on the Envionment: Key Findings.* New Haven, CT: Yale University School of Forestry and Environmental Studies.

CHAPTER 05

전력계통에서의 풍력

CHAPTER 05

전력계통에서의 풍력

풍력터빈은 바람에너지를 전기에너지로 변환하는 발전소의 종류일 뿐만 아니라 전력회사와 전력망 운영자에게는 없는 다른 특성도 가지고 있다. 바람의 속도는 예측할 수 없게 항상 변하기 때문에 전력생산 또한 일정하지 않다. 풍력터빈은 비교적 작으며 종종 분산전력망에 연결되는 반면 대규모의 전통적인 발전소는 보다 높은 전압 레벨로 전력망에 연결된다.

전력계통

전력계통은 사회-기술적 체계로 설명할 수 있는데, 이것은 서로 관련된 3개의 하위 시스템으로 구분된다.

1. 기술시스템
2. 법률/정치시스템
3. 경제시스템

기술시스템은 전 세계적으로 전력시스템 내에 주파수, 전압, 기타 기술적 인자들이 다를 수는 있으나 자연법칙과 일반적 표준이 적용되는 방법으로 적용된다. 법률/정치시스템과 경제시스템은 나라마다 다양하다. 이들 3가지 하위 시스템들은 시스템끼리 상호작용을 한다(그림 5.1 참조).

기술시스템은 3가지 다른 요소들로 구성되어 있다.

1. 전력을 생산하는 발전소
2. 소비자에게 전력을 보내는 전력망
3. 전력 소비자들이 사용하는 전기장치

전기는 에너지원이 아니고 전력의 형태로 에너지를 발전소에서 소비자에게 전달하기 위하여 사용한다. 전기를 전달하는 전력망은 전력을 발전소에서 각종 전기 기구를 사용하는 소비자에게 전송하기 위해 실용적이고 비용 효율적인 방법으로 구성되어 있다.

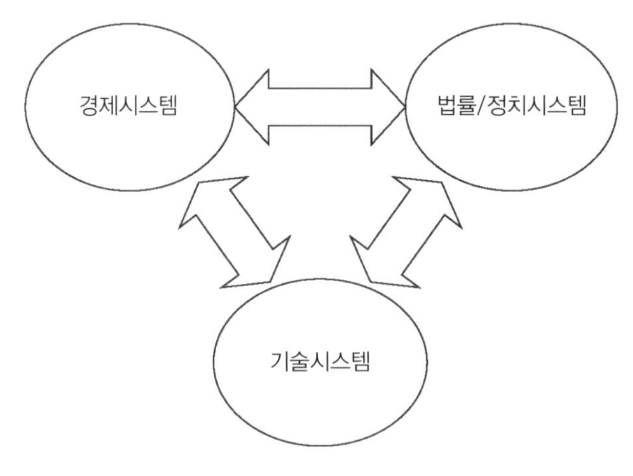

그림 5.1 사회 - 기술적 체계

약 100여 년 전 전기가 처음으로 생산되기 시작하였을 때 전력망은 발전소 근처에만 설치되었다. 그 당시 전력망은 도시 내 소규모 구역 내에서 구성되었고 수력발전소에서는 흐르는 물을 이용한 수차를 사용하여 에너지를 생산하고, 이는 제재소와 공장을 운영하는 데 사용되었다.

이와 같은 지역 전력망은 매우 열악했고 강물이 마르거나 발전소 고장으로 수리를 필요로 하는 경우 전력은 생산할 수 없었다.

이와 같은 문제를 방지하기 위해서는 예비전력이 필요했는데, 수십 년 후 소규모 전력망들이 서로 연결되면서 좀 더 큰 지역 전력망의 형태가 되었고 최종적으로 전체 국가 전력망이 되었다. 이러한 국가 전력망에는 많은 발전소가 연결되어 있었기 때문에 발전소 상호 간 보완이 가능하여 예비전력의 필요성이 감소하였다. 오늘날에 전력망은 국가 경계를 넘어서 연결되기도 한다.

기술적 관점에서 전력망은 매우 복잡하다. 이러한 전력망 시스템 개발은 현대 산업사회의 개발과 인류의 사회복지에 많은 기여를 하고 있다. 특히 사회 발전에 미치는 영향은 즉각적이고 중요한데 예를 들어 개발도상국 시골마을에 한 개의 전구는 아이들이 공부하고 교육을 받을 수 있는 기회를 제공한다.

선진국에서는 대부분의 사람들이 전기 사용을 당연시하고 있으며, 정전이 일어나기 전까지 그 역할을 인식하지 못한다. 따라서 전력망을 운영하는 사람들은 커다란 책임을 지고 이를 수행하고 있는데, 전력망을 운영하는 전력 기술자들 입장에서 일반적이지 않은 속성을 가진 풍력과 같은 새로운 기술이 도입되는 것에 대해 전력 기술자들이 신중하고 좀 더 보수적인 것은 이해할 수 있다.

스웨덴을 포함한 대부분 나라의 전력시스템의 중추는 송전시스템 운영자가 관리하는 400kV 혹은 230kV의 국가 송전망으로 구성되어 있다. 스웨덴의 경우 주정부 소유의 공기업인 Svenska Kaftnat Swedish National Grid에 의하여 운영되도록 규정하고 있다. 높은 전압을 가지는 송전망은 원거리에 많은 양의 전력을 송전할 때 이용된다.

다음 단계는 지역망으로 130kV 혹은 70kV(스웨덴의 경우) 전압으로 국가 송전망에서 지역 분산망으로 송전한다. 공장, 가정 및 기타 소비자에게는 40kV, 20kV 혹은 10kV의 낮은 전압 레벨로 전력을 분배하고 소비자에게 공급되는 더 낮은 전압 레벨은 산업체로는 690V로, 일반 소비자들에게는 400V(230V/phase)로 변환하는 변압과정을 거친다(그림 5.2 참조).

원거리에 대용량의 전력을 송전하기 위해서는 가능한 높은 전압을 사용하는 것이 가장 비용 효율적이다. 모든 전력망에서 송전 시 전력 손실을 피할 수는 없는데 얼마나 많은 전력손실이 발생할지는 전력선의 용량과 길이에 따라 달라진다. 스웨덴에서는 전력망으로 들어가는 전력의 약 10%가 손실된다고 한다. 따라서 송전망 운영자는 실제로 매우 많은 전력의 소비자가 된다. 왜냐하면 전력망에서 손실되는 전력을 생산자로부터 구매해야 하고 그에 대한 비용을 지불하고 있기 때문이다.

스웨덴의 전력시스템은 스웨덴 북부에 있는 몇 개의 대형 수력발전소와 남부에 위치한 원자력발전소를 기반으로 하고 있다. 그리고 전기와 열을 동시에 생산하는 열병합 발전소와 몇 개의 가스터빈 발전소가 있다. 가스터빈 발전소는 추운 겨울날 부하가 많이 증가하여 전기 소비가 최고치에 다다르거나 갑작스러운 전기 소비의 증가로 전기 공급의 균형이 필요할 때 가동된다. 최근의 전력망들은 국경을 넘어 서로 다른 나라끼리 상호 연결되어 있어 국가 전력량이 부족하거나 남아도는 경우 나라들 간에 전력을 수입하거나 수출할 수 있도록 되어 있다.

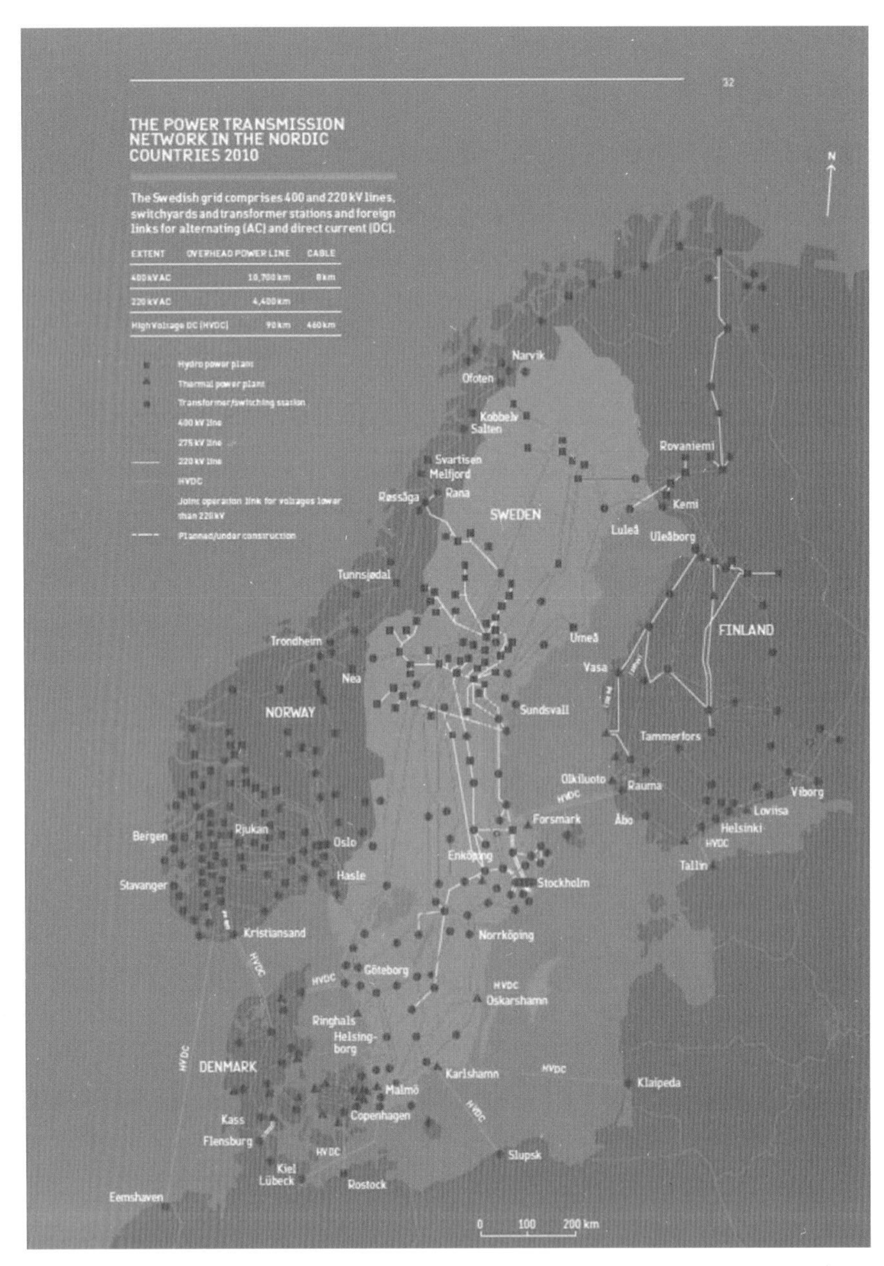

그림 5.2 북유렵 국가들의 전력망(2010년). 북유렵 국가들(스웨덴, 덴마크, 노르웨이, 핀란드)의 전력계통은 서로 연결되어 있고 공동 전력시장(Nord Pool)을 가지고 있다. 또한 이 전력망은 전력의 수입과 수출을 위해 다른 국가들과도 연결되어 있다.

❙ 전력 소비

전력 소비는 날마다 변하며 또한 해마다 항상 변한다. 물론 전력의 요구는 공장이 쉬거나 사람들이 잠드는 밤에는 줄어든다. 아침에 사람들이 아침밥을 준비하고, 공장과 가게, 사무실이 운영을 시작할 때 전력 소비는 빠르게 증가하며 저녁에 다시 줄어든다(그림 5.3 참조).

스웨덴의 많은 주택은 전기 난방을 이용하기 때문에 전력 소비는 여름보다 겨울이 높다. 연중 전력 최고치는 일반적으로 1월 혹은 2월에 전국이 춥거나 바람이 많이 불 때 전력수요는 최고치에 이르며 모든 발전소가 최대 용량으로 가동되고, 일부 전력은 수입하기도 한다(그림 5.4 참조).

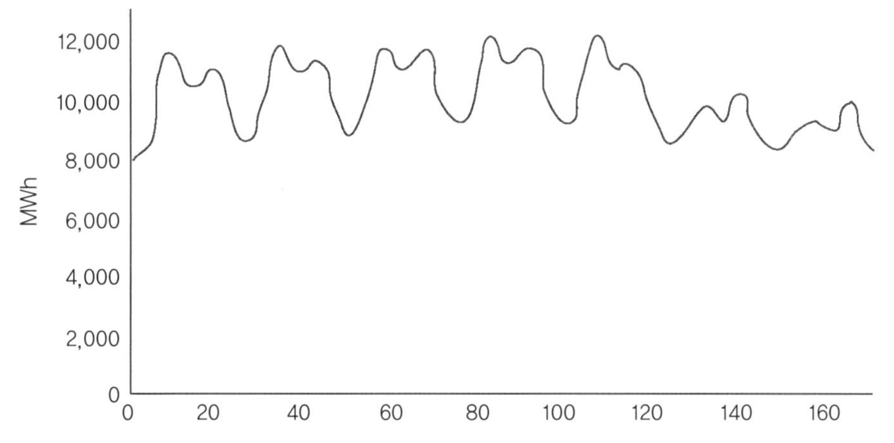

그림 5.3 주간 시간별 전력 소비량의 변화. 그래프는 평범한 주간 소비 부하량 변화를 보여주고 있다. 세로축은 소비 전력이고, 가로축은 월요일 0시에서 시작한 주간 시간을 나타낸다. 주말에는 최대치가 매우 낮게 나타나고 있다(Soder, 1997).

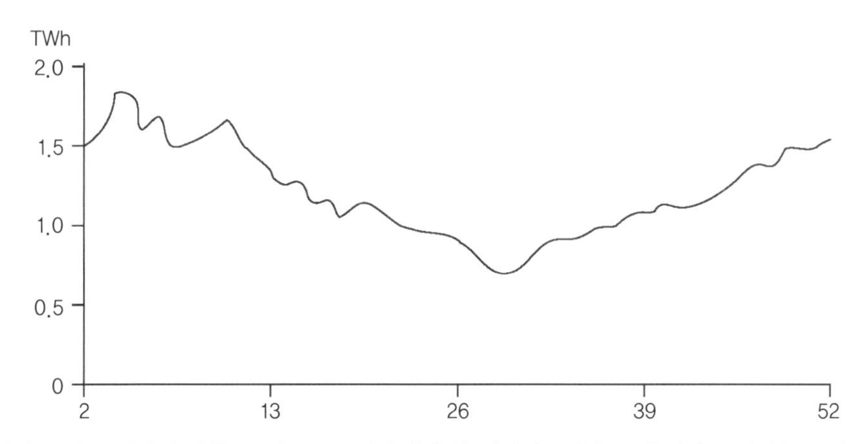

그림 5.4 연간 전력 소비량의 변화. 그래프는 스웨덴에서 한 지역의 1년간 주별 전력 소비량을 보여주고 있다. 겨울철 추웠던 한 주 동안 전력 소비량이 여름철 휴가 주간보다 2배 이상 높다.

전력생산과 전력부하의 균형

전력은 쉽게 없어지는 상품이다. 전력망에 전기는 항상 전력 소비와 잘 어우러져야 하는데 그렇지 않으며, 전기 주파수가 변할 수 있다. 만일 전력생산이 전력 소비보다 크다면 주파수는 증가할 것이고 전력 소비가 생산보다 크면 전기 주파수는 감소할 것이다. 전력망에서 시스템 내에 모든 위치에서의 전기 주파수는 동일해야 하지만 전압 레벨은 시스템의 여러 위치에서 다를 수 있다.

전력의 공급과 수요가 맞지 않을 때 전기 장치들은 손상을 입을 수 있고, 전력망이 고장 나거나 정전이 발생할 수 있다. 그러나 이러한 일들은 매우 드물며, 전력망 운영자는 전력시스템을 다루는 방법과 공급과 수요의 균형을 유지하는 방법을 잘 알고 있다.

다양한 종류의 발전소들은 시스템에서 기본부하와 출력제어, 최대부하 공급에 대해 운영하는 규칙이 서로 다르다. 스웨덴의 원자력발전소는 기본부하를 담당하면서 연중 낮과 밤 모두 가동되고 있는데, 원자력발전소에서 원자로의 출력을 제어하는 것은 느리고 복잡한 문제이기 때문이다. 수력발전도 일부 기본부하를 담당하기는 하나 출력을 제어하는 것이 쉽기 때문에 수력발전소가 전력 제어를 위해 사용되고 있다. 가스터빈은 수초 내에 가동이 가능하여 매우 빠른 전력 제어가 필요한 최대부하 발생 시 사용된다. 요즘에는 최대부하가 발생하거나 좀 더 많은 여유 전력이 필요한 경우 종종 이웃나라에서 전력을 수입하여 처리하기도 한다. 이러한 방식은 수요 측에서 전력 제어를 할 수도 있는데, 예를 들면 많은 산업부하를 줄이거나 가동 중단하는 것으로 전력 제어를 할 수 있다.

소비 부하의 변화에 대응하기 위해서는 예비전력 이용이 가능해야 한다. 1차 예비전력은 1초에서 1분 사이에 빠른 가동이 가능한 발전소로 이러한 발전소는 빠른 전력 제어에 사용된다. 이러한 목적에 사용되는 발전소가 가스터빈과 수력발전이다. 가동시작 시간이 10분에서 1시간 정도 긴 제어 시간을 갖고 운영비용이 낮은 발전소가 2차 예비전력인데, 2차 예비전력생산량이 증가하면 1차 예비전력은 2차 예비전력으로 대체된다.

일부 대형 발전소에서 고장이 발생하여 단기간 폐쇄해야 하는 경우 정전을 막기 위해서는 항상 외란 예비전력disturbance reserve이 있어야 한다. 이 외란 예비전력의 규모는 고장이 발생할 수 있는 대형 발전소 규모로, 만일 대형 발전소가 고장이 발생하여 장기간 전력을 생산할 수 없다면 이 전력을 대체하고 운영을 시작할 수 있는 발전소가 항상 있어야 한다. 노르딕 전력시스템Nordic Power System에는 외란 예비전력이 1,200MW로 일반적인 전력시스템에서 원자력발전소 한 개 정도의 대형 발전소 규모이다.

전력계통에서의 풍력발전

풍력터빈은 바람이 강한 지역에 설치해야 하는 매우 작은 발전소이다. 따라서 풍력터빈은 종종 소규모 전력망 주변에 설치된다. 한 개 혹은 몇 개의 풍력터빈은 소비자가 사용하는 배전망에 바로 연결할 수도 있으며 대형 풍력발전단지는 높은 전압 레벨로 지역 송전망에 연결된다.

풍력터빈의 출력은 바람에 따라 다양하게 변하고 풍력에너지는 생산량이 일정하지 않기 때문에 기저부하로 사용할 수 없다. 따라서 풍력터빈에서 생산되는 에너지는 수요에 맞추어 증가할 수 없기 때문에 전력 제어용으로 사용할 수 없고 같은 이유로 최대 전력 시에 대응할 수 없다. 전력계통의 관점에서 풍력은 전통적인 발전소와는 완전히 다른 방식으로 운영되는데, 풍력터빈은 일반적으로 소비자(가정, 산업체)가 사용하는 전력선인 배전망에 연결할 수 있기 때문에 분산distributed 발전소로서의 기능을 할 수 있다.

전력계통 운영자는 풍력터빈에 의한 출력 변동성을 부하 변동성과 같은 방식으로 제어할 수 있다. 이것은 단순히 음의 부하로 취급하는 것으로 바람이 감소할 때 수력발전과 같은 다른 발전소의 출력을 증가시킬 것이기 때문에 풍력비율이 전체 에너지 생산의 10% 미만이면 풍력에 의한 간헐성은 문제가 되지 않는다(그림 5.5 참조). 그러나 발전회사와 계통 운영자는 이러한 방식에 익숙하지 않으며 적어도 풍력개발이 초창기인 나라에서는 이러한 방식에 더더욱 익숙하지 않을 것이다. 그러나 꽤 많은 풍력을 전력시스템에 통합하는 데 문제는 없다.

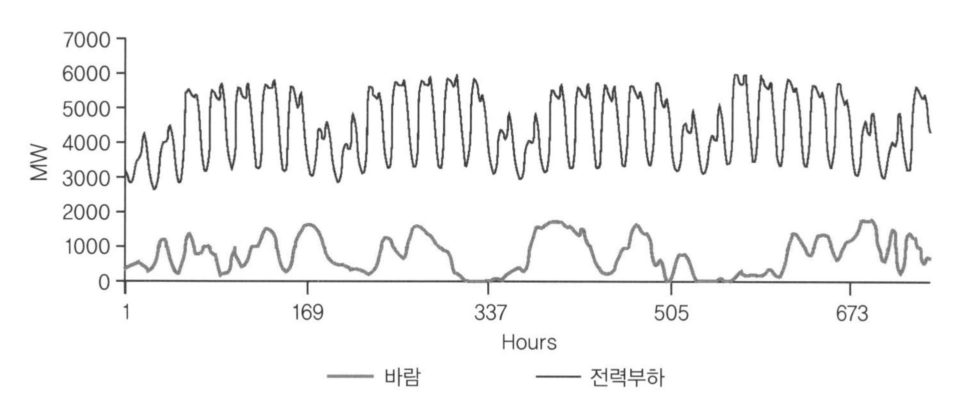

그림 5.5 풍력발전 출력의 변동성. 그래프는 덴마크에서 2000년 1월에 소비 부하와 전력생산이 어떻게 변하는지를 보여주고 있다. 이러한 변동성은 일반적인 소비 부하 변동성과 같이 처리된다. 풍력발전 생산량이 많으면 다른 발전소의 공급을 줄이는데 그 반대의 경우도 동일하다(Holttinen, 2004).

풍력이 전력생산에서 차지하는 비율이 10% 정도에 도달하면, 계통 및 전력시스템은 풍력에 적응해야 할 수도 있다. 덴마크, 독일, 스페인과 같은 나라들은 지난 5년 동안 풍력이 차지하는 비율이 임계치를 넘었다. 독일의 일부 지역에서는 이미 이러한 비율보다 높으며 이들 지역은 풍력으로 인한 전력생산량을 흡수할 수 있는 거대 전력시스템이 있다. 여분의 전력은 다른 지역이나 나라에 수출한다.

풍력이 전력계통에서 더 많은 비율을 차지하더라도 문제가 되지 않는다. 전력계통은 풍력에 관계없이 수요와 공급의 균형을 유지할 수 있는 출력제어를 위한 충분한 용량을 가지고 있고 전력망에는 예비 용량을 가진 발전소가 항상 있다.

❙ 지역소비를 위한 지역 발전

개인 혹은 회사, 예를 들면 농장 혹은 산업체는 그들의 토지에 풍력터빈을 설치할 수 있고 생산되는 전력의 일부 혹은 전부를 자신이 소비할 수 있다. 풍력발전에 의한 전력생산량이 자신들의 요구되는 소비량보다 많을 때 남는 전력은 전력계통으로 보낸다. 이러한 경우 전력망은 배터리와 같은 에너지 저장 설비로서 동작할 수 있음을 의미한다. 이와 같은 경우 산업체는 두 개의 계량기에 연결되는데, 그중 하나는 전력을 구매하기 위한 것이고 나머지는 전력을 판매하기 위한 것이다. 자체 사용 전력의 가치는 전력요금 및 에너지세, 부가가치세가 포함된 가격과 같은 효과이므로 판매하는 전력 수익보다 높게 된다.

일부 전력망 운영자는 계통으로 보내는 전력과 계통에서 공급받은 전력의 페어링paring을 허용한다. 이러한 경우 남는 전력을 계통으로 내보낼 때 계량기는 단순히 거꾸로 동작하게 되는데 이것을 넷 미터링net metering이라고 한다. 미국의 36개 연방주는 넷 미터링에 관한 법률을 가지고 있다. 캘리포니아California주에서는 정격출력이 10kW로 정해져 있으며 애리조나Arizona주는 최대 한계가 100kW이다. 다른 주들은 이들 중간에 설정되어 있으나 아이오와Iowa주, 뉴저지New Jersey주, 오하이오Ohio주는 최대 정격출력에 대한 제한이 없다.

넷 미터링은 소비자들에게 풍력 혹은 태양광 같은 재생에너지에 투자를 장려하기 위한 방법 중 하나이다. 이것은 계통 운영자의 관리가 쉽고 전력시스템 관점에서 배터리를 사용하는 에너지 저장장치가 아닌 전력망을 에너지 저장장치로 활용하는 데 의미가 있다.

많은 전력수요가 필요한 공장들은 공장에서 사용하기 위한 모든 전력을 풍력터빈으로부터 공급받을 수도 있다. 고틀랜드Gotland 클린트함Klintehanm 항구에는 동물사료 공장이 있는데 500kW

풍력터빈을 가지고 있고 이를 이용하여 공장 가공에 필요한 전력을 연중 공급받고 있다. 물론 공장은 바람이 불지 않을 때를 대비하여 전력계통과도 연결이 되어 있다. 근처에 있는 제재소도 구내에 자체 풍력터빈을 가지고 있다. 지난 몇 년 동안 일부 대형 산업체들은 산업체 부지 내에 풍력터빈을 설치하였는데, 스쿠스칼Skutskar에 있는 종이 공장은 2MW 풍력터빈 5기를 설치하여 공장에 전력을 직접 공급하고 있다.

인도에서는 풍력단지로부터 생산되는 전기의 예탁과 송전banking and wheeling of electricity이라는 정책을 시행하고 있다. 전기 예탁banking of electricity의 의미는 사기업이 일 년 중 생산한 전력을 다른 시간에 사용할 수 있다는 것으로 예를 들면, 공공 전력망을 저장장치로 사용할 수 있다는 의미이다. 전기의 송전wheel은 공공 전력망을 이용하여 풍력발전소의 전력을 다른 장소의 공장으로 전달할 수 있는 권리를 의미한다. 이것은 이른바 전속소비captive consumption를 가능하게 하는데 회사들을 회사 자체의 전력을 생산할 수 있고 계통망을 이용하여 회사 소유의 다른 공장으로 송전할 수 있다.

▎기술시스템의 관리

송전망 운영자TSO: Transmission System Operator는 전력시스템 운영에 대한 전반적인 책임을 가진다. 스웨덴의 송전망 운영자Svenska Kraftnat도 높은 전압 레벨의 송전망을 운영하고 있으며 지역망은 지역별로 다른 회사Vattenfall, Fortum, Eon etc.들이 운영하고 있다. 지역망 운영자는 자체 대형 발전소 혹은 자치 정부의 공공 발전소를 소유하고 있거나 배전망을 관리한다.

전력계통의 기본 원칙은 메리트 오더시스템merit order system*이라 불리는 제도에 의해 운영되고 있는데, 평상시에는 낮은 운영비용으로 생산되는 전력을 사용하고 수요가 증가할 때 높은 운영비용으로 생산되는 전력을 사용하는 것이다.

규제완화시장에서 전력의 공급과 수요 균형의 임무는 전력균형 책임기관BRP: Balance Responsible Player과 전력거래회사에 분배된다. 모든 생산과 소비는 BRP와 계약을 맺은 거래자를 통해 이루어지고 BRP 회사들은 계통 운영자에게 전력생산 계획을 하루 전에 제출하지만 송전하기 한 시간 전까지 생산 계획을 변경할 수 있다. 그러나 모든 전력 운용 시간 동안 책임은 송전망 운영자TSO에 있다.

---

* 메리트 오더시스템(merit order system): 발전방식을 결정할 때 연료가격, 에너지 효율성, 탄소배출 등 여러 요소를 고려한 후 우선순위를 결정하는 방식.

풍력발전의 통합

풍력터빈은 2010년에 평균 공칭출력이 2MW로 공칭출력이 약 10MW에서 1,000MW를 넘는 전통적인 발전소에 비해 매우 작다. 그러나 풍력발전은 개별단위의 모듈방식 기술로 풍력발전소는 한 개의 풍력터빈 혹은 소규모 그룹 또는 수백 개의 풍력터빈을 보유하는 대형 풍력단지로 구성할 수 있다. 단일 풍력터빈과 소규모 그룹의 풍력발전단지는 지역에서 소비하기 위한 배전선로에 연결된다.

풍력발전의 가용성 또한 다르다. 바람의 에너지는 바람속도의 3제곱에 비례하기 때문에 풍력터빈의 출력은 바람이 불어올 때만 유효하고 바람속도에 따라 변한다. 이 의미는 풍력이 기저 전력이나 전력 제어 및 전력 최대치를 위하여 사용할 수 없다는 것으로 이를 대신하여 다른 발전소들은 풍력터빈의 실제 전력생산에 맞추어 전력생산량을 조절해야 한다.

풍력터빈은 바람의 에너지를 전기에너지로 변환하기 때문에 원료가 필요하지 않고 원료를 운송할 필요도 없다. 따라서 풍력의 비용은 세계시장에서 원료 및 원자재 가격에 의존하지 않는다. 풍력발전에 의해 생산된 전력이 배전망을 통해 원거리로 보내기도 하지만 일반적으로 바람은 지역에서 사용하기 위한 지역 에너지원이다. 재생에너지 중에서 풍력과 태양광은 이러한 자연 자산을 보유하고 있는 반면 바이오매스 등의 재생원료는 시장에서 거래되고 발전소로 운송해야 한다.

풍력발전은 다음과 같은 특성을 가지고 있다.

- 적당한 크기와 가격
- 모듈방식
- 간헐성
- 분산 발전
- 지역자원 활용
- 원료 시장(그리고 가격)에서의 독립성
- 원료 운송 없음
- 환경 유해물질 배출이 없음

이러한 특성은 전력시스템과 전 세계 에너지 생태계에서 풍력발전의 역할을 정의한다. 이러한 풍력발전의 특성과 영향이 전력시스템에 얼마나 적합한지를 살펴보자.

적당한 크기와 가격

풍력터빈의 적당한 크기와 가격은 법률에 따라 독립 전력생산자가 전력망에 연결될 수 있도록 허용함으로써 새로운 운영자가 전력시스템에 진입할 수 있는 기회를 열어준다.

모듈방식

풍력발전이 모듈방식이라 함은 하나의 풍력발전단지가 1개에서 수백 개의 풍력터빈으로 구성될 수 있다는 의미이다. 이러한 모듈방식은 원자력발전소에 비해 짧은 개발 기간과 함께 전력계통에 유연성을 준다. 그리고 수요변화에 대응하기 위한 전력생산을 쉽게 조정할 수 있다. 그러나 이러한 역할을 충족하기 위해서는 반드시 법률적, 정책적 시스템에 의해 부여되는 빠른 프로젝트 허가과정이 가능해야 한다.

간헐성

바람에 따라 전력생산량이 변동하는 간헐성에도 불구하고 전력망 운영자와 풍력터빈 제조사는 전력 시스템에 많은 풍력터빈을 연결할 수 있도록 하는 새로운 요구에 직면할 것이다. 풍력터빈이 전력시스템에서 높은 비율을 차지하려면 풍력터빈은 전력시스템의 안정화에 기여할 수 있어야 하고 안정된 전압과 주파수 제어를 위한 출력제어에 참여할 수 있어야 한다.

풍력에 의해 생산된 전기에너지의 가치는 수 시간 혹은 수일 전의 정확한 에너지 생산량 예측이 가능한 풍속예보에 의해 상승될 수 있다. 물론 풍속예보는 풍력터빈의 생산량에 영향을 미치지 않지만 상당한 경제적 가치를 가질 것이고 예측 생산량과 실제 생산량이 거의 동일하다면 전력 배분 계획과의 편차에 대한 페널티가 감소할 것이다.

분산발전

용량이 20~250kW 정도로 풍력터빈이 매우 작은 시절에 풍력터빈에서 생산되는 전력은 풍력터빈 근처에서 사용할 수 있는 지역 에너지를 생산하기 위한 것이 목적이었다. 심지어 오늘날 많은 풍력터빈도 여전히 같은 방식의 기능을 하고 있다. 이것은 전력계통 입장에서 전력망 손실(원거리 송전은 많은 손실을 유발함)을 줄일 수 있기 때문에 명백한 장점이 되며 풍력터빈의 최대 출력이 지역망의 최소 부하보다 작으면 풍력터빈의 모든 전력은 지역에서 사용될 수 있다.

대용량 및 상대적으로 일정한 출력이 요구되는 공장은 공장 내 부지에서 운영 가능한 풍력터빈으로부터 모든 전력을 사용할 수 있는데, 연중 매일 가동되는 일부 공장들은 공장 소유의 풍력터빈을 가지고 공장에서 사용되는 모든 전력을 직접 공급하고 있다.

지역자원 활용

풍력터빈은 지역바람 자원을 활용한다. 이것의 장점은 풍력터빈 운영기간 동안 원료 운송이 필요치 않다는 것이다. 따라서 많은 운송비용을 절약할 수 있고 운송 차량에 의한 유해가스 배출이 없다. 또한 지역 에너지 안보 차원에 장점이 있다.

원료 시장(그리고 가격)에서의 독립성

풍력발전은 석탄, 석유, 가스, 바이오매스 같은 원료를 사용하지 않으며 바람은 무료이기 때문에 전력생산비용의 예측이 가능하다. 개발에 필요한 자본과 운영 및 유지비용을 미리 알 수 있고 계약으로 정해져 있다. 이러한 속성은 에너지 안보의 또 한 가지 장점이다.

원료 운송 및 배출가스가 없음

이 두 가지 속성은 환경을 위한 장점인데 온실가스와 유해가스 배출을 줄인다. 온실가스 배출 감소는 정치적 의제이므로 이러한 속성은 정치가들에게 풍력자원을 도입하기 위한 동기를 부여하며 이로 인해 더 많은 풍력터빈이 전력시스템에 추가될 것이다.

▌기술적 허용

2005~2006년에 풍력발전은 전 세계 대부분의 전력망 운영자들에 의해 대형 전력계통 내 하나의 요소로 인정되었다. 그러나 풍력이 더 높은 보급 비율을 달성하기 위해서는 아직 충족해야 하는 몇 가지 요구사항들이 있으며 풍력터빈에도 필요로 하는 추가 장치들이 남아 있다. 스페인에서는 전력계통에 대규모 풍력발전 통합을 위한 기술이 이미 개발되어 적용되고 있으며 조만간 전 세계 나머지 나라에서도 사용될 것이다.

현재 남아 있는 풍력발전을 위한 기술적인 장벽들도 거의 해결되고는 있으나 향후의 풍력자원 및 전력 통합과 같은 지역 조건들이 남아 있고 이것이 다른 나라의 전력시스템에 통합할 수 있는 풍력 용량을 결정할 것이다.

전력시장

전력계통의 초기에는 각자 자신들의 전력망과 전압 레벨을 가진 전력회사들 간에 치열한 경쟁이 있었다. 시스템이 성장함에 따라 정치가들은 이러한 혼란에 질서 유지와 시장 규제가 필요함을 알게 되어 전력을 공공 서비스로 전환하였고 전력가격은 전력회사들과 정치가들 사이에서 논의되었다. 그 당시 전력의 공급과 분배는 엄격하게 국가에서 관리되었고 주정부에 의해 규제되어 공공 서비스와 국가 안보의 문제로 생각되었다. 그러나 현재 스웨덴 및 많은 나라에서는 전력시장the electric power market 규제가 완화되고 있으며 스칸디나비아의 Nord Pool과 같은 새로운 전력시장이 생기게 되었다.

▌시장 규제완화

1990년대 초반 유럽연합EU과 미국, 스웨덴 및 다른 나라들에서 전력시장 규제완화가 정치적 의제로 채택되었다. 규제완화 지지자들은 급진적인 정책 변화에 대하여 많은 논쟁을 벌였는데, 첫 번째 단계는 전력생산과 분배 및 거래를 분리하는 것이었다. 발전소는 경쟁을 해야 하고 전력가격을 낮추기 위한 비용절감에 대해 보상을 받도록 했다. 이를 통해 모든 전력생산자는 전력망에 자유롭게 진입할 수 있었고 결국 전력은 독립된 전력거래회사를 통해 전력생산자로부터 전력을 구매하고 소비자에게 판매할 수 있는 하나의 상품이 되었다. 마지막 단계는 열린 국제적 전력시장을 만들기 위해 지역 경계를 허물고 다른 나라와 지역 간 전력망을 상호 연결하는 것이었다.

규제완화 시장의 기본 원칙은 다음과 같다.

- 생산, 분배, 판매를 분리하고, 어떠한 회사도 한 개 이상의 권리를 갖지 않는다.
- 모든 전력생산자들은 기술적으로 문제가 없다면 전력망에 자유롭게 접속할 권리를 갖는다.
- 모든 소비자는 전력 판매를 하는 회사를 선택할 수 있다.

전력망 운영은 자연독점natural monopoly*으로 취급되고, 각 지역의 특정 전력망 운영자는 지

* 자연독점: 공공 서비스 산업 및 자연자원과 같은 규모의 경제로 인해 발생되는 독점으로, 자원을 미리 선점한 기존 기업들의 독점현상.

역 전력망 운영을 위한 독점권을 가진다. 이러한 권리는 공공기관에 의해 부여되고 이런 공공기관(국가)은 규정이 준수되고 전력망 요금이 합리적으로 책정될 수 있도록 관리한다.

전력시장에서 전력은 실제 물리적 전력과 직접적인 관련이 없는 하나의 상품이다. 스웨덴, 노르웨이, 영국 그리고 캘리포니아 같은 일부 미국의 주정부에서는 전력시장 규제가 완전히 철폐되었고 다른 나라들은 이제 막 규제완화를 시작하고 있거나 이러한 규제완화를 거부하는 나라들도 있다.

규제완화 과정에서 해결해야 할 중요한 사항은 누가 전체 전력시스템의 균형을 책임지고 어떻게 유지할 것인가이다. 전력시스템에서 수요와 공급은 항상 균형을 이루어야 하고 그렇지 않으면 전력시스템이 붕괴될 수 있다. 그러나 규제완화 이후에 캘리포니아의 전력 위기는 규제완화가 힘든 사업이라는 것을 보여주기도 한다. 그 당시 캘리포니아에서는 전력가격이 급등하였고 많은 거대전력회사Pacific Gas and Electric 등가 파산하였다. 이러한 상황을 피하기 위해서는 누군가가 전체적인 책임을 가져야 하고 생산자들에게 수요 균형에 필요한 전력을 공급하도록 명령을 내릴 법적인 권한을 가져야만 한다.

규제완화 과정은 계속될 가능성이 높고 이에 대한 규칙과 규정이 적절하게 조정된 경우에 효과가 있을 것이다. 그러나 이것이 최종 소비자를 위한 낮은 전력가격을 이끌지 여부는 확실하지 않다.

공공 서비스 시스템에서 실제 전력 판매 가격은 공급과 수요에 의해 결정된다. 수요가 증가하면 가격은 전력생산비용과 관계없이 상승할 것이고 수요가 감소하면 가격이 하락할 것이다. 그러나 전력회사들은 높은 가격을 유지하기 위해 낮은 공급을 할 가능성이 있다. 전력시장이 실제 제대로 작동할지 여부와 자유 경쟁하에 가격이 공정할지 여부에 대한 사항은 스웨덴에서도 공개 토론의 주요 문제로 다루어지고 있다.

스웨덴의 규제완화

스웨덴에서는 1996년 1월 1일에 새로운 전력법이 발효되었다. 일부 사람들이 말하는 것처럼 전력생산과 전력시장을 규제하는 법적인 틀이 존재하기 때문에 전력시장의 규제가 완화되거나 재조정되었다. 새로운 법과 함께 전력 판매 독점은 폐지되었고 전력거래는 경쟁체제가 되었다. 현재 모든 소비자는 전력을 구매할 수 있는 전력회사를 자유롭게 선택할 수 있게 되었고 전력의 생산, 거래 및 분배는 엄격하게 분리되었다. 이러한 일들은 이전에는 운영 지역 내에서 전력을 판매하고 분배할 수 있는 독점권을 가진 동일한 회사(지방 전력회사, 국영 기업, 개인 전력회사)에 의해 관리되도록 하였다.

새로운 전력법에 의하면, 전력의 거래는 전력거래회사에 의해서 수행되고 전력의 분배는 전력망 운영자가 담당한다. 따라서 많은 전력회사와 공기업들은 전력거래와 전력망 운영을 분리하여 다루기 위해서 연관된 개별 회사로 분리하였다. 모회사를 가진 이러한 회사들은 회계장부와 회계계정을 분리해야 하고 전력망 운영자와 전력거래회사 간 상호 자금 거래는 금지되어 있다.

전력망 운영은 새로운 회사가 경쟁하기 위한 전력망을 구축하는 데 많은 비용이 소요되고 무리가 있기 때문에 여전히 독점적이다. EMIEnergy Market Inspectorate에서 전력망 운영자에게 허가권을 발행하는데, 이 허가권은 특정 지역에서 전력을 배분하기 위한 독점 권한을 부여한다. 이를 통해 서비스 가격은 합리적이어야 하며 서비스 가격은 EMI의 감독을 받는다. 이렇게 하여 전력가격은 완전히 자유화되었고 전력가격은 전력시장에서 공급과 수요에 의해서만 규제되고 있다.

전력 소비자는 항상 두 가지로 분리된 계약을 체결해야만 한다. 하나는 전력을 구매하기 위해 전력거래회사와 체결하는 것이고 다른 하나는 전력을 최종 소비자에게 공급하는 전력망 운영자와 체결하는 것이다. 따라서 소비자는 전력 배분을 위한 전력망 회사와 전력을 판매하는 전력거래회사에 요금을 지불하게 되는데, 모든 요금에는 전력세금과 녹색인증 비용 및 25%의 부가가치세가 포함되어 있다.

전력망 사용료는 전력요금 명세서의 약 20%를 차지하고 전력 사용료와 세금은 각각 약 40%이다. 소비자가 다른 전력거래회사를 선택함으로써 변경될 수 있는 유일한 비용은 전력 자체의 가격으로 전력요금의 절반 미만이다.

▎스웨덴 인증시스템

스웨덴에서는 2003년에 신재생에너지 개발을 촉진하기 위하여 녹색인증제도green certificates system를 도입하였다. 풍력, 바이오매스, 수력과 같은 재생에너지원은 동일한 조건하에 서로 경쟁해야 하고 인증서의 가격은 인증서 시장에서 수요와 공급에 의해 결정되는데, 인증서의 비용은 소비자가 지불한다.

에너지 중심 산업은 인증서 구매 의무에서 제외된다. 그러나 만일 그들이 일부 재생에너지를 생산하거나 자체 공장에서 보유한 재생에너지를 사용하면 인증서를 받고 판매할 수 있다.

재생에너지를 생산하는 발전소는 EAEnergy Agency로부터 인증을 받아야 하는데, 다음에 열거하는 발전소들이 인증서를 취득하기 위한 등록이 가능하다.

- 모든 풍력터빈(크기에 관계없음)
- PV Cell 태양광발전
- 바이오매스를 연료로 사용하는 발전소
- 소규모 수력발전소(< 1,500kW)
- 신규 수력발전소
- 기존 수력발전소를 개선한 것
- 피트Peat를 연료로 사용하는 열병합발전소

재생에너지 생산자가 인증을 받고 등록이 되면 그들은 주정부로부터 연간 1MWh당 한 개의 인증서를 받는다. 인증서는 15년 동안 발행되고 스웨덴 국가 전력망Swedish National Grid은 발전소의 전력생산량을 모니터링한다.

모든 전력거래회사는 법률에 따라 고객에게 판매하는 전력 중에서 재생에너지에 대한 특정 비율의 할당량을 가지고 있는데, 전력거래회사는 전력생산자로부터 인증서를 구매하여 이러한 비율을 확보할 수 있다. 이러한 인증서 비용은 최종 소비자에게 넘어간다. 재생에너지 할당량의 크기는 의회에서 결정되고 재생에너지 수요를 증가시키기 위해 할당량은 해마다 증가한다. 만일 정책 목표를 달성하지 못하면 인증서 수요를 증가시켜서, 인증서 가격 상승을 유도하기 위해 정책목표는 수정될 수 있다.

전력거래회사들은 그들의 할당 의무를 만족하지 못하면 페널티를 부여받는다. 인증서는 매년 발행되나 인증서를 어떤 특정 연도에 판매할 필요는 없다. 노르웨이는 2012년 초부터 녹색 인증제도를 시행 중이다.

Nord Pool 북유럽 전력시장

스웨덴, 덴마크, 노르웨이 그리고 핀란드와 같은 북유럽 나라들은 공통 전력계통망과 전력시장을 가지고 있다. 이것이 나스닥Nasdaq OMX그룹이 관리하는 Nord Pool이다.

이 전력시장에는 6종류의 구성원이 있다.

- TSO: 전력망에 대한 전체적인 책임을 가지고 고전압 송전망을 소유하고 운영
- 생산자: 발전소 소유 및 운영자
- 매매자: 생산자로부터 전력을 구매하여 소비자에게 판매하는 회사
- 중개자: 생산자와 매매자 사이에 전력거래를 중재하는 회사
- 소비자: 전력의 최종 소비자
- 전력망 운영자: 전력 소비를 모니터링하고 보고하는 회사

이들이 어떻게 상호 교류하는지는 그림 5.6에서 보여주고 있다.

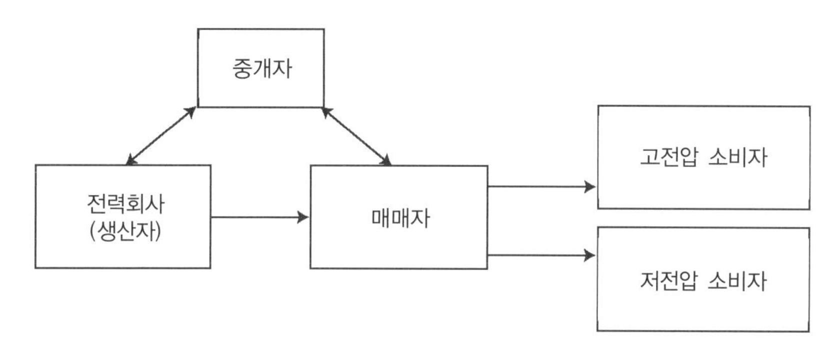

그림 5.6 거래시스템의 흐름. 전력시장의 모든 전력은 거래회사를 통해야만 한다. 전력생산자들은 최종 소비자에게 전력을 판매하는 거래자에게 전력을 판매한다. 가끔 전력가격은 중개자를 통해 협상이 된다. 계약은 Nord Pool에서 시간별 현물가격을 기반으로 하거나 월별 평균가격을 기반으로 할 수도 있고, Nord Pool의 미래 예상 가격을 기반으로 1~3년 계약을 할 수도 있다.

Nord Pool 현물시장에서 전력가격은 수요를 만족시키는 데 사용된 전력 중 가장 비싼 전력의 한계 비용으로 결정된다. 전력생산자는 그들이 송전할 수 있는 전력량과 가격으로 Nord Pool에 24시간 전에 입찰서를 제출한다.

일반적으로 수력, 풍력과 같이 한계 비용이 낮은 입찰서가 먼저 채택되고 다음으로 비싼 입찰서가 수요를 맞출 때까지 계속 선택된다. 모든 전력생산자에게는 사용될 전력 중 가장 비싼 전력가격으로 모두 동일하게 지급된다(그림 5.7 참조).

전력가격은 몇 가지 요소에 영향을 받곤 하는데 공급 측면에서는 단기 날씨변화가 많은 영향을 미친다. 수력발전의 경우는 해마다 큰 차이를 보이는 연간 강수량이며, 풍력발전의 경우 실시간 바람이 문제이다. 따라서 풍력의 경우 적합한 바람 예보 모델을 개발하기 위해 많은 노력

이 이루어지고 있다. 또한 연료가격은 화력발전으로 생산되는 전력가격에 영향을 미친다.

수요 측면 또한 온도와 바람과 같은 날씨가 많은 영향을 미치는데, 특히 많은 전력이 난방으로 사용될 때 이러한 영향 요소들이 얼마나 많은 수요가 발생할지를 결정하게 된다. 국제 경제 상황과 산업체의 전력수요 또한 중요한 역할을 한다. 전력생산자와 소비자의 차이는 전력생산자들은 만일 그들이 다른 전력시장에 진입할 수 있다면 다른 전력시장에 전력을 판매할 수 있는 선택권이 있으나 전력 소비자는 그러한 선택권이 없다(그림 5.8 참조).

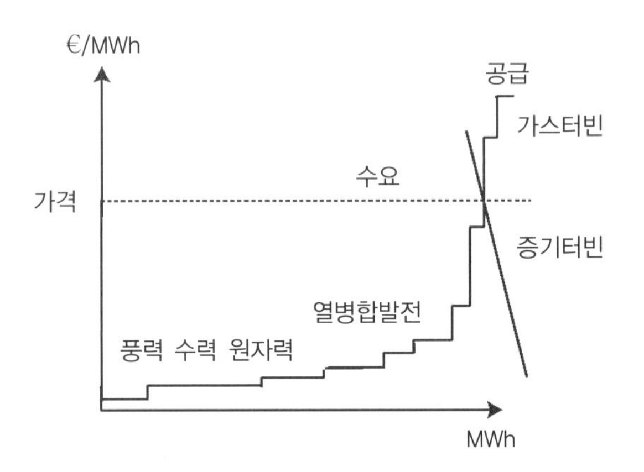

그림 5.7 전력교환을 위한 수요와 공급곡선. 수요가 증가하면 전력가격도 상승한다. 이것은 메리트오더(merit-order)방식을 따르는데, 낮은 가격의 발전소(풍력, 수력, 원자력발전)가 우선 사용되고 높은 가격의 발전소(열병합 발전, 가스터빈)는 수요와 공급이 같을 때까지 추가된다. 모든 전력생산자들은 전력생산과 공급에 대해 동일한 가격(점선)을 지급받는다(Poru, 2010).

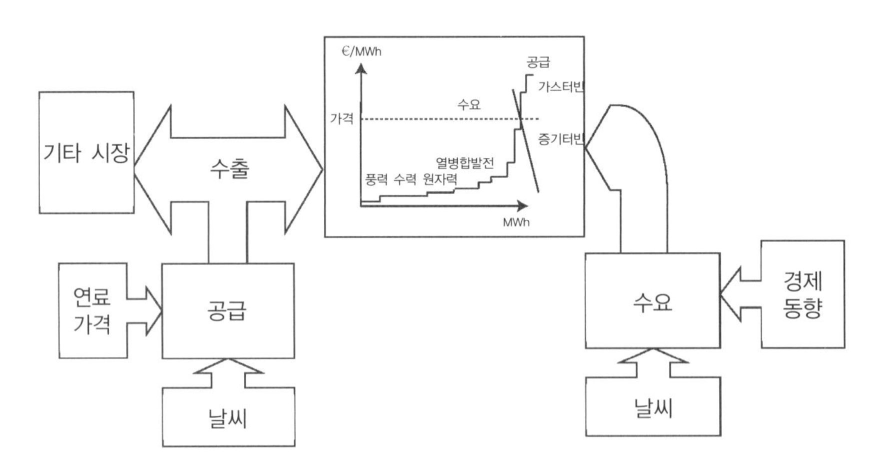

그림 5.8 Nord Pool 전력가격에 영향을 미치는 요소. 전력수요는 일일, 주간, 계절별 패턴에 따라 변화한다. 전 세계 경제동향과 날씨 조건의 변화가 수요에 영향을 미친다. 공급 측면에서는 풍력과 태양광인 경우 날씨조건이 생산에 직접적인 영향을 미치며 수력은 계절변화에 영향을 받는다. 전 세계 시장의 연료 가격과 수출시장의 가격 수준은 Nord Pool 전력시장 전력공급에 영향을 미친다.

규제 전력시장

만일 계획된 전력생산과 공급이 실제 전력수요를 맞추지 못하면(24시간 전에 미리 예측됨) 전력생산의 증가 및 감소에 대한 규제를 해야 하는데, 이러한 요구를 해결하기 위해 규제 전력시장regulating power market이 있다.

송전망 운영자TSO와 전력 균형 협약을 체결한 발전회사 혹은 대형 소비자와 같은 전력균형 책임기관BRP: Balance Responsible Player들은 규제 전력시장에 규제 전력을 입찰한다. 그리고 송전망 운영자는 전력계통망의 불균형에 따라 예비전력 사용 여부를 결정한다. 전력망 내에 전력이 부족할 경우 규제 전력시장에 입찰서를 제출한 발전사들은 입찰한 전력을 공급할 수 있고 가장 낮은 가격으로 입찰한 발전회사가 공급 1순위가 된다. 만일 전력 과잉이 발생하면 전력회사들은 전력생산 감소에 따른 비용을 보상받는다. 규제 전력시장 운영 종료 후 모든 BRP에 대해 전력망 불균형에 대한 계산이 이루어지고 국가에서 제정된 규정에 따라 요금이 부과된다.

전력시장

Nord Pool 전력시장의 운영방식은 트론하임Trondheim 대학교의 이바 반젠스틴Ivar Wangensteen이 저술한 전력시스템 경제학(『Power System Economics: The Nordic Electricity Market』, Wangensteen, 2007)에 자세히 설명되어 있다.

반젠스틴은 이 책에서 규제완화 전후의 전력시장을 설명하였는데, 주로 경제적 측면에 초점이 맞추어져 있으며 Nord Pool 현물시장과 균형시장에서 가격 계산에 사용되는 다른 모델들을 설명하고 있다. 또한 인증시스템에 대한 설명과 분석도 하였으며 북유럽 전력시장을 중심으로 설명하고 있으나 대부분 노르웨이 사례를 이야기하고 있다. 그러나 이 책은 일반적인 전력시스템에 관한 경제학을 다루고 있다.

전력은 규제완화를 통해 물리적 요소와 경제적 상품으로 분리되었다. 따라서 전력은 다른 상품들처럼 취급되고, 전력가격은 전력시장에서 수요와 공급 사이의 균형을 반영하여 결정된다.

그러나 반젠스틴은 전기가 대부분의 다른 상품들과는 다른 아래와 같은 특징을 가진다고 지적하고 있다.

- 실시간 균형: 전기의 생산과 소비는 동시에 발생하고 연속적으로 이루어진다. 수요와 공급은 항상 균형을 이루어야 한다.

- 저장할 수 없음: 전기는 경제적인 방법으로 대용량 저장이 불가능하다.
- 소비 변동성: 소비는 낮과 밤, 주간, 월간, 연간 패턴에 따라 달라진다.
- 생산 변동성: 일부 재생에너지 발전소의 생산 또한 변한다. 풍력은 바람속도에 따라 달라지며, 수력발전소의 잠재적인 생산량은 연간 및 계절별 강수량에 따라 달라진다.
- 비추적성: 특정 발전소로 되돌아가는 전력 단위를 추적할 수 없다.
- 소비자 의존성: 전력은 가정, 회사 및 대부분의 활동영역에 필수적인 요소이다. 전력이 끊기면 엄청난 경제적 손실을 초래하는 심각한 결과를 가져온다.
- 총체적 책임: 모든 전력계통망에는 전력망의 전체적인 책임을 지는 송전망 운영자TSO가 반드시 있어야 한다.
- 비非실시간 시장: 전기를 위한 실시간 시장은 없을 수 있다. 전력가격은 사용 전 혹은 사용 후에 결정된다.

반젠스틴은 전력가격을 y축에 두고 수량은 x축에 두는 전통적인 시장가격모델을 사용하였는데 여기에는 공급곡선과 수요곡선이 있고 이 두 곡선이 만나는 지점에서 가격이 결정된다. 이것을 마샬의 수요-공급 곡선Marshallian supply-demand cross이라고 한다. 이것은 동시균형상태라고도 하는데, 이 이론에 따라 사회문제에 대한 최적의 해결책을 제시하고 경제적 효율성과 사회복지를 극대화하는 데 사용된다. 그러나 이것은 완벽한 시장조건이 존재하는 경우에만 발생한다.

완전 경쟁을 위한 전제조건

완전시장 조건의 의미는 많은 독립적이고 경쟁적인 전력생산자가 있어야 하고 소비자들은 그러한 전력시장에 대한 모든 정보에 접근할 수 있어야 한다. 또한 완벽한 경쟁 시장을 확보하기 위해서는 다음 조건들이 만족되어야 한다.

- 각각의 시장 참여자들은 시장가격에 영향을 미치는 정도가 매우 작아야 한다. 즉, 모든 시장 참여자들은 모두 가격수용자가 되어야 한다.
- 모든 시장 참여자는 경제적으로 합리적이어야 한다. 생산자는 최대의 이익을 얻어야 하고 소비자는 전력을 최대한 활용할 수 있어야 한다.
- 모든 시장 참여자는 가격 등에 대한 완벽한 지식을 가지고 있어야 한다.

• 시장에 자유롭게 참여할 수 있어야 한다.
• 거래에 대한 비용이 없어야 한다.

이 이론에 따르면 완전시장에서 가격은 단기한계비용STMC: Short-Term Marginal Cost을 반영해야만 한다. 외부 비용이 없다면 이것은 최대의 경제적 이득을 얻을 수 있다. 그러나 일부 비효율적인 원인들이 있는데 구식기술과 인원과잉, 관리 소홀에 기인한 내부적인 비효율이다. 시장의 비효율이란 그 가격이 한계 비용과 한계지불 의사를 반영하지 않았다는 의미이다.

비효율의 다른 원인은 시장을 주도하는 힘에 의한 완전하지 않은 경쟁이다. 전력시장에서 참여자 중 하나가 가격을 결정하는 데 많은 영향을 줄 수 있다면 그 하나의 참여자 이익이 증가할 수 있다. 불완전 경쟁의 단순한 경우가 독과점이다. 독과점을 가진 생산자는 시장에서 주문되는 수량에 의하여 가격을 조절할 수 있다. 이렇게 되면 생산자는 가격수용자가 아닌 가격결정자가 되기 때문에 생산자는 생산량으로 가격을 조절하려고 할 것이다.

만일 하나 이상의 공급자가 더 있다면 그들 중 일부가 시장가격에 영향을 줄 수 있는 가능성이 있다. 이것은 과점모델(소수독점모델)oligopoly model로 설명되는데 1983년 프랑스 경제학자인 앙투엔 코르노Antoine Cournot에 의해 제시되었다.

이 과점모델은 아래의 두 가지 전제조건을 기반으로 하고 있다.

• 생산자들은 수요곡선을 안다.
• 모든 생산자들의 공급은 알려진 다른 생산자들의 공급에 의해 조절된다.

이러한 전제조건이 이행되면 모든 생산자들의 이익을 극대화하는 것은 쉬워진다. 바젠스틴에 의하면 북유럽 전력시장은 과점시장이다. 이 시장에는 소수의 대형 생산자Vattenfall, Fortum, Eon, Statkraft, Dong들이 있으며 이들 기업들은 상호 간에 상당량의 주식을 소유하여 상호 소유권을 가지고 있다. 이들 회사들은 높은 전력가격을 유지하기 위한 공통적인 관심사를 가지고 있다.

소비자 반응

모든 자유시장에서는 가격이 상승하면 수요가 감소한다. 그러나 소비자의 반응(수요)은 빠르거나 느릴 수 있다. 이러한 수요와 가격 사이의 반응을 가격탄력성이라 한다.

가격 변화에 따른 소비 민감도와 같은 가격탄력성은 전력시장에서는 낮다. 이것은 소비자 유형과 나라마다 다르게 나타날 것이다. 또한 이것은 단기탄력성과 장기탄력성 사이에서도 다르다. 단기 가격탄력성은 전력요금 청구가 월간 평균가격으로 청구되기 때문에 나타나지 않는다. 즉, 시간당 전력가격이 높을 때에 맞춰서 전력소비를 줄이지는 않는다.

장기탄력성인 경우에는 수많은 요소가 포함되어 있기 때문에 신뢰할 수 있는 데이터를 얻기가 어렵다. 그러나 1980년대에 유가상승으로 인해 석유에서 다른 열원으로의 변화, 그리고 지난 몇 년간 전열기에서 열 펌프로 대체되면서 전력수요가 감소하는 등 몇 가지 명백한 변화 경향이 있다. 이는 미래의 전력가격 상승과 예상되는 높은 가격에 대한 반응, 즉 장기 가격탄력성의 예이다.

▎시장가격

규제완화 이후 전력시장의 가격은 더 불안정해졌다. 규제완화 이후 첫해에는 전력가격이 떨어졌고 2000년까지 낮은 수준을 유지하다가 이후 가격이 상승하였는데, 2012년은 급격히 하락하였다(그림 5.9 참조).

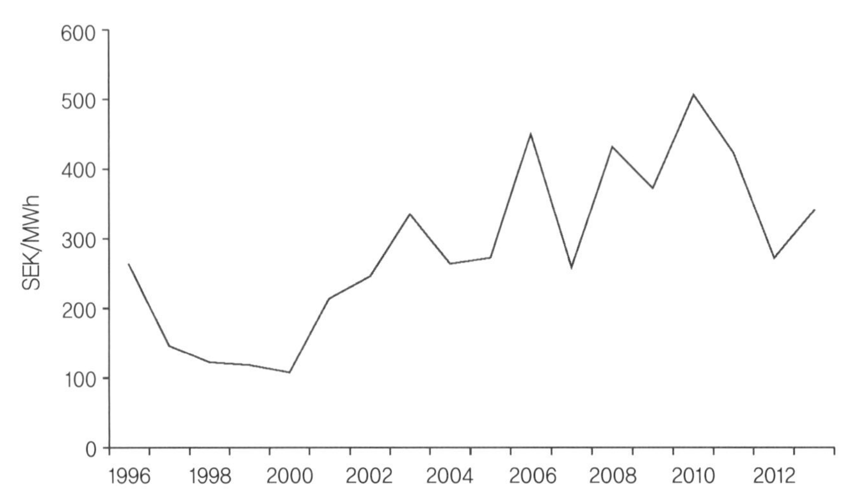

그림 5.9 Nord Pool 현물시장에서의 연평균가격(1996~2013). 연평균가격이 100~500SEK/MhWh 정도 변하고 있으나 연도별 불안정성은 훨씬 크다.

인증서 가격 또한 불안정하였다. 인증제도 도입의 정당성은 주정부 예산으로 보조금 지급을 대체하기 위한 것인데 이러한 보조금은 시장 기반에서 소비자가 부담하고 있다. 그러나 인증서 가치는 수요할당량과 최대 가격이 의회에서 결정되기 때문에 정치가들에 의해 정해지고 관리되고 있다.

이러한 시스템이 올바로 동작하면 인증제도는 재생에너지와 풍력개발을 촉진하거나 제한하는 데 사용되는데, 이 제도가 도입된 이후 수요와 가격을 증가시키기 위해 몇 번의 할당량 변경이 있었지만 여전히 인증서 가격은 매우 불안정하다(그림 5.10 참조).

그림 5.10 녹색인증서 가격(2003~2013). 연평균가격이 200~300SEK/MhWh 정도 변하고 있으나 연도별 불안정성은 훨씬 크다.

풍력발전 생산자들은 불안정한 가격을 가진 전력시장과 인증서 시장, 이 두 개의 시장에서 수익이 발생하는데 전력가격과 인증서 가격이 동시에 낮아질 때 경제적으로 어렵게 되고, 풍력에 투자하는 것은 높은 위험성을 가지게 된다.

▎전력시장 가격에 미치는 풍력발전의 영향

풍력발전이 경쟁력을 갖기 위해서는 일부 경제적 지원이 필요함에도 불구하고 풍력발전으로 인한 전력가격에 미치는 영향은 정반대이다. 즉, 전력계통에 더 많은 풍력발전을 연결함으로써 전력시장에서 현물가격을 낮출 것이다. 이것은 메리트-오더 효과MOE: Merit-Order Effect에 의한 것으로 이러한 효과는 많은 학술 논문에서 다루어졌으며 EWEAEuropean Wind Energy Association 자문회사에 의해 검토되었다. 이들의 결론을 보면 풍력보급의 증가는 도매 현물가격을 낮출 것이며, 소비자는 낮은 전력요금을 지불할 것이라고 하였다. 다른 연구에 의하면 풍력발전은 Nord Pool 현물시장에서 도매 전기가격의 하루 중 변동폭을 감소시킨다고 하였다.

▎남은 장벽

전력시장을 규제하는 법률은 나라마다 다르다. 각 나라들은 각자의 법률을 가지고 있으나 유럽연합EU의 경우 모든 회원국에 반드시 적용해야 하는 규정과 권장 사항이 있다. 그렇지만 EU 규정을 적용하기 전에 각 나라의 법률로 조정된다. EU는 전력시장 규제완화와 나라 간 자유로운 전력거래가 가능하도록 결정하고 있고 일부 국가들은 이미 그 나라의 전력시장을 완화한 반면 일부 나라들은 이러한 과정을 시작하는 데 어려움을 겪고 있다.

규제완화 시장에서 전력생산, 전력거래, 전력공급은 완전히 분리되어야 하고 이것은 서로 독립된 다른 회사들에 의해 수행되어야 한다. 그러나 많은 국가에서 주정부가 소유하거나 전력시장에서 독점적인 거대 전력회사들이 존재한다.

규제완화 시장에서 모든 전력생산자들은 기술적으로 가능하다면 그들의 발전소를 전력망에 연결할 수 있는 법적인 권한을 갖는다. 그러나 몇몇 나라에서 전력망을 운영하는 전력회사들이 독립 전력생산자들의 풍력터빈을 그들의 전력망에 접속하는 것을 꺼리고 있다. 이러한 전력망 접속은 종종 풍력터빈에 대한 매우 엄격한 기술요구 사항을 도입함으로써 방해받고 있는데, 유럽 풍력에너지협회EWEA는 아래와 같이 이러한 상황을 설명하고 있다.

> 그리드 코드grid code와 기타 기술요구 사항들은 실제 요구되는 기술사항이 반영되어야 하고, 독립적이고 편견 없는 통합 전력망 운영자, 풍력에너지 종사자와 독립 규제기관의 협력하에 개발되어야 한다. (중략) 그리드 코드는 많은 비용이 소요되며 끊임없이 변화하는 요구사항을 포함하고 또한, 풍력발전 사업자와 직접적으로 경쟁하는 거대 통합 전력회사들에 의해 매우 불투명한 방식으로 개발되고 있다(EWEA, 2005: 90).

전력망 용량은 풍력을 개발하는 데 제한요소가 될 수 있으므로 대형 풍력발전 사업을 위해서는 전력망에 대한 많은 투자가 필요하고 전력망 보강이 필요하다. 이러한 투자를 풍력발전 개발자가 감당해야 하는지 혹은 전력망 운영자가 감당해야 하는지에 대한 질문은 적어도 이에 대한 법률상 엄격한 규정이 없는 나라에서는 지속적으로 논란이 되는 문제이기도 하다.

:: 참고문헌

Blomqvist, H. (2003) *Elkraftsystem*. Stockholm: Liber.

EWEA (2005) *Large scale Integration of Wind Energy in the European Power Supply*. Brussels: EWEA.

Holttinen, H. (2005) *The Impact of Large scale Wind Power Production on the Nordic Electricity System*. Helsinki: VTT Publications.

Pöyru (2010) *Wind Energy and Electricity Prices: Exploring the 'Merit Order' Effect*. Brussels: EWEA

Söder, L. (1997) *Vindkraftens effektvärde*. Elforsk Repport 97: 27. Stockholm: Elforsk.

Wangensteen, I. (2007) *Power System Economics: The Nordic Electricity Market*, Trondheim: Tapir Academic Press.

CHAPTER 06
사업 개발

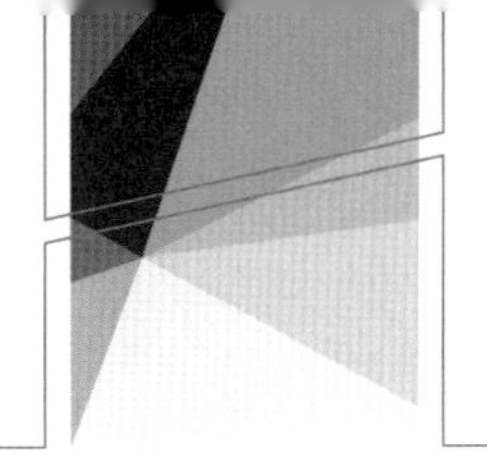

CHAPTER 06

사업 개발

풍력사업을 개발하는 과정은 전제조건에 따라 변할 수 있는 많은 단계, 즉 계획, 허가의 획득, 협약과 계약, 자금조달, 풍력발전기의 설치 및 운전을 포함한다. 타당성 조사 시 개발자는 각 단계에서 사업을 계속 진행할 가치가 있는지, 아니면 초기 단계에서 끝내고 개발하기에 더 좋은 사이트를 찾는 게 좋은지를 결정해야 한다. 관계 당국의 요구사항 역시 만족돼서 필요한 허가가 취득되고, 은행권과 투자자들에게 상당한 신뢰를 줄 만큼 충분한 예측 발전량의 문서화가 돼 있어야 한다. 풍력발전단지 개발 여부는 경제성 분석 결과에 좌우된다. 만일 전제조건이 충분히 좋으면, 풍력발전단지는 효율과 출력을 최적화하고, 동시에 환경에의 영향은 최소화하여 설계해야 한다(그림 6.1 참조).

사업 관리

풍력사업이 어떻게 관리되어야 할 것인가는 누가 사업 책임자인가에 따라 다르다. 만일 대기업이 풍력에 투자하고 있다면, 그 기업 관리부서는 풍력발전단지를 개발하는 일을 기술 컨설팅 회사, 즉 경험이 많은 풍력개발업체에 줄 것이다. 또 다른 선택사항은 어떤 개발업체 또는 어떤 제조사에 턴키turnkey 풍력발전단지를 주문하고, 선정된 계약자에게 그 풍력발전단지를 개발하는 일을 주는 것이다. 그 단독 계약자의 책임은 명확하다. 그는 풍력발전기, 기초, 진입로와 전력망 연결을 포함하는 완성된 턴키 풍력단지를 넘겨줄 책임이 있다.

만일 어떤 회사의 사업전략이 풍력단지를 개발하고 운영하는 것이라면, 그 회사는 그 사업을

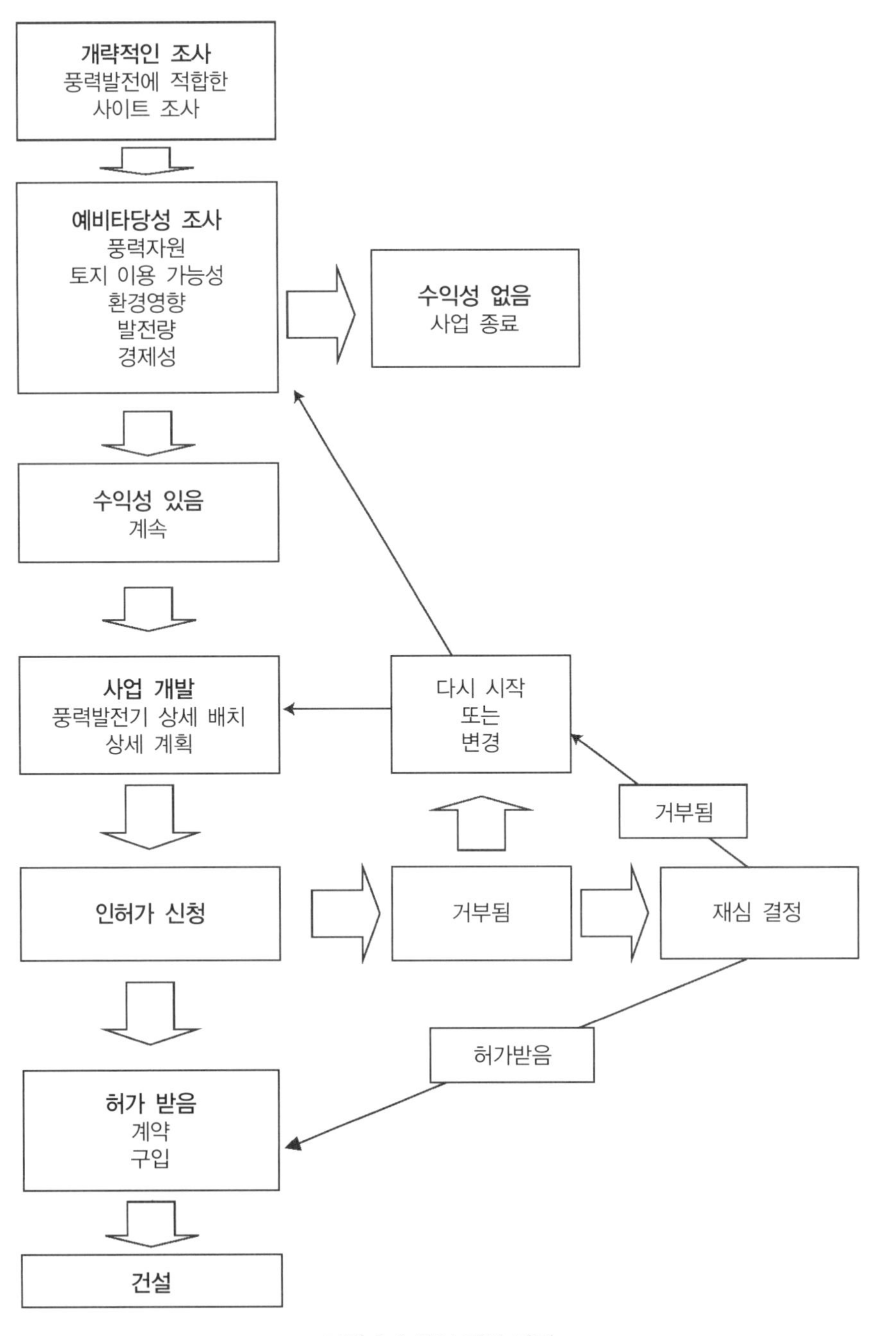

그림 6.1 사업 개발 과정

자기 회사 직원을 시켜 관리할 것이고, 필요시 외부 전문가 및 하청회사를 고용할 것이다. 그 회사는 사업 자금을 조달할 것이고 은행에서 대출협상을 해야 하고 자기자본을 늘려야 한다.

만일 새로운 회사가 풍력개발을 위하여 만들어지면(예를 들면, SPC(특수목적법인)), 그 공동사업자들은 적합한 사업모델, 사업 관리자, CEO를 선택해야 하고, 그 첫 사업이 개발되고 팔릴 때까지 전문가를 고용하고 그 벤처기업에 자금을 공급하기 위한 초기 투입자본을 높여야 할 것이다.

사업 개발을 관리하는 것은 복잡한 업무이다. 상세한 사업 계획 및 스케줄을 짜야 한다. 첫째로 그 사업이 잘 될지에 관한 타당성 연구가 수행되어야 한다. 사업을 계속할 것을 결정했을 때, 그 개발은 3단계로 구성된다. 즉, 건설 전, 건설 그리고 운영 단계이다(그림 6.2 참조).

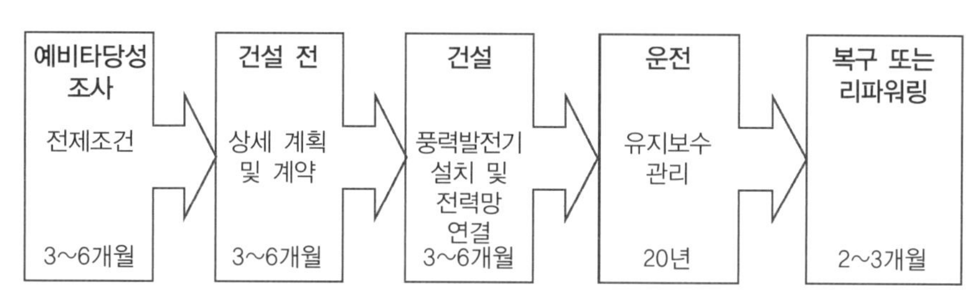

그림 6.2 풍력 프로젝트의 개발 과정

풍력을 위한 좋은 사이트 찾기

그 사업이 하나 또는 복수의 풍력발전기이든지 혹은 특정 영역 (나라, 지자체, 시) 내에 풍력단지를 건설하든지 간에, 그 첫 번째 단계는 적합한 사이트를 찾기 위해 그 지역을 둘러보고 타당성 연구를 하기에 가장 좋은 사이트를 선택하는 것이다. 성공적인 풍력사업을 위한 가장 중요한 전제조건은 그 사이트에서 우수한 바람조건이다. 이를 파악하기 위하여 첫 번째 단계에서 그 지역의 풍력자원지도를 조사해볼 필요가 있다. 만일 풍력자원지도가 없다면, 기상청 바람 데이터를 분석해서 바람조건에 관한 정보를 알 수 있다.

장기간 바람조건, 지역바람기후regional wind climate를 찾아서 평가해야 한다. 이는 최소 10년간 풍속의 빈도분포에 대한 평균풍속을 의미하고, 이 경우 바람의 질, 즉 난류강도 정보가 있으면 더 좋다. 가장 중요한 면은 물론 풍력자원이다. 그러나 작은 산, 건물과 식생 같은 지역적인 조건이 바람에 영향을 미치므로, 특정 사이트에서 풍력발전기가 얼마나 많은 전력량을 생산할 것인가에 관한 더 자세한 계산을 할 때, 이러한 지역 조건이 고려되어야 한다. 풍력터빈이 사이트에 운송되고 전력망에 연결되어야 한다. 기존 도로와 항구까지의 거리, 진입로 건설비용, 설계에 영향을 미치는 지반 조건, 그리고 풍력발전기 기초비용, 또 송전선까지의 거리 역시 사이트 평가에 고려되어야 한다. 풍력발전기가 설치될 때, 근처 주민들에게 피해가 가지 않아야 한다. 허용할 수 있는 최대 소음 수준(단위: dBA)에 대한 법 규정과 조례에서는 사이트 근처 건물로부터의 최소 이격거리를 정의하고 있다.

풍력발전기를 설치하려면 당국으로부터의 허가가 필요하다. 각 나라는 허가취득을 위한 법 규정과 조례를 마련해놓고 있다. 당국은 풍력발전기들이 분쟁의 원인이 되거나 분쟁에 개입하는지 항시적으로 점검한다. 그러므로 풍력개발자가 잠재적인 사이트에 이해관계가 충돌하는 사안이 있는지 검토할 필요가 있다. 이러한 사안에는 항공기 운항(풍력발전기는 매우 높음), 군사시설(레이다, 무전 연결 등), 자연보호구역, 문화재보호구역 등이 있다. 풍력개발을 하기에 좋은 사이트는 풍력자원이 우수할 뿐만 아니라 도로상태, 전력망, 그리고 강한 이해관계의 충돌이 없는 사이트로 정의된다.

예비타당성 연구

우수한 풍력자원을 가질 것으로 판단되는 사이트가 발견됐을 때, 첫 번째 할 일은 풍력자원을 실제적으로 계산해보고 검증하는 것이다. 풍력자원지도는 저해상도(흔히 1km × 1km 격자)로 만들어져 있어서 특정 사이트에서의 풍력터빈의 발전량을 계산하는 데에 사용할 수 없다. 그러나 바람지도wind atlas 방법 같이 이러한 계산을 하는 다른 방법이 있다. 대형 프로젝트에서 계획된 풍력터빈의 허브높이에서의 바람측정을 위하여 흔히 바람측정마스트(기상탑)를 사용할 필요가 있다. 그러나 예비타당성 연구에서 그 프로젝트를 실행할 가치가 있다는 결론에 이를 때까지 기상탑은 설치되지 않는다. 바람 데이터는 경제성 분석을 위하여 필요하고, 그 프로젝트에 금융지원을 해주는 기관들은 흔히 해당 사이트에서 측정된 바람 데이터를 요구한다. 그러나 예비타당성 연구에서는 어떤 사이트를 평가하기 위한 첫 단계로 바람지도 계산 값이 사용될 수 있다.

풍력을 위한 다음과 같은 다른 전제조건들 또한 검토되어야 한다.

• 토지: 누가 그 지역에서 그 토지를 소유하고 있나? 그 토지 소유주는 풍력발전기를 위하여

토지를 빌려줄 의향이 있는가?

- 전력망: 적당한 거리 안에서 풍력발전기들을 연결할 용량을 갖는 전력망이 있는가?
- 이해관계: 군사시설, 공항, 자연보호구역 또는 그 프로젝트를 중단시킬 수 있는 다른 요인이 있는가?
- 허가: 필요한 허가를 합리적으로 얻을 수 있는 기회가 있는가?
- 이웃, 마을: 소음과 그림자 피해가 마을 주민들에게 미치지 않는가? 이러한 피해를 피할 수 있도록 풍력발전기들을 배치할 수 있는가?
- 지역 주민들의 지지: 지역 주민들이 해당 지역에 풍력단지를 개발하는 것을 지지하는가?

풍력단지를 위한 토지

농업 지역에서 농부들은 보통 그 토지를 소유하고 있다. 이 경우 풍력터빈을 설치하기 위한 토지를 임대하거나 팔 준비가 된 토지 소유주를 찾을 수 있을 것이다. 그 토지에서 그 전처럼 경작되겠지만, 추가적인 수익을 올릴 수 있을 것이다. 토지에서 작물뿐만 아니라 바람도 수확할 수 있다. 즉, 공중에서 돈을 버는 것은 보통 괜찮은 사업 아이디어로 간주된다. 다른 경우에 회사, 당국 또는 지자체가 그 토지를 소유할 수 있고, 토지 소유권에 관한 정보는 토지대장에서 찾아볼 수 있다. 토지 소유주들이 자기 토지에 풍력발전기가 설치되도록 개발자와 접촉하는 일이 흔하다.

풍력발전단지를 건설하고 운영할 수 있도록 진입로가 필요하므로 토지 소유주와 초기단계에 협약을 체결하여야 한다. 만일 여러 토지 소유주가 관련되어 있으면, 비록 토지임대차계약이 개별적일지라도 공통적인 협약이 체결되어야 한다. 토지임대차계약은 예비타당성 연구 기간 동안에 이미 체결될 수 있고, 그 계약에는 그 프로젝트가 실현될 때 발효될 것이라는 조항이 있으면 된다.

전력망 연결

전력선은 보통 지도에 표시되어 있으므로, 풍력발전기로부터 전력망까지 거리를 예측하기는 쉽다. 그러나 전력망에 연결될 수 있는 풍력발전설비 용량에 관한 한계를 전압 레벨이 결정하기 때문에 전압 레벨을 아는 것 역시 필요하다. 약간의 기술적인 인자(전력선 치수, 전압 레벨, 전력조류, 가장 가까운 변전소까지의 거리, 도로 등)를 고려해야 하는데, 전력 엔지니어만이 이러한 계산을 할 수 있다.

그러나 몇 MW 풍력발전설비 용량이 어떤 전압 레벨을 갖는 전력선에 연결될 수 있는가를 알 수 있는 대략적인 방법들이 있다. 그러한 방법들 중 하나는 전력망 연결 용량은 전압 레벨의 제곱과 함께 증가한다는 것이다. (전압 레벨이 두 배로 될 때, 풍력 용량은 네 배로 증가된다.) 예를 들면, 약 3.5MW의 풍력 용량이 10kV 전력선에 연결될 수 있고, 15MW가 20kV 전력선에, 60MW가 40kV 전력선에 연결될 수 있다. 전력선의 끝과 가까운 것보다 변압기에 가까운 것이 더 많은 풍력발전으로부터 생산된 전력을 연결할 수 있다. 기술적인 규정, 소위 그리드 코드grid code 역시 있다. 그러나 국제 수준에 적합한 규정은 없다. 이러한 정보를 정확히 얻기 위해서는 전력 운영자와 상의하는 것이 가장 좋다.

상반되는 이해관계

풍력 프로젝트가 소위 상반되는 이해관계에 의해서 중단될 확률이 있다. 첫 번째로 검토해야 할 것은 풍력발전기가 영향을 줄 수 있는 군사시설이 사이트 가까이에 있는지를 살피는 것이다. 레이다 또는 신호 감시, 무전 통신 연결 및 비슷한 장비를 갖는 군사시설은 기밀이므로 이러한 것들은 지도에 나타나지 않는다. 개발자는 적당한 군 관계자와 접촉하고 해당 사이트의 풍력터빈들이 이러한 군사시설에 방해가 되지 않는지 문의해야 한다. 만일 방해가 된다면, 그 프로젝트는 추진될 수 없을 것이다. 이러한 경우에 개발자는 군 관계자에게 군사시설에 방해되지 않을 사이트를 제안하도록 요청할 수 있을 것이다.

풍력발전기는 높은 구조물이므로 항공기에 위험하게 서 있을 수 있다. 특히 가까이에 공항이 있다면 그럴 수 있다. 공항으로부터 항로 가까이에 얼마나 높은 구조물이 허용되는지에 대한 엄격한 규정이 있다. 이러한 규정은 국가 항공 당국으로부터 얻을 수 있다. 항공 교통을 위한 항공장애 경고 등에 대한 규정과 규칙 역시 있다. 이러한 규정과 규칙은 풍력터빈들의 높이에 따라 다르다.

여러 나라에서 국립공원, 자연보호구역, 조류보호구역 등과 같은 자연이나 문화재를 보호하기 위하여 국내 또는 국제적인 고려사항을 분류해놓은 지역이 있다. 이러한 지역 그리고 때때로 이러한 지역 근처에서 풍력발전기 설치를 위한 필요한 허가를 얻기는 어려울 것이다. 보호구역은 보통 공공 지도에 표시되어 있다.

인허가

건설될 수 없는 프로젝트에 시간과 돈을 낭비하는 것을 피해야 하므로, 인허가 기관으로부터 필요한 인허가를 얻을 수 있는 가능성을 알아보는 것은 타당성 연구의 매우 중요한 부분이다. 개발자는 풍력 프로젝트에 적용되는 모든 조례와 규정을 알아야 하고 어떻게 인허가 기관이 그 조례 및 규정을 해석하는지 알아야 한다. 풍력개발을 위한 지정된 구역이 어떤 지자체 또는 지역 계획에 있다면, 이러한 것들은 필요한 허가를 얻기에 좋은 정보이다.

이웃에의 영향

영향을 받는 이웃 주민 문제를 해소하기 위하여 풍력발전기들은 가장 가까운 주거지로부터 최소 400m에 위치하여야 한다. 이 거리는 대형 풍력발전단지의 경우 더 떨어져야 할 수도 있다. 풍력터빈이 설치되는 사이트는 상당히 넓어야 하고 지형이 복잡하지 않아야 한다. 대략적인 규정으로서, 만일 풍력터빈이 매우 크고 많은 풍력터빈을 갖는 풍력단지라면 단일 풍력발전기에 대하여 최소 400m 떨어져 있거나 총 높이(허브높이+로터반경)의 네 배가 떨어져 있어야 된다. 이 이격거리에서 소음의 영향이 허용 한계치 내에 있어야 한다. 풍력발전기 배치 작업 동안 소음의 영향과 인근 주거지에 대한 그림자 영향이 보다 정확히 계산되어야 한다.

지역 주민들의 지지

근처에 제안된 풍력 프로젝트에 대한 지역 주민들의 태도는 어떻게 개발자가 행동하느냐에 따라 크게 좌우된다. 유럽에서는 주민투표와 경험에 따라 대부분의 사람들이 풍력에 대하여 매우 긍정적인 의견을 내놓는다. 그러나 그 해당 지역에서는 가까운 곳에 풍력터빈들이 운전되는 것에 강력히 반대하는 사람들이 항상 있는 것 같다. 지역 주민들이 어떻게 반응하는가는 어떻게 그들이 그 프로젝트에 대하여 인식하는가에 달려 있다. 만일 그들이 초기단계에서 적당한 정보를 얻는다면 그들 대부분은 긍정적일 것이다. 개발자가 그 프로젝트를 수행하기로 결정했을 때, 주민들뿐만 아니라 관계 당국과 대화하는 것이 중요하고, 거주지로부터의 이격거리에 관한 지역 주민의 의견과 다른 실질적인 문제들을 신중히 고려하는 것도 중요하다. 풍력발전기가 운전 개시했을 때, 지역 주민들은 풍력발전기를 주시할 것이고 문제 발생 시 연락이 올 것이기 때문에 지역 주민들의 지지를 받을 가치가 있다.

그러나 상시적으로 풍력에 반대하는 사람들이 있다. 이 반대자들의 수가 적다고 해도 그들은 사업을 연기시키며 비용을 증가시킬 수 있고, 심지어 관계 당국으로부터 얻은 건설 및 환경 인허가에 반대하는 민원을 제기하여 계획된 프로젝트를 중단시킬 수도 있다. 따라서 풍력 프로젝트에 의해 영향을 받는 모든 사람에게 적당하고 좋은 정보를 주는 것은 매우 중요하다. 그 지역 언어로 정보를 주려는 노력과 풍력발전단지 인근에 사는 사람들에 대한 약간의 이익(일자리 제공 등)을 제공하는 것, 지역 마을이나 기타 조직에 배당금(지원금)을 주는 것은 잘 투자된 자금이나 마찬가지이다. 이러한 것들은 근처 주민들이 프로젝트 개발자에 의해 착취당하거나 이러한 비슷한 감정을 느끼는 것을 방지할 것이다.

프로젝트 개발

풍력발전단지를 설치할 사이트를 예비타당성 연구에서 확인했을 때, 풍력발전기의 정확한 숫자와 위치가 결정되어야 한다. 여기에는 몇몇 고려사항이 있다. 즉, 몇 MW가 전력망에 연결될 수 있는가? 최소 연간 발전량의 설정, 최대 투자비용, 투자자나 소유자의 투자금 회수 요구사항이 그것이다. 개발자의 일은 주어진 조건과 제한 범위 내에서 최적화된 풍력발전단지를 계획하는 것이다. 건설 전 단계에서의 첫 번째 일은 타당성 연구에서 해야 할 상세한 것들을 특정하고 확정하는 것이다. 취해진 모든 가정들은 재조사되어야 하고 경제성이 없는 프로젝트에 지출을 피하는 것이 정당화되어야 한다.

여러 나라에서 어떤 특정 규모의 프로젝트까지는 지자체로부터의 건설 허가만 받으면 된다. 보다 큰 프로젝트에서는 중앙정부 같은 더 높은 레벨로부터의 허가나 면허 취득을 위한 요구사항이 있을 수 있다. 허가를 받지 못할 위험 역시 있다. 이러한 위험은 건설 전 단계에서 많은 자금을 투자하는 것을 주저하게 만드는 원인이 되기도 한다.

❙ 토지 임대차

필요한 면적이 얼마나 넓어야 하는지는 풍력단지의 규모와 크기에 좌우된다. 전력망 용량과 프로젝트의 규모에 따라 관련 제한사항이 설정된다. 예를 들면 로터직경의 2.5배(풍력터빈들 사이의 일렬 거리로는 직경의 5배)의 반경을 갖는 원들이 얼마나 많이 겹치지 않고 그 면적에 들어갈 수 있는가를 예측해보면 주어진 그 면적에 설치될 수 있는 풍력발전기의 숫자를 알 수 있을 것이다(그림 6.3 참조).

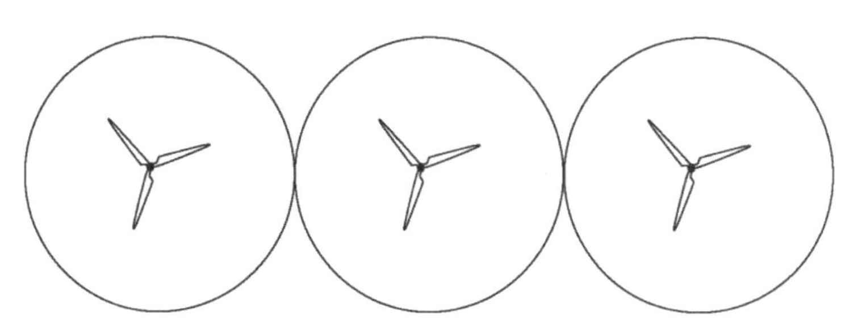

그림 6.3 풍력터빈들 사이의 거리. 풍력터빈들이 5D의 적당한 거리를 유지하도록 2.5D의 반경을 갖는 원이 사용될 수 있다.

풍력단지를 위하여 사용된 토지는 바람권역wind catchment area이라고 불린다. 64m의 로터직경을 갖고 그 로터직경의 5배의 이격거리인 3기의 풍력터빈에 대하여 그 바람권역은 약 13ha이다. 프로젝트 개발자는 풍력단지를 위하여 필요한 면적 내의 모든 토지주와 임대차계약을 해야 한다. 임대차계약의 조항은 토지주와 개발자 사이의 협상의 문제이다. 스웨덴에서는 그 토지의 임대비용이 보통 풍력단지로부터 발생하는 총 연간수익의 3~4 %로 설정되어 있다. 미국에서는 연간 임대비용이 보통 설치된 MW당 2,000~4,000달러 범위이다.

다른 비슷한 계약에 따라 공평한 계약을 하는 것이 현명하다. 여러 토지주가 있는 토지에 풍력 프로젝트가 개발된다면 그 바람권역이나 프로젝트 구역의 모든 토지주와 임대차계약을 하는 것도 또 다른 중요사항이다(Box 6.1 참조). 물론 토지주는 그들 자신의 풍력단지를 개발하고 운영할 수 있다. 덴마크, 독일, 스웨덴, 미국, 캐나다 같은 나라들에서는 많은 농부가 자신의 땅에 풍력발전기를 설치하여 운영하고 있다.

Box 6.1 바람권역(wind catchment area)

풍력터빈은 기초(foundation), 진입로, 때때로 변압기와 변전소를 위하여 약간의 면적만 필요할 뿐이다. 풍력발전단지가 운전될 때, 그 토지는 풍력발전기가 설치되기 전과 같이 농업이나 목축을 위하여 사용될 수 있다. 하지만 그 풍력발전기들은 공기 중에 더 많은 공간이 필요하다. 즉, 로터와 같은 직경을 갖는 구(球)에 해당하는 공간이 필요하다. 복수의 풍력터빈이 설치되어 있다면, 그들 사이의 거리는 로터직경의 5배 정도여야 한다. 풍력터빈은 그 터빈을 둘러싼 로터직경의 5배의 직경을 갖는 원으로 정의할 수 있는 바람권역이 필요하다(그림 6.3 참조). 토지 임대차계약은 풍력발전기의 기초 공사가 이루어지는 토지주뿐만 아니라 바람권역 내의 모든 토지주와 체결되어야 한다.

프로젝트 구역, 즉 토지 임대차계약이 이루어져야 하는 구역을 정의하는 또 다른 방법은 방사소음한계(sound emission limit)를 따라 그 경계를 그려보는 것이다. 스웨덴에서 방사소음한계는 40dBA이다. 이 경계는 방사소음 소프트웨어로 계산할 수 있고 지도에 그릴 수도 있다. 이 경계를 사용하는 이유는 주거지에서 최대 허용 방사소음 값은 스웨덴에서 40dBA이므로 이 값을 초과하는 토지를 소유한 이웃 토지주는 새로운 집을 짓기 위해 그 토지를 더 이상 사용할 수 없기 때문이다. 이는 풍력터빈들의 침입에 대한 한계를 설정한다. 이런 원칙들과 정의들은 법률로 정해져 있지 않지만, 이웃 주민들과의 분쟁을 피하기 위하여 이러한 사례와 계약을 참고하는 것이 좋다.

▎풍력발전기 상세 배치 및 최적화

개발자의 일은 지역 조건의 한계 안에서 풍력발전단지를 최적화시키는 것이다. 가장 좋은 해답을 찾기 위하여 다양한 크기(허브높이와 로터직경)와 다양한 출력 용량의 풍력터빈들이 그 프로젝트 구역 내의 몇몇 사이트에서 (이론적으로) 시험되어야 한다. 이러한 여러 선택사항들에 대하여 발전량이 계산되고 경제성이 분석되어야 한다. 인근 주민들과 환경에 대한 영향 역시 검토되어야 한다. 최종적으로는 개발자가 가장 좋은 선택사항을 선택해야 한다.

실제로 고려할 경계조건이 항상 존재한다. 주거지(소음과 그림자 피해를 피하기 위한 최소 거리), 건물, 숲, 도로, 전력망, 지형, 토지 소유권 경계, 해안선 등은 이 경계조건을 정의하고 풍력터빈을 설치하기 위하여 이용할 수 있는 구역을 제한한다. 노하우, 적절한 판단, 이웃 주민들 및 관계 당국과의 건설적인 대화, 고품질 바람 데이터 및 풍력 소프트웨어의 사용으로 개발자는 그 프로젝트를 위한 가장 좋은 해결책(실현될 수 있는 자세한 계획)을 얻을 수 있을 것이다.

▎풍력자원 검증

사이트의 풍력자원에 대한 신뢰성 있는 데이터는 중요하고, 그 프로젝트가 은행권으로부터 자금조달을 받기 위하여 필요하다. 풍력단지의 최적화를 위해서도 그러한 신뢰성 있는 데이터가 필요하다. 허브높이를 포함하는 여러 높이에서 측정된 1년 동안의 바람 데이터가 바람 개요를 파악할 수 있도록 요구된다. 매우 큰 프로젝트를 위하여 80~100m 높이의 몇몇 기상탑을 설치하는 것은 상당히 비싸다. 인허가 처리 결과에 어떤 의구심이 든다면 프로젝트 개발자는 그 인허가가 나올 때까지 이 측정을 연기한다. 그러나 이는 그 프로젝트의 진행을 더디게 하므로, 이 측정의 타이밍은 위험과 이익을 평가하는 회사 전략의 문제이다.

그러나 풍력자원을 검증하는 다른 저렴하고 꽤 신뢰성 있는 방법들이 있다. 만일 지형이 너무 복잡하지 않고 적당한 거리에 기상청에서 운영하는 기상측정시설이 있다면, (그리고 수년 동안 같은 지역에서 운전 중인 풍력발전기들이 있다면 훨씬 더 좋다.) 사이트에서의 풍력자원을 계산할 수 있고, 풍력단지설계 소프트웨어를 사용하여 이를 평가할 수 있다. 지상에 설치되어 바람을 측정할 수 있는 새로운 형태의 장비들도 있다. 즉, 바람을 측정하기 위하여 소음 임펄스를 사용하는 소다sodar와 레이저 빔을 사용하는 라이다lidar가 그것이다.

환경영향평가

많은 나라에서 대형 풍력단지에 대한 환경영향평가는 의무사항이다. 환경영향평가는 어떤 과정, 즉 공론화 과정이다. 이러한 과정을 거쳐 환경영향평가 보고서가 나오고, 풍력발전기를 설치할 수 있도록 그 프로젝트에 인허가를 줄 것인가를 결정할 때 관계 당국이 그 보고서를 평가한다. 환경영향평가 자체를 수행하기 위하여, 그리고 조류와 기타 영향에 대한 특별 보고서를 작성하기 위하여 외부 전문가를 고용하는 일이 흔히 있다.

공공과의 대화

개발자는 풍력 프로젝트를 대략적인 개요를 잡아서 시작할 수 있고, 정보회의(공청회)에서 사전 대화를 위하여 해당 사이트로부터 1~2km 떨어진 곳에 살고 있는 주민들을 초청할 수 있다. 개발자는 일반적인 풍력, 환경적인 이점, 지역 풍력자원, 가능한 영향에 대한 정보를 줄 수 있고, 마지막엔 프로젝트 전반에 대한 정보를 제공하고 참석자의 의견을 물어볼 수 있다.

물론 개발자는 개별적인 회의로 지자체 담당부서, 중앙 행정관서, 전력망 운영자 및 기타 관련 부서와 함께 예비 대화를 가져야 한다. 이 단계에서 프로젝트의 개략적인 윤곽, 공개해야 하는 초기 대화의 중요 포인트를 숙지해야 하며, 이에 따라 불필요한 분쟁을 피하기 위하여 그 프로젝트를 수정, 보완할 수 있다.

여러 나라에서 풍력개발자들은 환경영향평가 과정의 목적에 부합하는 기획과정planning process을 활용한다. 대부분의 개발자들은 거주자들에게 잘 알리고, 가능하다면 그 계획을 지지할 수 있도록 초기단계에서 지역 정보회의를 조직한다. 어떤 개발자들은 그 지역에 사는 사람들에게 풍력발전단지의 주식을 살 기회를 제공하거나 지역 배당금을 제공하기도 한다(Box 6.2 참조). 공공과의 대화로서의 정보회의 역시 환경영향평가 과정의 처음 단계이다.

개발자는 풍력터빈의 설치를 위하여 몇 가지 다른 선택사항을 제시하여야 하고, 건설과정, 진입로 개발, 전력선 등의 실질적인 문제를 논의해야 한다. 또한 소위 제로 옵션zero option(프로젝트가 실행되지 않았을 때의 결과)도 간단히 설명이 되어야 한다. 개발자는 물론 더 좋은 선택사항을 위하여 논쟁할 수 있지만 제안하는 선택사항에 민감히 받아들여야 한다. 지역사회 구성원이 자신들이 사는 곳을 가장 잘 알고 있다는 사실이 개발자에게 유용하다는 것은 당연하다.

이런 대화를 통하여 프로젝트가 탄탄해지고, 또한 그 프로젝트가 환경과 이웃 주민들에게 영향을 최소화하기 위해 계획된다. 이런 대화가 끝나면, 환경영향평가 문서가 마무리될 것이고

Box 6.2 지역 혜택(local benefits)

풍력발전단지로부터 파생되는 주요 지역 혜택은 지역지분권(local ownership)이다. 즉, 전력으로부터 나오는 수익금은 전력이 생산되는 그 지역에 귀속되어야 한다고 보는 것이다. 풍력개발이 수십 년 전부터 시작된 이래 지역지분권은 덴마크, 독일, 스웨덴에서 꽤 일반적이다. 이제 새로운 대형 전력회사가 풍력 프로젝트를 시작했으므로 이러한 지역지분권이 변할지 모른다. 덴마크에서는 지역지분권을 지지하기 위하여 법률이 도입되었다. 즉, 지역 투자자는 육상풍력발전단지 건설원가의 20% 지분을 할당받는 게 보장된다. 스웨덴에서 그러한 법률은 없지만, 농업인 단체, 스웨덴 풍력협회는 4기 이상의 풍력발전기가 있는 풍력발전단지에 대하여 지역 투자자에게 덴마크와 같이 20%를 제공할 것을 추천하고 있다.

지역지분권이 있는 토지에 건설된 풍력발전단지에 대하여, 총 수익의 0.5%가 지역 혜택을 위한 지원금으로 지불되어야 하고, 그 지원금은 지역 개발을 위하여 사용된다. 만일 그 토지를 지역 주민이 소유하고 있지 않다면, 총 수익의 1%를 지역발전기금으로 지불하여야 한다. 스웨덴에서는 1990년대 초부터 지역이 소유하는 풍력회사와 협동조합이 배당금을 지역사회에 지불하는 것이 관례이다.

이는 인허가 신청서에 부록으로 사용될 것이다.

❙ 민원 및 완화

관계 당국과 정치 또는 공공 단체가 그 신청을 처리했을 때, 개발자는 결국 필요한 인허가를 받을 것이다. 그 결정에 반대하는 민원이 몇 주안으로 제출되어야 한다. 그런 시간이 지났을 때 그 결정은 확정되고 실제로 풍력단지 건설이 시작될 수 있다. 하지만 몇몇 지역 주민, 이익단체 또는 심지어 공공 단체가 그 결정에 반대하는 민원을 제기할 수도 있다. 그러면 개발자는 법원이 그 민원에 대한 결정을 내릴 때까지 기다려야 한다. 이러한 법적 절차는 프로젝트를 몇 년 동안 늦출 수 있고, 때로는 그 프로젝트를 중단시킬 수도 있다. 따라서 경제성을 떨어뜨리더라도 관계된 모든 단체에 프로젝트를 알리고, 피해를 주지 않기 위해 보완하는 것이 중요한 이유이다. 만일 인허가에 반하는 결정이 나면, 그 비용은 훨씬 높아질 것이다.

풍력발전기 상세 배치micro-siting

풍력발전단지를 위한 좋은 사이트가 확인되고, 토지 임대차 계약이 체결되고, 필요한 인허가를 취득할 전망이 좋을 때, 그 프로젝트는 자세히 설명되어야 한다. 풍력터빈의 숫자와 용량 및 정확한 설치 위치가 정의되어야 한다. 풍력발전단지는 여러 가지 방법으로 구성할 수 있지만, 투자에 대한 수익을 최대화하는 최적의 방법이 있다. 이러한 풍력발전기 배치의 미세한 조정을 마이크로사이팅micro-siting이라고 한다.

▎에너지장미energy rose

에너지장미는 다른 터빈들로부터의 후류wake의 영향을 최소화하는 가장 좋은 지침이다. 바람장미wind rose는 평균풍속과 풍향의 빈도를 보여준다. 반면, 에너지장미는 각 풍향으로부터의 바람의 에너지 함량을 보여준다. 풍력터빈이 이용하는 것은 바람의 에너지이므로 에너지장미가 가장 좋은 지침이다. 에너지장미는 바람지도 소프트웨어를 이용하여 얻을 수 있다(그림 6.4 참조).

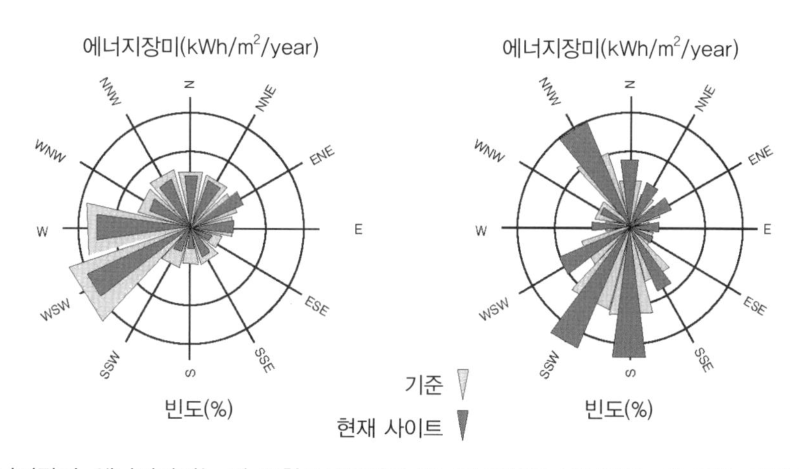

그림 6.4 에너지장미. 에너지장미는 각 풍향으로부터의 에너지 함량을 보여준다. A) 왼쪽 그림(스웨덴의 남해안)에서 대부분의 에너지는 서남서풍 및 서풍에서 발생한다. 그러므로 풍력터빈 열은 북북서 - 남남동으로 설치되어야 한다. 풍력터빈들 내열 거리(in-row distance)는 꽤 짧아도 된다. B) 오른쪽 그림(북 발트해의 한 섬)에서 에너지는 여러 방향에서 오지만 풍력터빈 열은 동 - 서 방향으로 향해야 한다. 양쪽 사이트 모두 강풍이 불고 바다와 가깝다.

▎풍력발전단지 배치

2~4기의 풍력터빈 그룹은 흔히 일직선상에 그리고 주풍향에 직각이 되게 설치된다. 바람후류의 크기가 로터직경에 의존하므로 터빈 사이 거리는 로터직경으로 나타낸다. 개략적인 방법으로는 풍력터빈들이 일렬로 설치될 때 터빈들 사이의 이격거리는 보통 로터직경의 5배5D이다. 대형 풍력단지는 다수의 풍력터빈 열을 가질 수 있다. 이 경우 그 열 사이의 거리는 로터직경의 7배7D이다(그림 6.5, 6.6 참조).

이런 배치가 적용될 수 있는 이상적인 사이트는 장애물이 거의 없고, 평평한 지형 및 해상풍력 사이트이다. 그러나 실제 풍력발전기의 배치는 흔히 그 지역 조건에 따라 설정된 토지 사용범위, 거주지로부터의 거리, 도로 및 전력망 같은 제한사항에 따라 다양한 형태를 갖는다. 만일 그 사이트 내에서 해발고도 차이가 있다면, 이러한 차이 또한 전력량을 최대화하기 위하여 풍

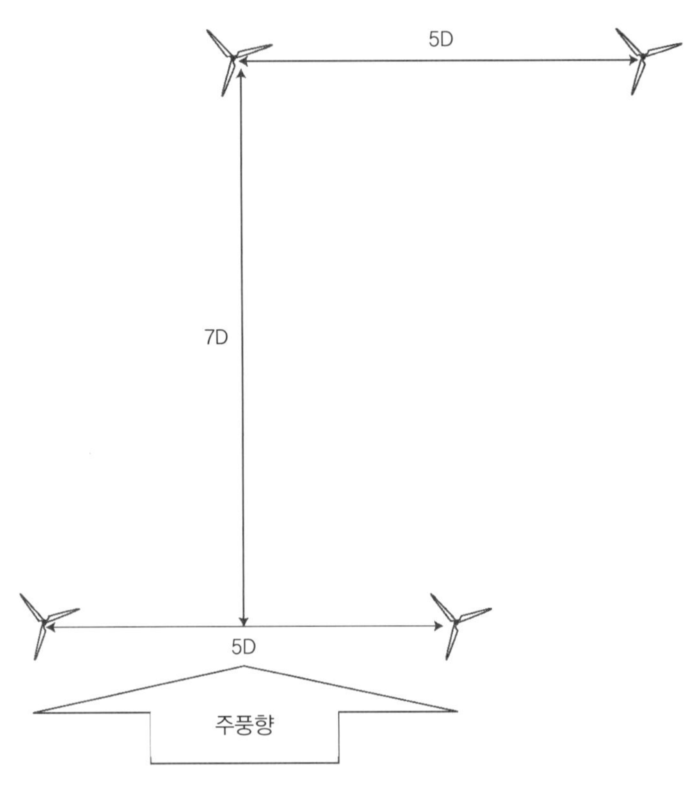

그림 6.5 풍력단지 배치. 개략적인 방법으로는 내열은 5D, 열 사이의 거리는 7D를 갖게 배치한다.

그림 6.6 스웨덴 Falkenberg의 풍력단지. 이 풍력단지는 주풍향 방향에 직각으로 풍력터빈을 배치했다. 내열 거리는 5D, 열 사이의 거리는 7D이다(사진: Falkenberg municipality).

력터빈들을 어떤 배치로 설치할 것인가에 영향을 미칠 수 있다. 바람 후류의 영향을 완전히 없애기 위해 터빈들 사이의 거리를 더 늘리는 것도 토지를 비효율적으로 이용하는 것이 되므로 타당하지 않다.

하나의 주풍향이나 두 개의 마주보는 풍향이 매우 우세한 지역에서 터빈들 열 사이의 거리는 로터직경의 3배 또는 4배로 줄일 수 있다(그림 6.7 참조). 다수의 풍력터빈 열을 갖는 대형 풍력단지에서 내열in-row 사이의 거리는 로터직경의 5배 및 열들 사이의 거리는 로터직경의 7배 정도면 좋다. 해상풍력단지에서 이들 거리는 이상적으로는 내열 거리가 로터직경의 6배6D, 열들 사이의 거리는 로터직경의 8배8D에서 10배10D면 좋다. 수면에서는 난류가 약하므로 바람 후류는 육상보다 바다에서 더 오랫동안 지속된다. 후류를 소멸시키는 것은 주변 바람에 포함된 난류이다. 만일 그 지역이 평평하지 않다면, 터빈들 사이의 거리를 불규칙하게 하고, 일렬로 설치하지 않음으로써 최적배치를 이룰 수 있는 경우가 많다. 실제적으로는 풍력발전기들의 배치가 경관에 어울리게 하고, 실질적인 고려사항, 즉 해안선, 도로, 곶, 규칙적인 형태에 따른 배치 등에 의해 정해진다. 해상의 경우, 코펜하겐 밖에 설치된 Middelgrunden 해상풍력단지의 반달모양의 배치도 이러한 고려사항의 결과이다(그림 6.9 참조).

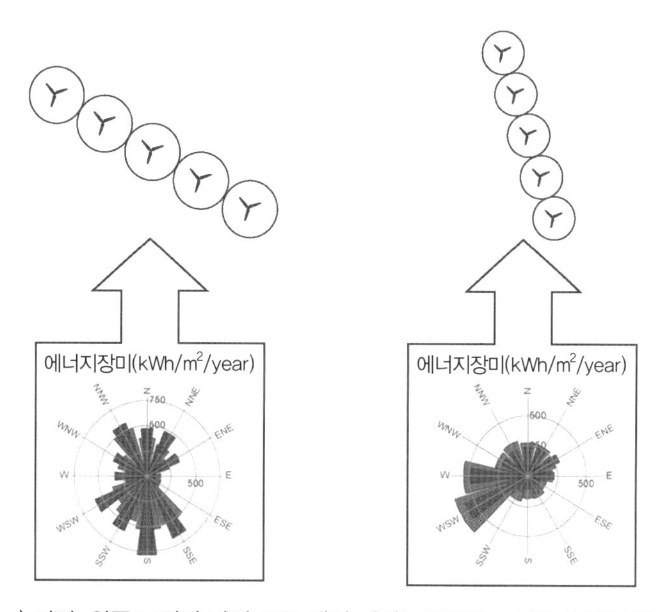

그림 6.7 내열(in-row) 거리. 왼쪽 그림과 같이 표준 내열 거리는 5D이다. 만일 바람이 주로 같은 한 방향(또는 서로 마주보는 방향)으로 분다면, 그 거리는 오른쪽 그림과 같이 4D로 줄일 수 있다. 다수의 열이 설치되어 있다면 내열 거리는 4~5D로, 열들 사이의 거리는 8~10D로 늘어나야 한다.

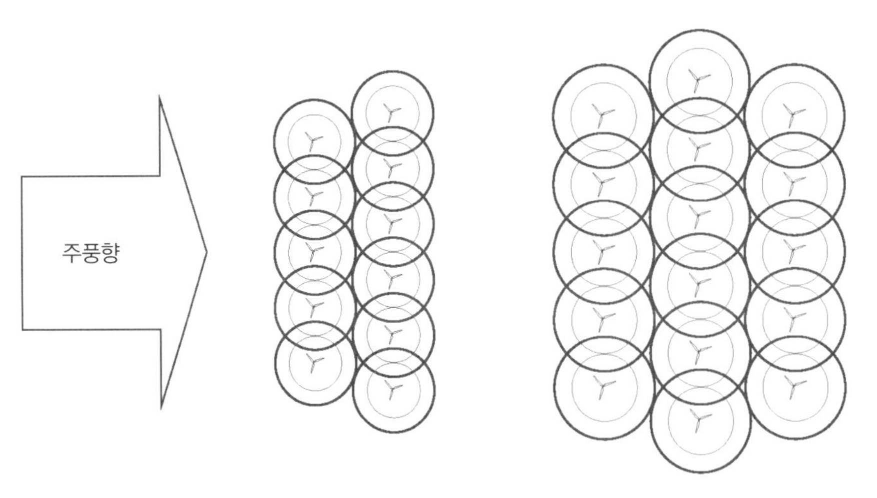

그림 6.8 대형 풍력단지의 배치. 왼쪽: 다수 열인 풍력단지, 내열 거리는 5D(작은 원)이고, 열들 사이의 거리는 7D(큰 원)이다. 오른쪽: 해상에서 내열 거리는 6D, 열들 사이의 거리는 8D~10D이다.

그림 6.9 Middelgrunden 해상풍력단지. 코펜하겐 밖에 설치된 해당 해상풍력터빈은 서로 3D 이하로 설치되었다. 이 해상풍력단지는 최적 출력을 위해서는 너무 가깝게 설치된 것이다. 이 경우는 경관을 너무 고려한 예인데, 이 풍력터빈들이 덴마크 국회 건물에서 바라다볼 수 있게 하기 위하여 이러한 선택을 한 것이다(사진: Tore Wizelius).

최적화

사업 개발자는 풍력단지를 최적화해야 한다. 그러나 어떤 파라미터가 최적화되어야 하는지 아는 것이 중요하다. 풍력단지 소유자 및 운영자로서는 그 파라미터가 설치된 풍력용량도 아니고 최적화되어야 하는 총 출력량도 아닌 비용 효율cost efficiency이다. 그것은 전기에너지의 각 출력량kWh에 대한 생산비용production cost을 말하고, 이를 최소화하여야 한다. 동시에 이용 가능 사업 개발지역이 효율적인 방법으로 사용되어야 한다.

토지주와 풍력터빈 제조사 역시 그 토지에 가능한 많은 풍력발전기를 설치하는 것이 가장 이윤이 많이 남는다. 풍력단지 소유자 또는 운영자는 투자에 대한 수익률 또는 풍력단지에 의해 발생하는 현금흐름을 최적화하는 선택을 한다. 설치될 수 있는 최대 용량은 이용 가능한 토지면적과 전력망 용량에 따라 제한될 수 있다. 개발자나 풍력단지를 발주한 소비자는 총 투자비용에 관한 한계를 가질 수 있다. 풍력단지 배치의 최적화를 위한 체제를 결정하는 것은 이러한 요인들 사이의 관계이다. 풍력터빈 자체 역시 그 사이트에서의 풍력자원과 기타 조건에 맞추어서 제조되어야 한다.

풍력단지 효율

풍력단지 효율은 최적화 과정에서 핵심 개념이다. 다수의 풍력터빈이 같은 사이트에 설치될 때, 그 터빈들은 서로 상호작용하여 바람에너지를 뺏는다. 이 배치손실array losses이 얼마나 많을지는 풍력단지의 구성, 즉 위치 및 터빈들 사이의 거리에 의존한다. 풍력단지 효율은 풍력단지의 실제 출력량과 다른 풍력터빈들로 인하여 발생하는 배치손실이 없을 때의 출력량과의 관계로서 정의된다. 서로 간의 관계에서 터빈들이 가깝게 설치될수록 풍력단지 효율은 더 낮다. 풍력단지 효율 100%를 목표로 하는 것은 현실과 동떨어진 일이고, 토지를 잘못 이용하는 것이다. 그렇지만 풍력단지 효율을 가능한 높여야 한다. 동일한 면적에서 동일한 수의 풍력터빈들에 대하여 풍력단지 효율은 그림 6.7에 설명된 개략적인 방법으로 최적화할 수 있다. 그러나 풍력 소프트웨어를 사용하면 터빈들을 보다 세밀하게 배치할 수 있고, 풍력발전단지 배치효율 검사를 통하여 최적의 풍력발전기 배치를 보다 잘할 수 있다.

비용 측면에서 보면, 90%의 풍력단지 효율(즉, 10%의 출력량 손실)은 진입로, 전력망 연결, 기중기 등에 필요한 투자를 더 많은 풍력터빈을 구입 및 설치하는 데에 분배시킴으로써 그 출력량 손실을 보상받을 수 있다. 그러나 출력을 감소시키는 바람 후류는 더 강한 난류 특성을 보이므로 풍력터빈의 마모 손상을 증가시킨다. 따라서 서로 너무 가까이 풍력터빈들을 설치하는 것은 좋지 않은 것이고, 풍력터빈의 기술 수명을 최적화하는 것이 비용 효율 계산에 포함되어야 한다.

▌진입로와 내부 전력망

풍력터빈의 최종 배치가 결정되면 진입로, 작업 구역, 내부 전력망 연결 및 외부 전력망 연결을 계획해야 할 때이다. 진입로의 치수 및 기타 특성이 터빈 제조사에 의해 특정된다. 풍력터빈들은 매우 크고 무거우므로 특수 차량에 의해 운반되어야 한다. 사이트 옆에 로터 블레이드, 나셀, 타워를 내리기 위해 부지가 준비되고 정돈이 되어 있어야 한다. 이 부지는 이러한 풍력터빈 구성부품들을 들어 올려서 조립하기 위한 기중기를 위한 공간이기도 하다. 로터가 기중기로 나셀에 들어 올려지기 전에 지상에서 흔히 조립된다. 진입로 공사는 지형 특성에 따라 간단할 수도 있고 매우 복잡할 수도 있다.

내부 전력망의 구성을 위한 여러 선택사항이 있다. 이 일은 전력 엔지니어에게 맡긴다. 전력케이블은 보통 진입로를 따라 도랑을 파서 땅속에 매설하거나 또는 무거운 트럭에 견딜 만큼 튼튼한 파이프 속에 보강된 케이블로 해서 진입로에 통합된다.

▌프로젝트 사이의 충돌

몇몇 프로젝트 개발자들이 같은 지역에서 사업을 했을 때, 이해의 충돌이 있을 수 있다. 만일 새로운 풍력단지가 기존 풍력터빈들 가까이에 설치된다면, 특히 그 새로운 풍력단지가 주풍향 방향으로 건설된다면 기존 풍력단지의 출력을 감소시킬 것이다. 그러나 이것은 계획 당국의 문제이다. 로터직경의 15배15D 이상의 이격거리가 이러한 경우에 추천된다. 풍력단지 사이의 이격거리는 보통 수 킬로미터라는 최소 거리를 설정한 계획 법률이 흔히 있다. 또 다른 선택사항은 협력해서 공동 벤처회사를 차려서 더 큰 풍력단지를 개발하는 것이다.

전력망 용량은 또 다른 민감한 문제이다. 전력망에 연결할 수 있는 전력용량의 제한이 항상 따른다. 너무 큰 용량이 연결되면, 최대 전력량을 생산할 때에 풍력터빈이 전력망으로부터 차단되어야 한다. 이러한 상황은 피해야 한다. 이것은 얼마나 많은 용량을 연결할 수 있는가를 규정하는 전력망 운영자에 달려 있다. 그리고 만일 이미 연결된 그 용량이 이러한 제한 용량에 가깝다면 다른 사이트를 찾아보는 것이 더 좋을 수 있다. 다른 선택사항은 전력망을 보강하는 것이지만, 이때 문제는 이러한 비용을 전력망 운영자와 프로젝트 개발자 중 어느 쪽이 지불하는가이다. 이에 대한 법과 규정은 나라마다 다르다. 계획 단계에서 다수의 프로젝트와 제한된 전력망 용량을 고려해야 한다면, 풍력사업자가 전력망에 풍력단지를 연결할 권리를 갖게 하는 투명한 법을 전력망 운영자가 시행하는 것이 중요하다.

출력 예측

주어진 사이트에서 어느 정도의 출력이 발생할 것인가를 예측하기 위하여 아래 두 가지 사항을 알아야 한다.

- 풍력터빈의 출력 곡선
- 그 사이트에서 허브높이 풍속의 빈도분포

출력 곡선은 풍력터빈이 여러 풍속에서 얼마나 전력을 발생시키는지를 보여준다. 출력 곡선은 표, 그림 또는 막대그래프로 나타내고, 제조사로부터 얻을 수 있다. 이러한 출력 곡선은 독립된 기관에 의해 검증된다. 그러나 출력 곡선은 장애물이 거의 없는 평탄지형에서 정해진 조건하에서만 유효하다. 만일 난류가 너무 높거나 바람 전단 지수가 너무 크면 출력량은 감소할 것이다. 이것은 특히 숲 지역이나 숲 근처에 가깝다면 위험요소이다.

해당 사이트에서의 바람에 대한 자세한 정보를 알고 있는 것이 중요하다. 연평균풍속만 알고 있는 것으로 충분하지 않다. 풍속의 빈도분포, 즉 1년에 1, 2, 3 …… 30m/s의 바람이 몇 시간 불 것인가를 아는 것 역시 필요하다. 이러한 데이터들은 정상연도, 즉 5~10년 평균값의 풍속분포를 대표해야 한다. 그 데이터는 터빈의 허브높이로 재계산되어야 한다. 그다음 각 풍속에서의 출력과 그 풍속이 발생하는 시간 수를 곱한다. 그렇지만 풍력터빈은 항상 전력손실이 발생한다. 즉, 정기점검 및 유지활동을 위하여 풍력터빈이 정지되어야 하고, 또한 터빈을 가동시키기 위하여 약간의 전력량이 필요하고, 전력 케이블 손실, 변압기 손실 등이 발생한다.

▌바람 데이터 소스

후보지역에서의 바람조건에 관한 데이터는 다양한 소스source로부터 얻을 수 있고, 그들을 적당히 취사선택 하는 것이 바람직하다. 바람 데이터 소스는 4가지 종류로 분류할 수 있다.

- 장기간 기상청 데이터
- 재해석 데이터
- 사이트에서 직접 측정한 데이터
- 기상 모델로부터의 데이터

장기간 기상청 데이터

기상청은 수십 년 동안 바람 데이터를 수집해왔으며, 많은 데이터가 기상청 서버에 저장되어 있다. 바람측정이 많은 위치에서 이루어졌으므로, 광범위한 지역에 걸친 데이터가 있다. 이들은 보통 장기간 시계열 바람 데이터이다. 그러나 주 측정지점이 바다, 항구, 공항이기 때문에 이러한 데이터는 거의 대표 사이트에 존재하지 않는다. 측정을 위한 표준 높이는 지상으로부터 10m로서 매우 낮다. 그러나 여전히 이러한 장기간 데이터는 기준 값으로서 매우 가치가 있고, 이들은 장기간 바람조건 계산을 위하여도 가치가 있다. 기본 데이터는 일반에 공개되고, 무료로 얻을 수 있지만, 특별 데이터 처리 및 시계열 데이터는 유료로 제공되기도 한다.

재해석 데이터

재해석 데이터가 NCEP/NCAR로부터 이용 가능하고, NCEP/NCAR로부터 1948년부터 현재까지 경위도 격자 2.5도씩 그려진 각 격자점에서 바람 데이터를 얻을 수 있다. 또한 MERRA Modern-Era Retrospective Analysis for Research and Application에서 더 해상도 높은 바람 데이터를 얻을 수 있다. 사이트에서 측정된 바람 데이터의 장기간 보정을 위하여 재해석 데이터가 주로 사용된다.

사이트에서 직접 측정한 데이터

후보지역의 바람측정마스트(기상탑)가 바람조건에 관한 가장 정확한 데이터를 측정한다. 이상적으로는 기상탑의 높이는 풍력터빈의 허브높이와 같아야 한다. 높이가 증가할수록 비용이 증가하므로 소형 프로젝트에서는 허브높이와 같은 기상탑을 세우지 않아도 된다. 그런 경우에 측정된 데이터는 허브높이로 보정할 수 있다. 기상탑 자체가 바람에 영향을 미칠 수 있으므로 기상탑 맨 위에서 측정된 바람 데이터가 가장 좋다. 그러나 풍속 전단 지수를 계산할 수 있도록 바람은 두 곳 이상 높이에서 측정되어야 한다.

풍력단지를 위한 바람 데이터 측정용 장비를 갖춘 많은 좋은 기상탑들이 있다. 이들은 사이트에 설치하기도 꽤 쉽다. 컵형 풍속계는 풍속을 측정하고, 풍향계는 풍향을 측정한다. 또한 온도 및 대기압이 측정되어야 한다. 매우 튼튼하고 방수가 잘 되는 데이터 로거에 의해 데이터가 샘플링되고 기록된다. 데이터는 통신기술을 이용하여 수거될 수 있다. 그러나 정전과 수분 침입으로 데이터 손실이 발생할 수도 있다. 데이터는 모든 계절에 대한 바람 데이터를 얻기 위하여 1년 이상 측정되어야 한다.

새로운 형식의 장비를 사용할 수 있게 되었다. 즉, SODARSonic Detection and Ranging와 LIDARLight Detection and Ranging 장비가 그것이다. 이들은 땅 위에 설치돼서 소음 펄스SODAR 또는 빛 펄스LIDAR를 공기 중으로 발산한다. SODAR와 LIDAR는 한 점으로부터의 데이터를 측정하는 게 아니고 3차원 공간으로부터 데이터를 측정한다. SODAR와 LIDAR는 기상탑을 대체하지는 않지만, 그 지역 내의 다른 가까운 곳에서 추가적인 높이에서의 데이터를 얻기 위해서나, 또는 복잡지형에서 난류 관련 데이터를 얻기 위한 보완장비로서 흔히 사용된다. SODAR나 LIDAR는 운반 및 설치가 용이하고, 매우 높은 기상탑보다 운영비용이 저렴하다. 모두는 아니지만 일부 금융기관들은 풍력 프로젝트를 위하여 은행으로부터 대출될 수 있을 만큼 충분히 데이터 품질이 좋으므로 SODAR나 LIDAR 데이터를 받아들이고 있다. 현대의 SODAR나 LIDAR 데이터는 매우 신뢰성이 있으므로 이러한 금융기관들의 결정은 타당하며, 아마도 기상탑 데이터보다 더 정확할 수도 있다.

모든 관련 인자들은 이러한 측정 데이터(평균풍속, 풍속빈도분포)로부터 계산될 수 있고, 풍향에 대해서도 특정될 수 있다. 그들은 다른 높이로 변환 가능하고, 이러한 데이터로부터 난류강도 역시 쉽게 계산할 수 있다. 모든 데이터는 단지 제한된 시간 동안만, 흔히 1년간 그 특성을 나타내므로 평균 해 동안을 대표하지 않을지 모르므로, 이 측정 데이터는 장기간 바람 데이터와 연관시켜야 한다. 이는 해당 사이트에서 풍력단지의 기대 발전량을 계산하기 위함이다. 이런 장기간 보정 데이터가 난류 등을 포함하는 모든 계산에 사용되어야 한다.

기상 모델로부터의 데이터

특정 사이트에서 바람측정 장비를 사용하지 않고 대부분의 사이트에서 풍력밀도와 바람의 에너지 함량을 계산할 수 있다. 즉, 사이트로부터 5~10km 거리 내에 있는 다른 사이트들에서 측정된 기상탑 바람 데이터가 사용될 수 있다. 이러한 데이터는 기상사업체들이 사용하는 기상탑으로부터 측정되고, 이런 기상사업체가 장기간 데이터를 보유하기도 한다. 풍력터빈이 설치될 사이트에서의 바람기후wind climate를 나타내기 위하여 이러한 바람 데이터가 재계산될 수 있다. 이런 계산은 바람지도법wind atlas method으로 수행된다. 소위 중규모 모델meso-scale models이 이용 가능 하지만, 이러한 모델들은 매우 복잡하므로 전문가에 의해 다루어진다. 이런 모델은 국가나 지방의 풍력자원지도를 만들 때 주로 사용되지만, 특정 사이트에 대한 고해상도 바람특성 예측에도 사용될 수 있다.

장기간 상관

바람은 해마다 상당히 다를 수 있으며 측정기간 동안 유별나게 풍속이 강하거나 약할 수 있다. 1년 동안 수거된 바람 데이터가 평균 해 동안 측정된 바람 데이터를 대표하는지 알아보기 위하여 이러한 1년간 데이터는 장기간 데이터와 비교되어야 한다. 이를 위하여 동일한 바람기후에 위치하고, 수년 동안 바람을 측정해온 기준 사이트를 갖는 것이 필요하다. 측정된 바람 데이터는 같은 지역에 동일한 측정기간에 해당하는 장기간 바람 데이터와 비교되어야 한다. 그다음 측정기간 동안의 그 데이터가 장기간 데이터와 비교하여 얼마나 대표성이 있는지 검사한다. 국가 기상청은 나라 곳곳에 많은 기상탑을 설치하여 수십 년 동안 바람 데이터를 측정해 오고 있다. 오늘날 재해석 데이터가 바람 데이터의 장기간 보정을 위하여 흔히 사용된다. 마지막으로 수거된 바람 데이터가 보정돼서 평균 해 동안의 바람 특성(장기간 평균)이 된다.

풍속이 짧은 기간, 예를 들면 6~12개월 동안 어떤 사이트에서 기상탑을 이용하여 측정되었다면, 평균 해 동안의 풍력에너지는 장기간 측정 중인 근처 기상청에서 운영 중인 기상탑을 사용하여 계산할 수 있다. 이때 두 사이트 사이에 상관관계가 있어야 한다. 보통 이러한 데이터는 같은 지역 공공 기상청으로부터 얻을 수 있다. 그렇지 않으면 유용한 재해석 데이터를 이용할 수 있을 것이다. 수년 동안 바람을 예측하기 위하여 측정 데이터를 상관시키기 위한 몇 가지 방법이 있다. 장기간 보정에 아래와 같이 나눌 수 있는 소위 측정-상관-예측Measure-Correlate-Predict, MCP법이 사용된다.

- 선형 회귀
- 매트릭스
- 와이블 매개변수

• 바람 지수wind index

바람 데이터들이 충분히 서로 상관관계가 있는지를 검사하기 위하여 선형회귀법이 사용된다. 그다음 동시간대 데이터를 기반으로 그 지역 측정 사이트의 바람조건으로 그 기준 데이터(예를 들면 기상청 바람 데이터)를 변환시키기 위하여 변환 식이 사용되고, 그 기준 사이트의 모든 장기간 데이터가 그 측정사이트의 데이터로 변환된다.

풍력단지설계 도구

실제 풍력단지설계에서는 그 과정을 쉽게 만드는 많은 좋은 도구가 있다. 이 프로그램들은 기본적으로 풍력사업 개발을 위하여 개발된 많은 기능을 갖는 지리정보시스템GIS이다. 이러한 도구들은 모두 필요한 계산을 한다. 바람지도법wind atlas method에 기초한 풍력 응용을 위한 몇몇 컴퓨터 프로그램들이 있다(Box 6.3 참조). 복잡지형, 그리고 이용 가능한 데이터의 신뢰성이 떨어지는 곳(산악지형, 커다란 호수, 바다)에서 이 방법은 적용될 수 없고, 해당 사이트에서 측정할 필요가 있다. 대형 프로젝트에서 은행권이나 다른 금융기관은 해당 사이트에 설치된 기상탑으로부터의 바람 데이터를 요구할 것이다.

Box 6.3 바람지도책 소프트웨어

WAsP이 덴마크 Risoe 국립 연구소에서 개발되었다. 그것은 모든 바람지도책 프로그램의 기초이다. WAsP은 단일 풍력발전기 또는 대형 풍력단지에 대한 전력생산량 계산뿐만 아니라 풍력자원지도, 전 지역에 대한 바람지도책을 만드는 데에 사용할 수 있다.

WindPRO 프로그램은 WAsP과 같은 계산을 할 수 있으며, 풍력터빈 모델에 관한 통합 데이터베이스, 여러 지역과 나라들에 대한 바람지도 데이터를 가지고 있는 것은 물론이고 소음, 그림자 및 경관 영향, 풍력발전기 배치 도구와 많은 다른 기능을 위한 추가적인 모듈을 가지고 있다. WindPRO는 덴마크의 Energi og Miljodata에서 개발했다.

WindFarm 프로그램은 영국 ReSoft 회사에서 개발되었고, GL Garrad Hassan에서 개발된 WindFarmer는 최적화와 가시화를 포함하는 프로젝트 개발을 위해 필요한 모든 계산을 할 수 있다. 웹사이트에서 찾을 수 있는 RETScreen이라고 하는 무료 소프트웨어도 있는데, 이는 캐나다 CANMET 에너지기술센터가 개발하였다. 해당 웹사이트에서 여러 재생에너지원에 대한 교육, 데이터베이스와 소프트웨어 정보를 찾을 수 있다.

모든 이러한 프로그램들은 운영자가 그 프로그램을 잘 이해하고, 경험이 있는 사용자라면 쉽게 다룰 수 있고 신뢰성 있는 결과를 준다. 이러한 프로그램들은 특정 풍력터빈 기종이나 모델이 주어진 사이트에서 어느 정도의 발전량을 생산하는지 계산할 수 있고, 방사소음, 풍력단지 효율과 경관 영향을 계산하는 데에도 사용할 수 있다. 이들 프로그램 중 일부는 풍력자원지도를 만들 수 있다.

여러 나라에서 각 국가 기상청은 여러 지역에서 운영 중인 수백 개의 기상탑을 기초로 바람 지도 데이터를 준비했다. 바람지도 데이터를 포함하는 바람지도책이 유럽 대부분의 나라에서 이용 가능하고, 유럽 이외의 나라들에서도 이용 가능하다. 또한 그 바람지도책 중에 다수가 인터넷에서 이용 가능하다.

지형 거칠기

바람은 지면 마찰로 방해를 받는다. 풍력터빈은 위치하는 곳에서 지형 특성과 주변 경관에 얼마나 영향을 받을 것인가? 특정 사이트에서 얼마나 많은 에너지를 풍력터빈이 생산할 것인지 계산하기 위하여 그 사이트로부터 합리적인 거리에 위치하는 다수의 기상탑에서 수거한 바람 데이터가 사용된다. 이러한 데이터(평균풍속, 평균 해에 대한 풍속빈도분포)는 선택된 사이트에서 특정 조건의 지형 거칠기로 변경되어야 한다. 지형 거칠기는 5가지 등급으로 나눌 수 있다(표 2.1 참조).

풍력터빈이 얼마나 전력을 생산하는지는 그 사이트의 지형 특성에만 의존하는 것이 아니고, 넓은 지역에 걸친 주변 지형에도 영향을 받는다. 그 사이트 가까이에 있는 지형조건은 풍력터빈의 발전량에 가장 큰 영향을 준다. 지형 거칠기는 보통 방향마다, 즉 풍향마다 다르다. 실제계산에서 터빈 사이트 주변 반경 20km의 면적이 12방위, 각각 30도로 중심 풍력터빈을 기준으로 나뉜다. 그다음 거칠기 등급을 각 방위각sector마다 지정하거나, 또는 지도에서 거칠기 길이 값을 직접 지형 특성에 따라 지정해준다.

지도들이 정확한 실제 정보들을 주지는 않으므로, 해당 사이트와 가까운 지역의 거칠기 등급은 항상 그 사이트를 방문하여 확인 후 지정해야 한다. 왜냐하면 지도에 보이게 하기 위하여 건물, 도로 등에 대한 기호가 실제보다 크거나 넓기 때문이다. 또한 지도가 작성된 후에 상당히 큰 변화가 있었을 수도 있다(새로운 건물이나 도로 등). 해당 사이트로부터 1,000m 이상의 거리에 대한 거칠기 길이는 지도나 바람지도책 소프트웨어에 직접 입력함으로써 현장 방문 없이 등급이 지정될 수도 있다(그림 6.10 참조).

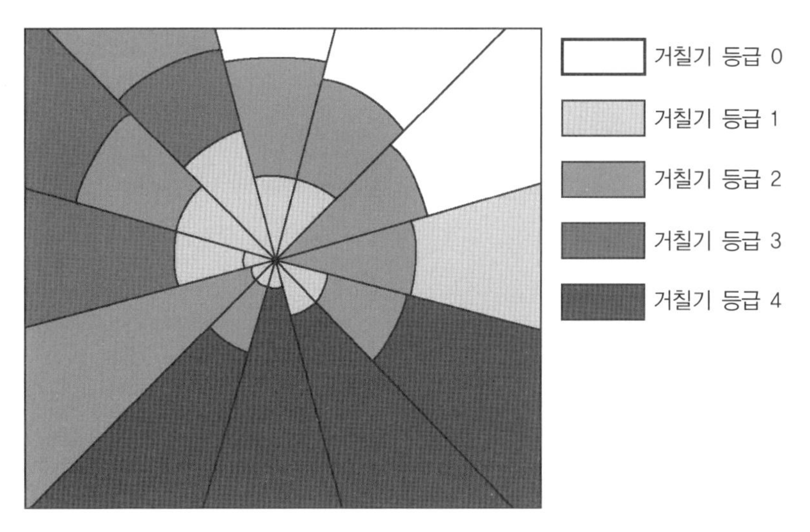

그림 6.10 거칠기 장미. 지형 거칠기가 각 섹터(방위각)로 분류된 다음 풍력터빈 출력량이 이들 각 섹터에 대하여 계산된다(출처: WindPRO).

▌작은 산 및 장애물

만일 풍력터빈이 작은 산hill 정상이나 경사면에 위치한다면, 이러한 것은 발전량을 증가시킬 수 있다. 작은 산으로부터 가속 효과speed-up effect는 산 정상 위쪽 낮은 높이에서 가장 크다(그림 2.8 참조).

그러나 급한 경사는 역효과를 가져올 수 있다. 즉, 그 경사가 약 25도 이상이면 그 경사는 출력을 감소시키는 난류를 발생시킬 수 있다. 바람지도책 프로그램은 작은 산과 장애물이 발전량에 미치는 영향을 계산할 수 있다. 복잡지형에서는 정확한 바람 데이터를 얻고 또 난류를 측정하기 위하여 반드시 해당 사이트에서 바람을 측정할 필요가 있다.

풍력터빈 가까이(1,000m 이내)에 있는 건물과 다른 장애물은 터빈이 이용할 바람에 영향을 준다. 장애물이 얼마나 발전량에 영향을 주는가는 그 높이, 폭 및 터빈으로부터의 거리와 그 특성(여과율)에 의존한다. 사이트로부터 1,000m 이상 거리에 있는 건물과 다른 장애물들은 장애물로 분류해서는 안 되고, 지면 거칠기 등급을 위한 요소로 취급되어야 한다. 만일 터빈들 가까이에 커다란 장애물이 존재하면 발전량에 영향을 줄 것이다. 대형 풍력발전기에 대한 장애물의 영향은 비교적 적다. 왜냐하면 그 영향은 터빈의 허브높이와 그 장애물의 높이와의 차이에 의존하기 때문이다. 장애물로부터 발생하는 난류는 장애물 높이의 두 배로 퍼질 것이다(그림 2.6 참조). 80m 허브높이와 80m 로터직경을 갖는 풍력터빈의 가장 낮은 블레이드 포인트는 지상으로부터 40m이다. 이것은 로터 회전면적swept area 내에 영향을 주는 난류를 발생시키기 위한 장애물은 20m 이상이라야 하는 것을 의미한다.

장애물(사이트로부터 1,000m 이내)에 관한 정보와 등고선이 프로그램에 입력된다. 풍속은 지형의 거칠기가 변함에 따라 매번 변할 것이다. 바람지도책 프로그램은 바람지도책 데이터를 각 방위별 허브높이에서의 바람 데이터로 재계산한다. 이런 것은 에너지장미로 표현되고, 이 에너지장미는 풍력발전기들의 배치를 위한 기초로 사용된다.

바람의 지문

에너지장미는 특정 높이에서 바람의 지문fingerprint이다. 바람지도책 계산이 수행될 때, 프로그램은 해당 사이트의 풍력터빈들이 각 풍향, 풍속에 대하여 생산되는 에너지를 표와 그림들로 나타낸다. 이 계산은 풍력터빈이 설치되기 전에 수행된다. 즉, 에너지장미와 이 계산으로부터 얻을 수 있는 여러 데이터를 분석하면서 가장 좋은 결과를 얻을 때까지 주변 풍력터빈들을 움직이면서 풍력단지의 구성을 최적화할 수 있다. 이러한 지문은 나라 및 지역마다 다르다. 이는 스웨덴과 스리랑카의 서해안에서 각각 보이는 것과 같다(그림 6.11, 6.12 참조).

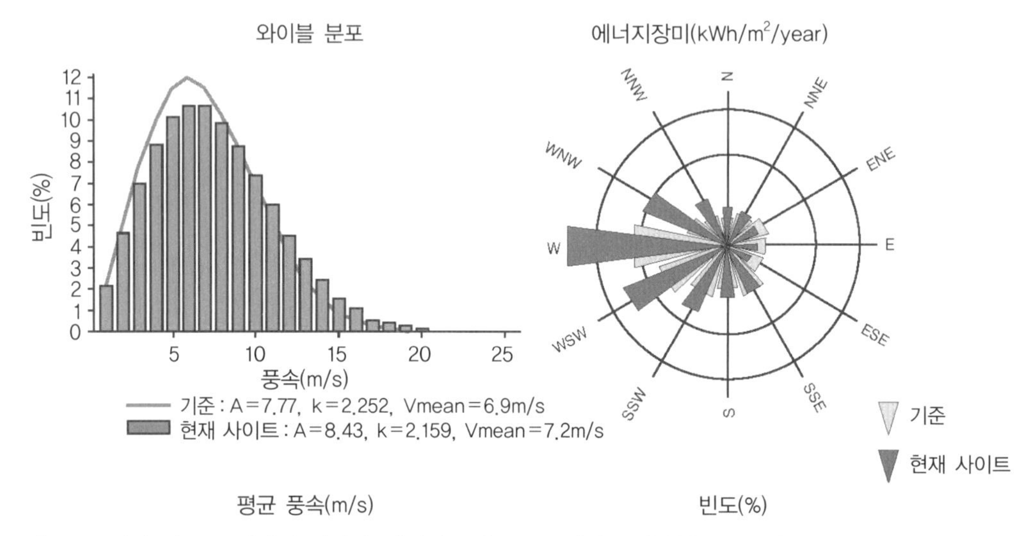

그림 6.11 바람 지문: 스웨덴의 서해안. 바람지도책 소프트웨어로 계산한 예. 그림 6.10에서 분류된 사이트에 대하여 WindPRO는 여러 풍향에 대하여 풍력터빈이 생산하는 에너지가 어느 정도인지 보여준다. 기준(reference)은 해당 사이트에서 거칠기 등급 1일 때의 풍력에너지를 나타낸다.

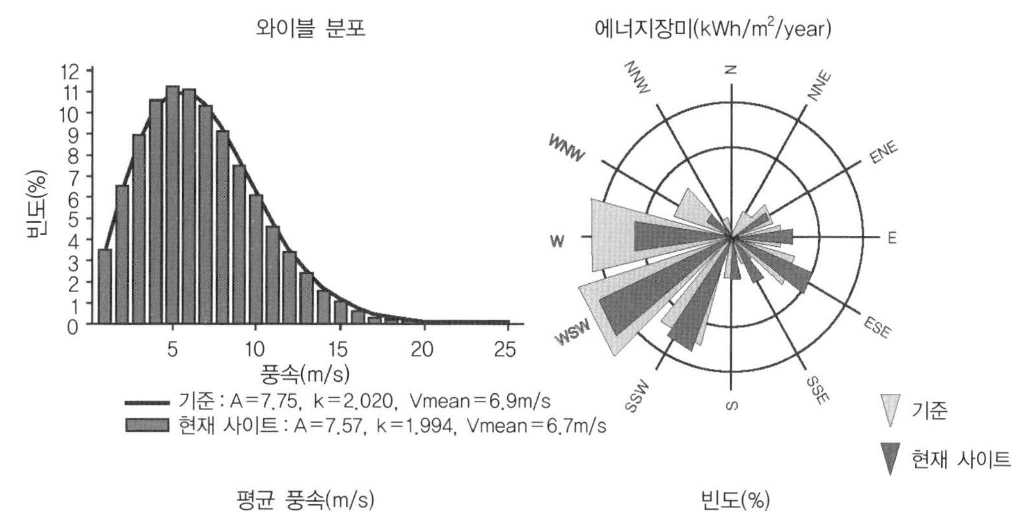

그림 6.12 바람 지문: 스리랑카의 서해안. 계절풍 기후와 무역풍이 부는 스리랑카에서 에너지장미로부터 거의 모든 에너지가 남남서 - 서풍에 의해 생산되고 있는 것을 보여준다.

▍바람지도책 계산

우선 그 지역에 대한 프로젝트, 지도와 등고선이 입력된다. 거칠기가 정의되고 지도상에 풍력터빈이 위치한다. 흔히 프로그램 데이터베이스에 이용 가능한 기상 데이터와 풍력터빈 모델이 있다. 그다음 이 바람지도책 소프트웨어는 풍력터빈의 예측 발전량, 풍력단지 효율을 계산하고 나아가 제한된 면적 내에서 특정수의 터빈의 발전량을 최적화하는 가장 효율적인 구성(배치)을 찾기도 한다. 소음유의구역에서의 소음을 계산하고 그림자 영향을 계산하는 모듈도 있다. 바람지도책 프로그램은 먼저 각 방위각에 대하여 허브높이에서 풍속빈도분포를 계산하고, 그다음 그 풍속빈도분포와 풍력터빈의 출력 곡선을 곱한다. 그 결과가 각 풍향에서의 풍속빈도에 따라 가중 계산되고 마지막으로 요약 정리된다.

지형이 너무 복잡하지 않다면, 이 방법은 상당히 정확한 결과를 줄 것이다. 그러나 이 방법으로 정확한 계산을 하려면, 그 지역에 얼마나 다른 종류의 지형을 각 등급으로 나누고, 기상탑으로부터 얼마나 멀리 바람지도책 데이터가 떨어져 있고, 여전히 대표성이 있는지에 대한 많은 연습과 경험을 요구한다.

그 지역에 다른 풍력터빈들이 온라인상에 있다면, 이들 발전량이 바람지도책 계산의 기준값으로서 입력될 수 있다. 이들 풍력터빈들이 수년 동안 운전되었고, 그들의 평균 발전량이 알려져 있다면, 이 값들이 프로그램에 입력될 수 있다. 그다음 소프트웨어가 계산을 수행하고,

그 결과가 비교될 수 있다. 만일 실제 발전량이 계산된 발전량과 동일하다면, 프로젝트의 풍력 터빈들에 대한 계산은 정확한 것이 된다. 만일 아니라면, 보다 정확히 하기 위하여 실제 또는 계산된 발전량 값들을 새로운 풍력터빈의 계산된 발전량과 곱할 수 있다.

만일 그 사이트에서 기상탑, SODAR, LIDAR가 바람 데이터를 측정했다면 이 데이터를 그 소프트웨어에 입력할 수 있다. 이러한 현장 측정 데이터는 출력량을 가장 정확히 예측할 수 있게 한다. 이러한 종류의 측정 데이터와 함께, 그리고 이 데이터를 장기간 바람 데이터로 조정한 후에 지역 풍력자원지도를 만들 수 있고, 이 풍력자원지도는 지역 지형, 해발고도와 장애물 특성에 따라 그 사이트 내에서 어떻게 바람이 변하는지를 보여준다.

오차 원인

계산의 정확도는 프로그램에 입력된 데이터의 품질에 좌우된다. 바람지도책 데이터는 다른 기간에 취득된 데이터에 기초한다. 그 데이터가 어느 해에 기초하는가는 데이터베이스에서 확인할 수 있고, 다른 기상탑에서는 다를 수 있다. 이 기간은 장기간 평균값을 얻기에는 너무 짧거나 대표하지 않을 수 있다. 측정 장비의 기술적 결함이나 데이터가 기록될 때의 계통 오차로 인하여 바람 데이터뿐만 아니라 바람 데이터를 바람지도책으로 변환할 때에도 데이터가 손상될 수 있다. 소프트웨어에서 사용되는 와이블 매개변수로 바람 데이터가 변환될 때에도 얼마간의 반올림 오차가 발생한다.

거칠기 등급 지정은 절대 정확하지 않다. 그리고 거칠기는 계절에 따라 그리고 터빈의 수명 기간 동안 변할 수 있다. 풍력터빈의 출력 곡선은 오차의 세 번째 원인이다. 출력 곡선의 형태는 그것이 측정될 때의 조건과 다를 수 있고, 풍속과 출력에 대한 정확한 관계를 주지는 않는다. 다른 지형과 다른 바람체제 특성을 갖는 다른 주변 환경에서의 출력 곡선은 인증받은 출력 곡선과 약간 다를 수 있다. 나무가 많은 지역과 숲 지역에서는 주의할 필요가 있다.

이러한 오차들과 다른 요인을 감안하여 10%의 오차 여유(경험에 의해 결정된 추정 값)를 둔다. 통계적 관점에서 보면, 풍력자원예측 시 불확도uncertainty는 너무 낮거나 너무 높을 수 있다. 그러나 대부분의 이러한 요인들은 내부 전력망, 터빈 자신의 전력 소모 등으로 인한 손실로 야기된 마이너스 값들이다. 그러므로 계산된 출력 값으로부터 10%가 항상 감소되어야 한다. 10%의 기본 감소 값을 사용하는 대신에, 손실과 불확도를 바람지도책 소프트웨어에서 더 자세히 계산할 수도 있다(Box 6.4 참조).

Box 6.4 손실과 불확도

약간의 하부 범주를 갖는 일곱 개의 손실 범주가 정의되고 동의되었다. 시작점은 배치손실(후류손실)을 포함하여 다른 전력량 손실이 전혀 없는 총 연간에너지생산량(AEP)이다. 이 시작점으로부터 실제 연간에너지생산량을 예측하기 위하여 손실이 차감된다.

후류 효과

후류 손실 범주는 두 개의 하부 범주를 포함한다. 즉, 모든 풍력터빈에 대한 후류 효과(단지 효율, 배치 효율), 그리고 미래의 후류 영향(계획되었지만 아직 건설되지 않은 풍력터빈들로부터의 영향)

가동률

가동률 손실은 네 개의 하부 범주를 갖는다. 즉, 터빈(유지활동 등으로 인한 손실), 주변 기기(내부 전력망과 변전소 사이에서의 고장), 전력망 및 기타

터빈 성능

터빈 성능 손실은 네 개의 하부 범주를 갖는다. 즉, 출력 곡선, 고풍속 히스테리시스(고풍속으로 인한 전력차단과 풍속 저감에 따른 재가동 사이의 터빈 정지로 인한 손실), 바람 유동(난류, 높은 바람 전단 등) 및 기타

전기

전기 손실 범주는 두 개의 하부 범주를 갖는다. 즉, 손실(외부 전력망에 인터페이스까지), 설비 소비(풍력단지 운영을 위한 소비)

환경

환경 손실 범주는 여섯 개의 하부 범주를 갖는다. 즉, 이들은 기후와 자연으로부터의 발전량 영향, 아이싱(icing)이 원인이 아닌 출력성능 저하(블레이드 불결과 손상), 아이싱으로 인한 출력성능 저하(블레이드의 공력효율 저감), 터빈 정지(아이싱, 낙뢰, 우박 등으로 인한 원인), 극한 온도(터빈 운전 범위를 넘어서는 온도), 사이트 접근(먼 거리, 날씨 또는 불가항력적인 일이 발생한 경우), 숲의 상태(근처 숲에서 나무의 성장이나 벌목. 이들은 발전량을 저감시키거나 증가시킨다.)

단축curtailment

단축 범주는 일곱 개의 하부 범주를 갖는다. 바람 방위 관리(wind sector management, 하중을 저감시키기 위하여 터빈 정지가 필요함), 전력망 단축 운영 및 램프율(ramp rate, 외부 전력망에서 제한하기 때문임), 전력구매협약 상의 단축(전력구매자가 풍력단지로부터의 전력을 소비하지 않을 때), 또한 소음, 그림자 피해, 조류와 박쥐로 인한 환경 및 인근 주민에의 영향을 저감시키는 단축 운영이 있다.

기타

마지막으로 기타 위 여섯 가지 범주에서 다루지 못한 손실을 고려하는 범주가 있다.

바람측정

계산을 위한 가정이 유효하고 바람지도책 계산이 정확한 결과를 줄지라도 그 사이트 1년간

의 기상탑 측정 바람 데이터가 흔히 필요하다. 이러한 바람측정 데이터는 흔히 금융기관이나 풍력단지 구매자가 요구하는 사항이기도 하다. 기상대로부터 멀리 떨어진 사이트, 또는 복잡지형에서는 신뢰성 있는 데이터를 얻을 다른 방법이 없다.

특정 사이트에서 풍력밀도와 바람의 에너지 함량에 관한 정확하고 자세한 정보를 얻기 위하여 기상탑을 설치할 수 있다. 다른 높이에 설치된 풍속계는 풍속을 측정하고, 풍향계는 풍향을 측정한다. 데이터 로거는 바람 데이터를 수거한다. 이 데이터로 측정기간 동안 평균풍속, 풍속빈도분포, 풍력밀도, 에너지 함량, 풍향분포, 바람 전단, 난류강도가 계산된다. 이상적으로는 장차 설치될 풍력터빈의 허브높이에서 바람을 측정하는 것이다. 그러나 바람 데이터를 다른 높이로 재계산하는 것은 쉽다. 기상탑 대신에 SODAR와 LIDAR를 사용할 수 있다. 이 측정 장비들은 훨씬 저렴하고 높은 해상도를 갖는 정확한 결과를 준다.

그러나 정확한 결과를 얻기 위한 전제조건은 항상 측정 장비가 정해진 대로 작동하는 것이다. 풍속계가 보정되어야 하고 기상탑에 정확히 설치되어야 한다. 실제 측정하는 동안 날씨 조건은 특히 눈이 오거나 영하의 날씨에서는 그 결과에 영향을 미칠 수 있다. 측정 데이터에 관련된 부정확도가 통계적 방법으로 예측 가능하다. 바람을 측정하기 전에 금융기관들이 사용될 바람측정방법을 승인하고, 그 측정값들이 자금조달하기에 충분히 신뢰성이 있다고 하는 것을 확인하는 것이 중요하다.

함정(유의사항)

풍력단지의 평가, 바람 데이터 분석, 풍력단지 배치와 예측 발전량의 계산은 보통 표준 가정에 기초한다. 그러나 이러한 가정이 적용되지 않는 사이트가 있다. 투자할 때 기초로 해왔던 예측 값들을 부정할 수 있는 몇 가지 요인이 있다. 온도와 기후가 하나의 요인이고, 극한 풍속이 또 다른 요인이며, 나무와 숲의 영향 역시 고려되어야 한다. 풍력자원지도가 중요하게 해석되어야 하고 마지막으로 풍력단지가 건설되기 전에 결정된 풍력단지 배치를 채택하지 않고 변경될 수 있다는 것을 알고 있는 것이 중요하다.

❙ 극한 온도

매우 좋은 풍력자원을 갖는 장소가 산악지역과 북극지역에 많이 있다. 이러한 지역인 미국과 북 스칸디나비아에 풍력발전기가 설치되었다. 북극 기후 조건은 풍력터빈에 특별한 요구를 한다. 일반 표준 풍력터빈은 이러한 조건에서 오랫동안 가동할 수 없겠지만, 그러한 기후가 야기하는 악조건에 적응하도록 터빈을 개조할 수 있다. 즉, 타워를 특수 철강으로 만들고, 저온에 사용되는 특별 윤활유 사용, 로터 블레이드와 풍속계를 위한 가열시스템, 아이스 감지기와 기타 특별 장치가 혹한 기후에서 풍력터빈의 가동률과 발전량을 증가시키기 위하여 사용될 수 있다.

대부분의 풍력터빈은 냉각시스템을 갖고 있기 때문에 높은 온도조건은 별 문제가 되는 것 같지 않다. 열대기후에서 공기 중의 습도가 매우 높을 수 있으므로, 허브 안쪽과 제어시스템이 설치된 곳에 추가적인 에어컨 장치를 설치할 필요가 있을 수 있다.

극한풍속

대부분의 풍력터빈은 최소 60m/s의 극한풍속에 견딜 수 있도록 설계되었지만 이는 단지 수 초간, 즉 극한 돌풍에 대한 것이다. 그러나 터빈은 이보다 더 강한 바람이 부는 사이트를 위하여 설계될 수 있고, 이러한 터빈은 물론 값이 비싸다. 많은 풍력터빈이 설치된 지역에 심한 폭풍, 허리케인, 태풍이 발생되었으므로 터빈의 생존능력이 실제적으로 시험되었다.

덴마크에 설치된 수천 개의 풍력터빈들 대부분이 2005년 초에 발생한 심한 폭풍에도 살아남았다. 그 폭풍은 스칸디나비아 남부에 있는 수천만 그루의 나무를 쓰러뜨렸다. 인도에서는 Gujarat에 있는 풍력단지의 111기 풍력터빈이 1998년 허리케인에 의해 전도되었다. 일본에서는 미야키섬에서 운전 중인 풍력터빈들이 태풍에 쓰러졌다. 2006년 8월에 중국에서는 상메이 태풍이 Changnan Xiaguan 풍력단지의 28기 풍력터빈을 무너뜨렸다. 허리케인과 태풍이 발생하는 지역에서는 설사 비싸실지라노 풍력터빈은 이러한 조선에 견디도록 설계되어야 한나. 아니면 이러한 지역을 피하여 계획하고, 타당성 연구에서 그들을 제외하는 것이다.

숲

풍력개발자에게 오랫동안 첫 번째 규칙은 나무와 숲을 피하는 것이었다. 이유는 물론 숲은 높은 거칠기를 가지고 있고, 바람을 약하게 하기 때문이다. 숲 때문에 바람 전단이 증가하게 되지만, 멱지수는 로터 회전면적 전체에 걸쳐 0.2를 넘어서는 안 된다. 나무들이나 숲 가장자리 역시 많은 난류를 발생시키므로 풍력터빈과 숲 가장자리 사이에 일정한 안전거리를 확보하는 것을 추천한다. 만일 그 거리가 충분하지 않다면, 출력 곡선이 유효하지 않다. 즉, 계산 결과는 기대 출력량을 과대 예측할 것이다(Box 6.5 참조).

Box 6.5 풍력과 숲

숲 가장자리 근처에 다음 개략적인 규칙이 적용될 수 있다. 즉, 멱지수가 0.20을 넘지 않아야 한다.
터빈 하부 플랜지로부터 풍력터빈 주변의 나무 높이는 다음 제한을 넘지 않아야 한다. 여기서 R은 터빈과 나무 사이의 거리, H_h는 허브높이, D는 로터직경이다.

$R \leq 5D$에서, 나무의 최대 높이: $H_h - 0.67D$
$5D < R \leq 10D$에서, 나무의 최대 높이: $H_h - 0.67D + 0.17D \times ([R/5D]-1)$

만일 60m의 허브높이와 로터직경을 갖는 터빈이 높이 20m 나무[60-(0.67×60) = 20 m]가 있는 숲 가장자리를 포함하는 사이트에 설치될 예정이라면, 그 가장자리까지 거리는 최소 로터직경의 5배라야 한다. 즉, 5×60 = 300m. 600m의 거리에서는 터빈 출력(출력 곡선)에의 영향을 피하기 위하여 나무의 최대 높이가 30m 정도일 것이다. 즉,

$60-40+10.2[(600/300)-1]$.

만일 그 거리가 500m로 주어진다면, 두 번째 경우의 선택사항은 허브높이를 64m로 늘리는 것이다. 그래서 첫 번째 추천은 숲 가장자리와 10D 이상 거리를 두는 것이고, 이것이 경제성을 저하시키면, 이러한 개략적인 규칙에 따라 허브높이를 높이는 것이다(Schou Nielsen and Stiesdal, 2004).

독일과 스웨덴에서 풍력터빈이 숲 지역에 설치되었다. 이러한 설치는 산림지역의 작은 산과 산등성이에서 흔히 이루어졌고, 이는 매우 높은 발전량을 생산했다. 그런 사이트에서 터빈들은 주변 숲 위로 높이 솟아 운전되고 있다. 흔히 거기에서는 작은 산 높이와 허브높이를 합하면 수백 미터가 된다. 그렇지 않고 풍력터빈이 숲 안에 설치되면 심각한 위험에 직면할 것이다.

너무 높은 바람 전단과 난류를 피하기 위하여 타워는 매우 높아야 한다. 즉, 로터의 최고 하단이 거칠기 하부 계층 위에 위치해야 한다. 이러한 거칠기 하부 계층은 대부분의 경우 나무 꼭대기부터 30m 정도에서 끝난다. 오늘날 많은 풍력터빈 제조사는 100～140m의 매우 높은 타워를 제공하고 있는데, 이는 숲 지역에서 풍력자원을 이용할 수 있게 하기 위함이다.

숲 지역에서 풍력발전단지를 개발하는 것은 아래와 같은 많은 단점을 가지고 있다.

- 보다 높은 타워 및 높은 비용
- 허브높이에서 같은 풍속이라도 숲에서는 적은 에너지를 생산함(난류 등으로 인해서)

• 높은 난류와 높은 바람 전단(더 많은 마모, 더 짧은 수명, 더 높은 운전 및 유지보수비용)

몇몇 제조사들은 이러한 사이트들을 위한 제어 방법을 개발했다. 한 방법은 방위 제어sector management인데, 이는 바람이 너무 높은 난류가 발생하는 방향으로부터 불어오면 풍력터빈을 정지시키는 것이다. 물론 이러한 정지는 잠재적인 총 연간에너지발전량을 감소시킨다. 나무와 숲을 피하는 것은 여전히 가장 좋은 전략이다. 풍력터빈을 숲 가장자리와 너무 가까이 설치하면 기대하는 출력의 20~40%를 흔히 감소시킨다. 그러나 산림지역의 작은 산과 산등성이는 풍력을 위한 매우 좋은 사이트일 수 있다. 이러한 것은 항상 그런 것은 아니므로 숲 지역 모든 사이트에 대하여 직접 현장 바람 데이터 측정이 필수적이다.

풍력자원지도

풍력자원지도는 보통 고성능 컴퓨터에서 기상모델을 구동하여 만들어진다. 이러한 중규모 기상모델은 보통 매우 좋다. 그러나 입력 데이터 역시 정확해야 한다. 해안선이나 산악지형 같은 특정 형태의 지형 변화를 실제로 모델로 잘 정의하기에는 너무 복잡하다. 기상모델은 국가 같은 넓은 지역을 보통 포함한다. 지형 거칠기가 자세히 묘사될 수 없지만, 위성 데이터를 기반으로 한 디지털 지표면 커버리지 지도로부터 얻을 수 있다.

이런 데이터가 항상 정확한 것은 아니라서 때때로 개발자들이 경제성이 없는 프로젝트를 계획하게 하기도 한다. 왜냐하면 실제 바람측정 후에 그 풍력자원지도가 풍속을 과대평가했다는 것이 증명되기 때문이다. 많은 개발자가 경제성이 없다고 판명될 프로젝트를 개발하며 시간과 돈을 낭비하곤 한다. 따라서 풍력자원지도 해석을 신중히 하는 것이 중요하다.

▌풍력터빈 업그레이드

풍력 프로젝트를 개발하는 데에 흔히 오랜 시간이 걸린다. 특히 허가 과정이 그렇다. 만일 허가가 반대에 부딪히면, 개발자는 풍력단지 건설 착수 허가를 위하여 수년을 기다려야 할지도 모른다. 이런 기간 동안, 풍력터빈 기술개발이 계속된다. 풍력 프로젝트를 위한 계획 단계에서의 풍력터빈은 건설 단계가 시작될 즈음엔 시장에 더 이상 없을 수도 있다. 가장 비용 효율적인 터빈들은 개발자가 건설 허가를 받고 풍력단지 배치를 위하여 사용한 터빈보다 대형화되었기 때문이다.

이러한 과정의 한 예는 말뫼와 코펜하겐 사이에 위치하는 Oresund의 Lillgrund 해상풍력단지이다. 이 프로젝트는 1997년 Eurowind AB 회사에 의해 시작되었다. 이 해상풍력단지에는 원래 66m의 로터직경을 갖는 1.5MW 풍력터빈이 계획되었다. 계획된 구역 내에서 48기의 풍력터빈이 신청되었다. 이는 스웨덴에서 대형 해상풍력단지 건설을 위해 첫 번째 허가를 신청한 경우였기 때문에 관계 당국으로부터의 조사 요구사항이 엄청났다. 그러나 요청된 모든 면—물고기, 해양 생물, 해수 유동, 선적, 레이다 및 다른 것들에의 영향—이 철저히 연구되었고, 이것에 수년이 걸렸다. 마침내 허가가 2003년 10월에 떨어졌다.

이 기간 동안 그 프로젝트에 투자하기로 계획한 첫 번째 파트너가 다른 프로젝트에 연관이 있었다. 전체 프로젝트가 스웨덴 국영 전력회사 Vattenfall에 2004년에 팔렸다. 그 풍력단지에 설계된 터빈들은 구식이 되었다. Vattenfall은 더 큰 2.3MW 터빈을 선택했는데, 이는 덴마크 해상풍력단지 Nysted가 해상 성능을 입증했기 때문이다. 그리고 로터직경을 90m에서 100m로 높였다.

그러나 Vattenfall은 풍력단지의 원래 배치를 고수했다. 터빈 사이즈에 의해 배치 형태가 지배되고, 터빈 사이의 거리가 로터직경으로 측정되기 때문에 이것은 그 배치의 근본적인 변화였다. 원래 계획에서는 그들은 이 장의 초반부에 설명한 것처럼 개략적인 규칙을 따랐다. 그러나 더 큰 풍력터빈과 함께 이러한 규칙은 더 이상 유효하지 않았다. 풍력터빈들의 내열 거리가 3.3D로 줄었고 열들 사이의 거리는 4.3D로 역시 줄어들었다. 이것은 결과적으로 77%를 넘지 않는 풍력단지 효율이 되었다. 바람이 열과 평행하게 불면 (3.3D와 함께) 두 번째 풍력터빈은 첫 번째 터빈보다 적은 70%의 전력을 생산할 것이다. 풍력단지에서 바람이 열과 수직으로 불면 (4.3D와 함께) 후류영향을 첫 번째로 받는 풍력터빈은 상류 측에 위치한 터빈의 80% 전력을 생산할 것이다(Dahlberg, 2009).

이 풍력단지는 실제적으로는 더 적은 풍력터빈으로 더 많은 전력을 생산하곤 한다! 바람이 열 방향(3.3D)으로 불 때, 매 두 번째 열에 있는 터빈을 정지시키고 페더링feathering 상태로 하면, 터빈들 사이의 거리는 6.6D로 증가할 것이고 따라서 발전량이 증가한 것이다. 이런 운전이 방위제어sector management에 의해 실현될 수 있다.

엔지니어가 풍력단지 배치를 재조정하는 데에 꽤 많은 시간을 소비할지라도, 그리고 터빈 기초(기초설계가 깊이에 따라 달라짐)의 치수를 재계산하는 데 시간이 더 걸리고, 또한 새로운 풍력단지의 구성에 대하여 허가를 받는 데에 수개월이 더 걸릴지라도, 풍력단지에 대한 비용 효율 면에서 얻는 것에 비하면 이들은 아무것도 아닐 것이다. 새롭고 더 큰 터빈에 대하여 과거의 배치는 결코 사용하지 않는 게 좋다.

풍력터빈 선택

30년 이상의 연구 개발과 수천 기의 풍력터빈을 운영하는 실제적인 경험 끝에, 풍력산업은 성숙해졌다고 생각할 수 있다. 적어도 신뢰성 높은 풍력터빈 제조사의 상업용 풍력터빈 중에서 수년 내에 중대한 고장이 나는 그러한 풍력터빈은 없다. 또한 풍력터빈의 품질을 보증하는 인증시스템이 있다. 풍력에 투자하는 것이 어떤 다른 신뢰성 있는 기술 분야에 투자하는 것보다 더 위험하다고 할 수 없다.

수십 년 동안 많은 다른 풍력터빈 형식이 시험되고, 상업화되었다. 가장 신뢰성 있고, 효율적이고, 시장에서 가장 성공했다고 증명된 풍력터빈 형식은 수평축 3개 블레이드 업윈드 풍력발전기이고, 상업 운전하는 대부분의 풍력발전기는 이 형식이다.

시장에 수많은 풍력터빈이 나와 있고, 선택할 수 있다. 대부분의 풍력터빈 제조사들은 몇몇 다른 모델을 제공하고 이러한 모델들은 흔히 여러 버전으로 판매되고 있다. 이런 많은 선택사항으로 인하여 특정 사이트 조건에 맞는 풍력터빈을 설치할 수 있게 되었다. 어떤 사이트에 무슨 형식의 터빈이 사용되느냐는 많은 다른 요인에 좌우된다. 즉, 풍력자원, 지형 거칠기, 이용 가능 면적의 크기, 전력망 용량, 프로젝트의 목적 등이 그것이다. 풍력터빈 가격과 납품 기간도 물론 고려해야 할 중요한 요소이다.

▌풍력터빈 크기

몇 개의 다른 크기의 풍력터빈이 있다. 여기서 크기는 허브높이, 로터직경과 공칭 출력으로 정의된다. 크기 정의에 대한 주 파라미터는 로터직경 또는 로터 회전면적이다. 로터 회전면적이 클수록, 더 많은 바람을 받을 수 있고 이를 더 많은 출력으로 바꿀 수 있다. 허브높이와 공칭 출력은 두 번째 기준이다. 허브높이 선택은 주변 지형에 따라 결정되고, 공칭 출력은 그 사이트에서의 풍력자원에 따라 결정된다. 로터직경이 증가하면 더 높은 허브높이가 필요하다. 숲 지역 사이트를 위하여 매우 높은 타워가 개발되었고, 이는 최대 160m에 이른다.

❙ 풍력터빈 형식

3개 블레이드 업윈드 수평축 풍력터빈 그룹에서 약간의 선택사항이 있다. 더 정교한 기술로 개발이 이루어지고, 이는 효율을 증가시켰지만, 풍력터빈이 더 복잡하게 되었다. 현재 대부분의 풍력터빈 출력제어는 로터 블레이드의 각도를 돌리면서 제어하는 피치제어pitch control 방식이다. 로터 회전속도는 효율을 증가시키기 위하여 가변식이 되었다.

1990년대 중반 이후로 기어박스는 문제가 많은 구성부품이었다. 기어박스가 감당해야 할 하중을 고려하면, 그들 중 많은 수가 개량되거나 수년 동안 운전 후에 교체되는 것은 놀랄 일이 아니다. 드라이브 트레인은 물론이고 기어박스도 보다 더 유연하고 내구성이 있도록 개발하기 위하여 많은 연구가 수행되었다. 기어박스가 없는 다극 직접구동 링 발전기를 사용하는 모델도 있다. 로터와 저속 구동 다극 발전기 사이에 튼튼한 1단 또는 2단 기어박스를 갖는 새로운 개념 역시 개발되었다. 그러나 무한정 사용 가능한 풍력터빈이 없듯이 기어박스 역시 그렇다. 따라서 약 10년 후 미래의 기어박스 교체비용이 경제성 분석에 포함되어야 한다. 그러나 2010년 이후 트렌드는 더 많은 풍력터빈 제조사가 직접구동식 또는 하이브리드 터빈을 선택하고 있다.

타워에 대해서도 몇 가지 선택사항이 있다. 즉, 원통 철, 콘크리트 또는 철탑 타워가 그것이다. 매우 높은 타워를 위하여 흔히 하이브리드 타워가 선택된다. 이는 예를 들면, 80m는 콘크리트 타워이고 그 위 40m는 철 타워인 것이다. 타워의 선택은 대부분 기후에 따라 다르다. 북스칸디나비아에서는 철탑 타워는 선택사항이 아니다. 왜냐하면 겨울철 혹한 시 빙결은 철탑 타워를 무너뜨릴 수 있기 때문이다. 인도 같은 열대성 기후의 나라에서는 철탑 타워가 장점을 갖는다. 왜냐하면 철탑 타워는 정기적으로 유지활동(볼트가 정기적으로 점검되어야 함)을 해야 하는데, 인건비가 싼 나라에서는 좋은 선택이다. 또한 철탑 타워 만드는 데에 철이 적게 필요하고, 운반하기도 쉽다. 그리고 기초foundation를 만드는 데에 원통 철 타워처럼 많은 콘크리트가 필요하지도 않다.

개발자가 풍력단지 건설을 위한 넓은 면적을 가졌을 때, 개별 풍력터빈들의 배치를 위한 선택사항만 있는 것이 아니고, 다수의 소형 또는 중형 풍력터빈이나 약간의 대형 풍력터빈을 선택하는 것 역시 있다. 보통 가장 큰 풍력터빈은 면적당 발전량과 비용 효율 면에서 풍력자원을 가장 잘 이용한다. 그러나 이것은 보다 적은 면적에 대해서는 항상 그런 것은 아니다. 보다 적은 면적에서는 여러 기의 소형 풍력터빈과 약간의 대형 풍력터빈을 설치할 수 있으므로 결과적으로 더 많은 설치용량과 더 높은 발전량을 가지고 올 것이다. 풍력단지의 구성(배치)을 최적화하기 위한 다양한 선택사항을 시험해보는 데에 시간을 들이고 노력하는 것은 항상 가치 있는 일이다.

소형이고 단순한 터빈과 커다랗고 첨단 기술을 적용한 터빈들 사이의 선택은 프로젝트의 크기, 사이트의 자연환경과 그 나라의 조건에 따라 다르다. 기간시설(도로 및 전력망)은 매우 중요하다. 어떤 사이트에서는 작고 간단하고 튼튼한 터빈이 최고의 선택일 수 있지만, 또 다른 사이트에서는 크고 첨단 기술이 적용된 풍력터빈이 최고의 선택일 수 있다.

▍바람기후에 맞춰 제조된 풍력터빈

대부분의 풍력터빈 제조사들은 자신들 모델에서 다양한 옵션을 제공한다. 흔히 둘 또는 세 개의 허브높이를 선택할 수 있고, 원통 철, 철탑, 미리 성형된 콘크리트 타워도 하나의 선택사항이다. 이러한 선택은 주로 취향, 비용, 운송의 문제이다. 허브높이의 선택은 지형의 특성에 기초한다. 해안가와 해상 같은 장애물이 거의 없는 경관에서는 풍속은 높이에 따라 별로 증가하지 않으므로 가장 짧은 타워면 충분할 것이다.

많은 나무, 건물 또는 숲 가장자리에 가까운 지형에서는 더 높은 타워를 선택하는 것이 합리적이고 비용 효율을 높인다. 타워 높이와 비용 사이에 일정한 관계가 있다. 즉, 더 높은 타워는 더 비싸므로 풍속의 차이가 더 높은 투자금을 돌려줄 정도로 충분히 발전량이 증가해야 한다.

▍공칭 출력과 로터직경

낮은 평균풍속, 보통 평균풍속, 그리고 높은 평균풍속을 갖는 사이트에 맞추어 설계된 풍력터빈들이 있다. 낮은 풍속에 맞추어 제조된 풍력터빈은 정격출력에 비하여 큰 로터직경을 갖고 낮은 정격풍속(풍력터빈이 정격출력에 도달할 때의 풍속)을 갖는다. 높은 풍속에 맞추어 제조된 풍력터빈은 정격출력에 비하여 작은 로터직경을 갖고, 높은 정격풍속을 갖는다. 이 등급화는 공칭 출력과 로터 회전면적과의 관계에 근거한다.

Enercon은 800kW 공칭 출력인 E－48과 E－53 두 모델을 가지고 있다. E－53 모델은 저풍속 버전이고, E－48은 고풍속 사이트에서 더 좋은 모델이다. 로터직경 90m를 갖는 Vestas V90 모델은 1.8, 2, 3MW 발전기를 저풍속, 중풍속, 고풍속 사이트에서 각각 선택할 수 있다. 중국 제조사인 Goldwind는 90 또는 100m 로터직경을 갖는 2.5MW 풍력터빈을 가지고 있다(표 6.1 참조).

표 6.1 로터직경에 대한 공칭 출력

풍력터빈 모델	정격출력(kW)	정격풍속(m/s)	로터직경(m)	로터 회전면적(m^2)	kW/m^2
Enercon E-48	800	14	48	1810	0.44
Enercon E-53	800	13	53	2205	0.36
Vestas V90-1.8	1800	12	90	6362	0.28
Vestas V90-2.0	2000	13	90	6362	0.31
Vestas V90-3.0	3000	15	90	6362	0.47
Goldwind 90/2500	2500	14.5	90	6362	0.39
Goldwind 100/2500	2500	13	100	7850	0.32

세계 시장에서 이용 가능한 풍력터빈들은 이러한 특정 비율 값(kW/m^2)이 0.28~0.58 사이에 있다. 가장 높은 값은 해상풍력단지에서 나타난다. 풍력터빈을 어떤 사이트의 바람조건으로 개선하기 위한 특정 비율은 6m/s의 평균풍속에서 약 0.3, 7m/s에서 0.4 그리고 8m/s에서 0.45~0.6이다.

IEC(국제전기기술위원회) 풍력터빈 등급

IEC www.iec.ch 에서 규정된 풍력터빈 등급을 위한 제도가 있다. 이 등급이 풍력터빈의 표준화와 인증을 위하여 사용된다. 이 등급은 가장 높은 풍속조건에 대한 등급 Class I에서부터 보통의 풍속 사이트용인 등급 IV까지 있다(표 6.2 참조).

여러 바람조건에 대하여 풍력터빈들이 특정되어 있다. 예를 들면, IEC IIB는 평균풍속 8.5m/s 이상, 풍속 15m/s에서 난류강도 0.16 이상인 사이트에서 사용할 수 있다. 난류는 풍속에 따라 변하므로 풍속이 특정되어야 한다. 난류는 10분 평균으로 측정된다. IEC 풍력터빈 등급을 정의하기 위해 사용되는 기본 파라미터는 기준 풍속(V_{ref})이다. 어떤 기준 풍속에 대한 특정 터빈은 50년 재현기간 동안 허브높이에서 극한 10분 평균풍속이 그 기준 풍속보다 낮거나 같은 바람기후에서 견디도록 설계된 것이다. 실제적으로는 이보다 더 높은 극한 풍속이 불 수 있고, 다른 측정값으로는 극한 돌풍에 대한 3초 평균이 있다.

표 6.2 IEC 풍력터빈 등급: IEC 61400-1(2판, 1999)

IEC 등급					
	I	II	III	IV	S
V_{ref}(m/s)	50	42.5	37.5	30	설계자가 특정하는 값
V_{ave}(m/s)	10	8.5	7.5	6	
A I_{15}	0.18	0.18	0.18	0.18	
a	2	2	2	2	
B I_{15}	0.16	0.16	0.16	0.16	
a	3	3	3	3	

주: 이 값들은 허브높이에 적용되고, A는 고난류강도, B는 저난류강도, I_{15}는 15m/s에서의 난류강도, a는 정상난류모델 식에서의 기울기 파라미터이다.

역자 주: IEC 풍력터빈 등급은 아래와 같이 개정되었다.

IEC 풍력터빈 등급: IEC 61400-1(3판, 2005)

IEC 등급				
	I	II	III	S
V_{ref} (m/s)	50	42.5	37.5	설계자가 특정하는 값
A I_{ref}	0.16	0.16	0.16	
B I_{ref}	0.14	0.14	0.14	
C I_{ref}	0.12	0.12	0.12	

위 표의 수치는 허브높이에 대해 적용한다.
A는 고 난류특성, B는 중 난류특성, C는 저 난류특성의 카테고리를 나타낸다.
I_{ref}는 15m/s 풍속에서 난류강도의 특성 값이다.

전력망 호환성

사이트에서 전력망의 조건과 용량, 그리고 전력망 운영자의 요구사항은 풍력터빈 모델 선택을 제한할지 모른다. 단일 터빈이나 규모가 작은 풍력단지가 연결될 때, 전력망은 약간의 스파이크, 무효전력 소비, 전력망 호환을 위한 고급 장비가 없는 풍력단지가 일으킬 수 있는 여러 전력품질 문제를 처리할 수 있다. 그러나 상당한 공칭 출력과 많은 풍력터빈이 보급이 된 대형 풍력단지에서 전력망 운영자의 요구사항은 선택할 수 있는 풍력터빈 모델을 더 엄격하게 제한하고, 변압기의 전기장치 및 전력망 인터페이스에서 풍력단지 운전자 쪽에 있는 변전소를 더 엄격하게 제한한다.

부품 제조업자

풍력단지가 운전을 시작했을 때, 약 20년 동안 가능한 거의 문제없이 운전을 계속해야 한다. 그러므로 좋은 실적을 갖는 풍력터빈 모델 및 부품 제조사를 선택하는 것이 중요하다. 풍력단지를 계속 문제없이 운전하기 위하여, 장비나 설비가 품질이 좋다는 평판이 있고, 발생할지도 모르는 문제에 빨리 대응해줄 수 있는 제조사와 거래하는 것이 좋다. 이를 아는 가장 좋은 방법은 다른 경험 있는 프로젝트 개발자와 풍력단지 운영자의 평판을 듣는 것이다.

풍력터빈 시장이 빨리 성장할 때, 제조사가 선정된 풍력터빈을 항상 주문받지는 못 할 수도 있다. 특히 작은 프로젝트와 규모가 작은 개발자에게는 더 그렇다. 배송 시간 역시 매우 길지도 모른다. 그럼 문제는 바라던 제조사로부터 배달을 기다리기 위해 타임라인을 변경할 가치가 있는가, 아니면 다른 선택사항을 선택하는 게 좋은가이다. 풍력터빈의 기술적 수명은 20년이므로, 입증된 실적을 갖고 있고, 좋은 사후 서비스, 운전 및 유지보수에의 경험, 운전 전체 기간 동안 이용할 수 있는 예비부품을 갖고 있는 제조사가 배송하는 것은 기다릴 가치가 있을 것이다.

시장에 이용 가능한 풍력터빈을 다양하게 선택할 수 있고 새로운 제조사가 제품을 세계시장에 수출하기 시작할 때 더 많은 선택을 할 수 있을 것이다. 연구가 진행되고 있고, 더 비용 효율적인 풍력터빈을 향한 기술개발이 계속되고 있다.

프로젝트 개발자는 신청절차 중에 절대 풍력터빈 제조사의 모델을 특정해서는 안 된다. 터빈 숫자와 용량, 허브높이와 총높이를 특정하는 것으로 충분하다. 이에 대한 몇 가지 이유가 있다. 첫 번째, 건설과정이 시작될 때 그 해당 모델이 더 이상 이용 가능하지 않을 수 있다. 대부분의 제조사들은 터빈을 계속 개발하고, 터빈을 주문할 때가 왔을 때 특정 모델은 더 큰 로터 또는 다른 표준 허브높이를 가질 수 있다. 만일 그렇다면 인허가는 더 이상 유효하지 않다. 그러므로 인허가 신청 단계에서 터빈 크기에 여유를 두어야 한다. 두 번째, 벤처사업에서 몇몇 다른 제조사들이 입찰을 요청받기 때문이다. (이들이 낙찰될 수도 있다.)

프로젝트 개발자는 개발될 풍력단지를 위한 가장 적합한 풍력터빈 모델을 선택하기 위하여 사이트 조건, 풍력자원과 풍력터빈 특성 사이에 서로 영향을 미치는 요인을 이해할 필요가 있다.

풍력발전의 경제학

철저한 경제성 분석은 풍력발전 프로젝트에 성공을 결정짓는 중요한 요소이다. 풍력발전단지는 투자가 또는 자금을 제공하는 은행이 그들의 투자금을 회수할 수 있고 투자금에 대한 적절한 보상이 이루어질 수 있도록 충분한 수익을 보장해야 한다. 실현 가능하며 납득이 가는 예산안이 없다면 어떤 투자자도 풍력발전 프로젝트에 기꺼이 자금을 지원하지 않을 것이다.

경제성 분석에서 첫 번째 과제는 풍력발전단지가 선택된 사이트에서 얼마나 많은 전기를 생산해낼 수 있는가를 실질적으로 계산하는 것이다. 이는 WindPRO나 WAsP 같은 바람지도책wind atlas 프로그램을 통해 수행이 가능하며, 혹은 현장의 바람측정 데이터를 이용하여 장기간 평균으로 표준화시킴으로써 가능하다. 이러한 계산의 결과는 평균적인 바람이 불어오는 해에 풍력발전단지가 얼마나 많은 kWh의 전기 생산(발전소의 기대수명 동안의 평균 연간 발전량)이 예상되는지 보여준다.

다음 과제는 투자비용을 추정하는 것이다. 풍력발전기가 발전을 시작할 때, 수익은 재무비용뿐만 아니라 유지보수에 대한 비용을 감당해야 한다. 또한 풍력발전단지는 수익을 올려야 한다.

여기에 투자 수익률을 계산하는 방법이 몇 가지 있는데, 이는 연금법annuity method, 현재가치법present value method, 내부수익률IRR: Internal Rate of Return 그리고 회수기간법payback period method이다. 현금흐름 분석은 풍력발전단지의 기대수명 동안에 투자 연간 수익을 보여준다. 그러나 이러한 모든 계산은 미래의 발전량(바람은 변동함), 발전가격power price, 이자율 등이 현재 정확히 예측될 수 없다는 가정을 바탕으로 한다. 그러므로 경제성 분석은 투자에 대한 리스크 및 기회를 추정할 수 있는 민감도 분석sensitivity analysis이 포함되어야 한다. 마지막으로 프로젝트에 대한 자금조달financing 계획을 마련하여야 하며, 이는 이자 지불, 대출 상환 및 기타 비용 지불이 가능하도록 충분한 예산이 항상 구비되어야 한다. 이를 유동성 자산liquidity budget이라 부른다.

기본적으로 자금조달은 두 가지 방식으로 수행될 수 있으며, 이는 기업 자금조달corporate financing과 프로젝트 자금조달project financing이다. 풍력 프로젝트는 은행으로부터 돈을 대출받거나 개인 투자가에 의해서 또는 다른 방식으로 자금을 조달할 수 있다. 또한 어떤 수익이 발생하기 전에 프로젝트 개발 및 진입로 건설, 풍력발전단지 수주 시 계약금 지불을 위해 돈을 투자해야 한다. 개발자 스스로 또는 은행으로부터 대출을 통해 이러한 비용들을 보통 충당한다.

❙ 투자

풍력발전단지 구매, 사이트 내 설치 그리고 전력망 연결에 필요한 비용은 투자 예산에서 산출된다. 예비타당성 조사에서는 대략적인 추정이 적용될 수 있다. 예비타당성 조사의 목적은 프로젝트의 실현 가치 여부를 평가하는 것이다.

계획 수행 결정을 내린 후, 새롭고 더 세분화된 투자 예산이 만들어져야 하며, 이는 풍력발전기, 진입로, 기초, 전력망 연결 작업 그리고 장비 및 기타 부수적인 작업을 위한 입찰에 기초하여야 한다. 이러한 꼼꼼히 계산된 투자 예산은 이후 은행에 대출 신청을 위하여 제출되며, 미래 투자가들에게도 제출된다.

투자 예산은 다음의 항목을 포함한다.

- 풍력발전기
- 기초
- 도로 및 제반시설
- 전력망 연결
- 프로젝트 개발

풍력발전기

풍력발전기의 모델 및 사이즈에 따른 가격은 가격표, 제조사 혹은 그들의 에이전트로부터 직접 확보할 수 있다. 최종 조달(구매 단계)할 때, 계약 가격 및 조건을 협상할 수 있다. 풍력발전 장비가 외국(다른 화폐단위를 갖는)에서 생산된다면, 가격은 환율에 의존하며, 이러한 환율은 가끔 매우 빨리 변동될 수도 있다. 풍력발전기를 사이트까지 수송, 조립, 설치 및 전력망 연결은 제조사가 수행하며, 이는 보통 구매가격에 포함된다. 이동 크레인 비용 및 타 수송비용은 개발자가 부담한다. 육상에 풍력발전단지 개발 시, 풍력발전기 비용은 총 투자금액의 약 75%에 달한다.

기초

기초비용은 제조사에 따라 조금씩 다르다. 암반 기초 및 중력 기초비용은 대략적으로 비슷하지만 철탑lattice 타워 기초비용은 좀 더 저렴한 경향을 보인다. 이는 철탑 타워 기초가 암반 기초 및 중력 기초에 비해 콘크리트를 적게 사용하기 때문이다. 제조사는 기초(사이즈, 무게 등)에 대한 기술 설명서를 제공한다. 이후 프로젝트 개발자는 현지 건설회사에 기초 설치에 대한 요청을 한다. 해상에 설치 시 기초비용은 육상에 비해 훨씬 더 비싸다.

도로

도로 비용은 풍력발전기의 사이즈 및 무게, 지반 조건 및 건설되어야 하는 도로 길이에 의존한다. 개별 풍력발전기가 설치될 현장에서는 트럭 및 크레인 등을 위해 약 폭 50m 및 길이 70m

를 갖는 개방된 작업 공간 마련이 필요하다. 많은 사례에서 이는 기존 도로를 보강하는 것으로 충분하며, 이를 통해 트럭 및 이동 크레인이 사이트에 접근할 수 있다. 땅이 단단하고 건조하다면, 도로 건설이 보통 더 쉽고 저렴하다. 풍력발전기 설치 이후 도로는 단지 서비스 요원 및 재료 운반을 위한 일반적인 밴van 차량만 운송하면 된다. 이 비용은 현지 조건에 따라 다르다. 이동 크레인 비용 및 특수 운반 가격(예를 들어 선박에 의한)은 프로젝트 개발자가 충당해야 한다.

전력망 연결

변압기와 케이블 또는 전력망에 인접한 가공 전선로overhead line가 풍력발전기를 전력망에 연결할 수 있도록 설치되어야 한다. 설치비용은 풍력발전기 사이즈 및 모델, 전력망 길이, 전력망 전압에 의해 결정된다. 대형 풍력발전기의 경우 나셀 내부 또는 타워 하단에 내장 변압기를 갖는다. 이 경우 변압기 비용은 풍력발전기 가격에 포함된다. 대형 풍력발전단지에서는 내부 전력망이 건설되어야 하며 종종 변전소가 필요하다. 또한 풍력발전기 모니터링 및 제어를 위한 통신선 역시 연결되어야 한다.

프로젝트 개발

이 항목은 계획 비용에 포함된다 – 개발자가 프로젝트 작업을 위해 소비한 시간. 이 시간은 신청 및 환경영향평가EIA: Environmental Impact Assessment, 비즈니스 협상, 정보, 경제성 계산 등을 준비하는 데 필요하다. 건설하는 동안에 기술자문비용, 이자 지불금 그리고 다른 유사비용이 포함된다. 이 비용은 개발 단계에서 필요한 시간 및 개발자와 컨설턴트가 청구하는 비용에 따라 매우 달라질 수 있다.

▌총 투자

개발이 실제 시작되기 전에 총 투자비용을 정확히 계산하는 것은 보통 어려운 일이다. 예산은 예상치 못한 비용이 발생할 수 있는 만일의 사태를 대비할 수 있도록 준비되어야 한다.

해상풍력단지에서의 투자비용은 육상풍력단지에 비해 상당히 높다. 특히 기초비용과 풍력발전단지와 육상의 전력망을 연결하는 해저 케이블 비용이 매우 높은 편이다.

▎경제적 성과

풍력발전단지가 전력을 전력망에 공급하기 시작한 이후 그 경제적 성과를 평가하는 것 역시 중요하다. 풍력발전단지는 수익을 생산하기도 하지만 또한 비용을 발생시키기도 한다. 이익을 내기 위해서는 수익이 비용보다 커야 한다. 미래의 비용을 계산하는 것은 별로 어렵지 않으나 수익을 계산하는 것은 꽤 까다로운 일이다.

여기에는 기본적으로 두 종류의 비용이 있으며, 이는 자본비용(이자와 대출상환)과 운전 및 유지O&M 비용이다. 실제 자본비용은 어떻게 프로젝트가 자금을 조달받았는지에 따라 결정된다. 여기에는 기본적으로 두 가지 모델이 존재하며, 이는 기업 자금조달corporate financing과 프로젝트 자금조달project financing이다. 기업 자금조달은 풍력발전단지가 회사에 의해 소유되고 운영되고 있음을 의미하며, 풍력발전단지는 회사 내 투자물로 취급된다. 풍력발전단지는 회사의 재무상태표에서 기타 기계류에 함께 포함된다. 프로젝트 자금조달에서 풍력발전단지는 독립적인 경제 주체로 간주된다.

풍력발전단지가 은행 대출에 의해 자금조달이 되고 있다면, 조건이 대출 계약서에 명시되어 있다. 민간 투자가가 자금조달을 한다면(예를 들어, 풍력발전단지를 소유하고 운영하기 위해 구성된 지주회사) 프로젝트는 자기자본equity capital에 의해서 조달되며 주주는 그들의 투자에 대해 상당한 수익을 기대할 것이다. 이러한 경우, 자금은 대출과 자기자본의 조합으로 조달된다.

▎감가상각

상업 풍력발전기는 기술적인 기대수명을 20~25년으로 가정하여 제작된다. 풍력발전기가 그 수명까지 도달한 경우는 아직 많지 않기 때문에, 실제 기술적인 기대수명은 잘 정립되지 않았다. 풍력발전기를 운영하면서 얼마나 많은 개량retrofit이 필요한지 역시 불확도의 한 요소이다. 그러나 요즘에는 풍력발전기 기대수명 동안에 발생할 수 있는 개량비용이 보통 프로젝트 예산에 포함된다.

그러나 유지비용은 운영기간이 늘어날수록 증가한다. 그러므로 경제적인 기대수명은 기술적인 기대수명보다 짧을 수 있다. 15~20년 후에 유지비용은 매우 커질 수 있으며, 새롭고 더 효율이 높은 모델로 풍력발전기를 교체하는 것이 옳을 수 있다. 경제성 계산에서 감가상각depreciation 기간은 보통 20년으로 설정되지만 소유주는 보통 대출상환 기간을 이보다 짧은 기간인 8~12년으로 선택한다. 이는 자본비용capital cost(대출+이자)이 항상 20년 내에 상환되어야 함을 의미한다. 풍력발전기가 문제없이 발전을 계속한다면, 수입이 풍력발전기의 수리 및 개량을 위한 비용으로 세어나가지 않는 한 수익은 증가할 것이다.

운전 및 유지

풍력발전단지가 설치되고 전력망에 연결될 때, 풍력발전단지 운영이 시작되며 그때부터 적어도 20년을 운영하여야 한다. 다른 발전소와 비교할 때, 풍력발전단지는 운전에 필요한 직원이 많이 필요 없고, 연료 공급을 하지 않아도 되므로 운전 및 보수비용은 타 발전소에 비해 매우 적은 편이다. 그러나 풍력발전단지는 정기적인 유지보수가 필요하며 사고에 대비해 보험에 가입해야 하고, 또한 약간의 행정비용도 필요하다.

풍력발전기는 다른 기계와 마찬가지로 정기적인 정비점검이 필요하다. 정비요원은 보통 일 년에 두 번(풍력발전기 제조사에 따라 다름) 풍력발전기 상태에 대한 정기적인 검사를 실시한다. 기어박스 오일은 정기적으로 검사되어야 하며 몇 년 후에 교체되어야 한다. 처음 2년 동안의 정비점검 비용은 보통 풍력발전기 가격에 포함되나 오일 및 기타 재료들은 여기에 포함되지 않는다. 2년 후 제조사 또는 정비회사가 정기적인 정비점검 수행을 위해 새로운 서비스 계약을 제안하며, 여기서 연간 비용을 제시하게 된다.

보통 2년에서 5년으로 정해진 보증기간 동안에 화재 및 제3자 손해배상보험이 필요하다. 보증기간이 종료되면 풍력발전기에 대한 보험이 보통 추가되므로 보험료가 증가할 것이다.

풍력발전기는 보통 임대한 땅 위에 설치되며 여기서 토지임대차계약은 풍력발전 소유주 또는 운영자에게 25~35년 동안 토지를 사용할 권리를 준다. 토지 소유주는 연간 비용을 받게 되며 이 비용은 연간 운영비용 중 일부분이다.

풍력발전단지의 소유 및 운영을 위해서는 행정적인 사무(청구서 및 세금 지불, 장부 관리) 역시 필요하다.

수익

풍력발전단지 운영에 따른 기본적인 수입은 전력 판매로부터 얻어진 수익이다. 소유주는 전력을 사고파는 전력판매사와 전력구매계약PPA: Power Purchase Agreement을 맺어야 한다. 많은 국가에서는 지난 몇 년 동안 전력판매시장의 규제가 점차 완화되고 있으나 몇몇 국가에서는 여전히 시장 독점이 존재한다. 국가에 따라서 kWh당 전력판매단가뿐만 아니라 PPA 조건도 매우 다르다.

대부분의 국가에서 바람에 의해 생산된 전력에 주는 특별 보너스가 존재한다. 이는 재생에너지원의 개발을 도모하고, 환경에 해를 끼치고 사회에 외부 비용을 발생시키는 배기가스를 줄이기 위한 목적으로 만들어졌다. 몇몇 국가에서는 CO_2 세금 인하를 하며(덴마크), 다른 국가에서는 녹색인증서green certificates 정책을 수행하고(스웨덴, 영국, 이탈리아), 또는 발전차액지원제도FIT: Feed-In-Tariffs라 불리는 특별 장기간 구매 가격을 제공하기도 한다(독일, 영국, 스페인).

규정, 규제, 조건, 세금 그리고 시장 상황이 다르기 때문에 구체적인 분석은 각 국가에 따라 수행되어야 한다. 규정과 규제는 변화하며 미래시장 가격도 알지 못하므로 이러한 분석은 매우 복잡하며 불확실한 작업이다. 국가풍력협회, 지방에너지당국 또는 부처들은 이러한 종류의 국가 특정 정보(규정, 전기요금 등)를 제공하여야 한다.

경제적 성과 계산

경제적 성과를 계산하기 위해 향후 20년 동안의 kWh당 전력판매단가를 가정하여야 한다. 이러한 가정은 계산 수행 시 알려진 사실에 근거해야 한다. 이 계산은 투자 결정에 대한 근거가 될 수 있으므로, 계산은 최악의 경우에 대한 시나리오와 최상의 경우에 대한 시나리오를 모두 포함하는 민감도 검사를 수반해야 한다. 이를 수행함으로써 경제적 리스크economic risk을 평가할 수 있다. 추정되는 리스크가 클수록 프로젝트를 위해 돈을 빌리는 것이 더욱 비싸진다－높은 리스크는 높은 이자율을 의미한다.

경제적 성과, 즉 연간 수익은 다음과 같이 계산한다.

$$P_a = I_a - C_a - OM_a$$

여기서, P_a＝연간 수익

I_a＝연간 수입

C_a＝연간 자본비용

OM_a＝운전 및 유지를 위한 연간 비용

투자는 대출에 의해 조달되며, 대출은 이자를 포함하여 은행대출 회수기간 동안에 자본에 대한 연간 비용을 발생시킨다.

자본비용

자본에 대한 연간 비용은 연금법에 의해 계산된다. 연금은 할부 상환액(대출 상환)과 이자의 총합이며, 여기서 할부 상한액과 이자의 총합은 일정할 것이다. 즉 매년 같은 총합이 된다(표 6.3 참조). 연간 자본비용 C_a는 연금 공식이라 불리는 다음 식에 따라 계산된다.

$$C_a = a \times C_i$$

여기서, a = 연금

C_i = 투자비용

현재가치 그리고 내부수익률

투자에 대한 경제적 성과를 계산하는 또 다른 방법은 현재 가치법present value method이며, 이는 할인법discounting method이라고 불리기도 한다. 이 방법은 특정 연도들 동안에 발생하는 연간 수입의 규모 또는 연간 소비의 규모가 특정 시점(보통 풍력발전기가 운전을 시작한 날짜)에서 얼마만큼의 가치를 갖는지 보여준다. 수익의 현재가치가 투자 및 소비의 현재가치보다 크다면 투자는 수익성이 있다.

내부수익률IRR: Internal Rate of Return은 현재가치가 0이 되었을 때의 수익률이다. IRR은 투자된 자본을 통해 벌어들인 연간으로 환산된 유효 수익률의 척도가 된다. 즉, 투자에 대한 이자율이다.

회수기간

풍력발전 프로젝트 투자에 대한 경제적 전제요건을 평가하는 세 번째 방법은 회수기간법이다. 회수기간법은 투자된 돈이 회수되는 데 얼마나 걸리는지 계산하기 위하여 사용된다. 회수기간을 계산하는 공식은 다음과 같다.

$$\text{회수기간} = \frac{\text{투자금}}{\text{연간 순수입}}$$

균등화 에너지비용

풍력발전에서 출력량 1kWh를 생산하는 데 드는 실제 비용은 많은 사람이 궁금해하는 수치이다. 균등화 에너지비용LCOE: Levelized Cost Of Energy은 연간 자본비용과 연간 운전 및 유지비용을 합한 값을 연간 발전량으로 나눈 값을 말한다. 즉, 아래 식과 같다.

$$E_{\text{cost}} = \frac{C_a + OM_a}{\text{kWh/year}}$$

❙ 현금흐름 분석

현금흐름 분석은 매년 경제적 성과를 계산하기에 좋은 방법이다. 이는 풍력발전단지의 경제적 수명 동안 현금흐름을 보여주며 엑셀Excel 같은 표 계산프로그램을 통해 수행될 수 있다. 계산된 발전량, 발전가격, 인증서, 기타 보너스, 대출, 이자율 그리고 계산에 영향을 주는 다른 요소들의 정보를 엑셀 표에 입력한다. 예상되는 물가상승률과 전력구매가격의 상승, 그리고 유지비용 상승의 입력도 가능하다. 정보 입력 후 이러한 프로그램은 매년 수익을 계산한다. 그 결과는 현금흐름(연간 수익, 자본비용, 유지비용 및 나머지 잉여금)을 보여주는 그래프와 표로 제시된다. 이자율은 경제적 성과에 상당한 영향을 미친다. 이자율이 높을수록 대출 상환기간이 더 길어지게 된다.

표 6.3 연금 인자

	회수기간			
이자	5년	10년	15년	20년
5%	0.2310	0.1295	0.0963	0.0802
6%	0.2374	0.1359	0.1030	0.0872
7%	0.2439	0.1424	0.1098	0.0944
8%	0.2505	0.1490	0.1168	0.1019
9%	0.2571	0.1558	0.1241	0.1095
10%	0.2638	0.1627	0.1315	0.1175

❙ 리스크 평가

경제적 성과의 계산은 약간의 추정을 기반으로 한다. 그 추정의 첫 번째는 발전량 추정이다.

두 번째는 발전가격 추정이다. 이러한 추정이 잘못된다면 어떤 일이 벌어질까? 이를 알기 위해서는 민감도 검사를 동반한 리스크 평가를 하는 것이 좋다.

안 좋은 일이 발생할 수 있는 현실성 있는 시나리오, 즉 최악의 경우에 대한 시나리오가 만들어져야 한다. 이는 총 발전가격이 15%까지 떨어질 것이며, 발전량이 계산된 값보다 10% 더 낮을 것이라 가정할 수 있을 것이다(계산 오류, 기후변화, 전력망 고장 또는 다른 이유로 인함). 그리고 이러한 수치는 이미 수행된 동일한 계산에 적용될 것이다. 이와 유사하게 최상의 경우에 대한 시나리오 역시 만들어져야 한다. 최상의 경우는 총 발전가격이 20%까지 오르며, 발전량이 계산된 값보다 10% 더 높을 것이라 가정할 수 있을 것이다(계산 오류, 기후변화 또는 다른 이유로 인함).

발전산업에서 최악의 리스크는 예상치 못한 연료비의 상승이다. 풍력발전은 소비되는 연료비가 없으므로 이는 풍력발전산업에 문제가 될 수는 없다. 그러나 바람의 에너지 함량에 대한 불확도가 존재하며 이를 고려하여야 한다. 경제성 계산은 기본적으로 평균적인 바람이 부는 해에 예상되는 발전량을 계산한다. 풍력발전단지가 운영되는 20~25년 중 특정 연도에 풍력에너지 함량이 상당히 변할 수 있다. 이러한 특정 연도에 풍력발전단지는 평균보다 20% 적은 발전량을 낼 수도 있다. 즉, 20년 동안에 추정되는 연간 발전량은 너무 낙관적일 수 있다(McLaughlin, 2009).

이러한 불확도는 민감도 분석에 포함되어야 하며, 발전가격 불확도에 결합되어야 한다. 절대적으로 최악의 경우는 발전가격이 15%까지 떨어질 것이며, 발전량이 예상치보다 15% 낮다는 상황이다. 이 사례의 경우에도 경제적 성과가 풍력발전단지의 균등화 에너지 비용보다 높아야 한다. 반대로 아주 최상의 경우도 존재하며, 이는 발전가격뿐만 아니라 발전량도 예상치보다 높을 경우이다. 리스크도 있고, 기회도 있다. 이를 평가하는 것은 투자가와 소유자 또는 운영자에게 중요한 문제이다. 따라서 근거가 충분한 리스크 분석을 하는 것이 필요하다. 이러한 리스크 평가는 풍력 소프트웨어를 통해 이루어지며, 일례로 WindPRO의 손실 및 불확도 모듈을 이용하여 이러한 리스크 평가를 할 수 있다.

❙ 자금조달

풍력발전단지는 높은 투자비용이 들지만, 연료로서 사용되는 바람이 공짜이므로 반대로 낮은 운영비용이 든다. 이 점에서 풍력발전은 수력발전과 비슷하다. 이는 대개의 경우 풍력발전 프로젝트의 자금조달을 위해 상당한 대출이 필요함을 의미한다.

프로젝트 개발자는 대출과 보조금 선택사항을 조사해야 하며, 프로젝트가 감당할 수 있는 이자율과 회수기간을 제시하는 은행 또는 다른 투자가를 찾아야 한다. 요즘 대부분의 은행들은 풍력발전에 대한 투자를 다른 투자들처럼 간주하며 어떤 추가적인 리스크 프리미엄도 더하지 않는다.

풍력발전단지를 유일한 담보로 잡고 최대 70~80%까지 보통 자금조달을 받을 수 있다. 남아 있는 부족한 자금은 회사의 적립금을 통해 또는 다른 자산(토지, 부동산 등)을 담보로 잡고 또는 자기자본을 통해 조달할 수 있다. 자기자본을 통해 자금이 조달된다면, 개발자는 자기자본을 늘려야 하며, 자기자본 투자가와 협상하고 계약을 실행해야 한다. 투자가는 은행보다 높은 투자 수익을 요구할 것이다.

풍력발전 프로젝트를 위하여 어떻게 자금을 조달할지는 어떤 소유자가 풍력발전 프로젝트를 추진하는가에 달려 있다. 많은 나라에서 풍력발전단지는 대형 공익사업주나 전력회사가 아니라 독립발전사업자IPPs: Independent Power Producers에 의해 개발되며 소유된다.

대기업은 보통 현금잔고와 적립금이 충분하므로 이들 회사 내에서 투자에 필요한 자본금 사용이 가능하다. 이를 기업 자금조달corporate financing이라 부른다. 나머지 자금조달은 프로젝트 자금조달project financing이라 불리며 이 역시 대기업도 활용할 수 있다(Redlinger, 2002). 프로젝트 자금조달의 경우 풍력발전 프로젝트는 독립적인 경제 주체로써 취급된다. 풍력발전단지를 소유하고 운영하려는 유일한 목적하에 설립된 중소기업은 보통 은행이나 기타 금융기관을 통해 대출을 받아야 한다. 유한회사limited company는 투자를 위한 일부분 또는 모든 돈을 자기자본을 통해 마련한다.

문서화

풍력발전 프로젝트는 잘 문서화되어야 한다. 일반인에게 공개될 프로젝트를 설명하는 문서는 허가 신청, 자금조달 그리고 프로젝트 실현을 준비하는 투자자를 위해 읽기 쉬우며 정확하고 신뢰성이 있어야 한다. 문서들 중 일부분은 공개용이며, 다른 일부분은 프로젝트 개발회사를 위한 내부 문서이다.

프로젝트 설명서

프로젝트 개발자는 예비타당성 조사 보고서를 작성하며, 이는 내부 문서에 속한다. 그러나 프로젝트 자체는 공개되어야 하며 이를 위해 훌륭한 프로젝트 설명서project description가 준비되어야 한다. 이 프로젝트 설명서는 비전문가 대상의 문서이며, 이해하기 쉬워야 하고 대중들이 제기할 예상되는 질문들을 설명할 수 있어야 한다. 이는 풍력발전단지 범위, 풍력발전기 개수와 이들의 배치 계획이다. 인근 주민들에 대한 영향, 방사소음, 그림자 깜박임shadow flicker, 진입로 그리고 새로운 전력선 또한 설명되어야 한다. 마지막으로 경관 영향은 배치될 풍력발전기들과 주변 경관을 사진 합성하여 제시하여야 한다.

서론에는 재생 에너지원을 개발할 필요성에 대한 정보와 주장이 포함되어야 한다. 이러한 것들은 기후변화 완화, 환경에 긍정적 영향 등이다. 풍력발전단지가 설치될 때, 이를 소유하고 운영할 개발회사의 프레젠테이션에는 프로젝트 설명을 포함해야 한다.

이 프로젝트 설명서는 비기술적이어야 하며 많은 약도와 여러 삽화들, 그리고 풍력발전기, 규모, 연간 발전량에 대한 기본 정보들을 포함해야 한다. 회사 내부에 실력 있는 문서작성자가 없다면 전문 문서작성자를 고용하여 공개 프로젝트 설명서를 편집하는 것도 좋다. 훌륭한 프로젝트 설명서는 대중과의 소통을 원활하게 하고, 프로젝트 개발자에 대해 호의를 갖게 할 것이다.

환경영향평가

프로젝트 설명서는 허가 과정에서 당국과 대화를 위해 사용될 수 있다. 대형 프로젝트에서는 공식적인 환경영향평가EIA: Environmental Impact Assessment 요구사항이 있다. EIA의 요구사항은 프로젝트와 국가에 따라 상이하다(Donnelly, 2009). EIA가 무엇을 담아야 하는지는 당국과의 대화를 통해 결정된다. EIA 보고서는 비기술적인 설명서이며 프로젝트 설명서가 이를 위해 재이용될 수 있다. 그러나 이 보고서는 훨씬 더 포괄적인 보고서이며, 종종 전력망 연결, 진입로, 조류 등의 조사를 통해 작성된 과학기술 리포트를 포함한다.

EIA는 풍력발전단지가 지구 및 지역 환경에 주는 영향을 기술하여야 한다. 각 영향(경관, 방사소음 등에 대한)은 세 가지 단계로 설명되어야 한다. 즉, 처음에는 현재 상황, 다음은 영향(변화, 결과) 그리고 마지막으로 예방책(영향을 최소화시키는 조치)이다. 온실가스 배출을 줄이는 풍력발전의 긍정적인 영향은 항상 EIA에 포함되어야 한다.

그리고 개발의 여러 단계에서 나타나는 영향을 설명해야 한다. 어떻게 건설과정이 구성되는지, 즉 준비공사, 진입로, 전력선, 크레인 작업장, 굴착기, 트럭, 창고 등의 영향이 설명되어야 한다. 풍력발전단지 운영 중 나타나는 영향(경관 영향, 방사소음, 그림자 깜박임, 안전조치)은 자세히 설명되어야 한다. 마지막으로 사이트 복원을 자세히 설명하여야 한다. 즉, 어떻게 풍력발전기를 해체할 것인가, 토지 복원, 어떻게 사이트 복원에 필요한 자금을 조달할 것인가가 설명되어야 한다.

완성된 EIA에는 프로젝트 설계에 대한 최소 두 가지 서로 다른 옵션과 소위 제로 옵션이 포함되어야 한다. 이 둘 이상의 옵션에 대한 비교 및 어느 옵션이 환경에 가장 좋은지 평가가 가능하도록 설명되어야 한다. 제로 옵션은 프로젝트가 실현되지 않을 경우에 발생하는 결과에 대해 설명해야 한다. 이는 풍력발전단지를 통해 생산되었을 전력을 어떻게 공급할 것인지(석탄 또는 천연가스 등을 통해 공급해야 하고, 이들에 의해 발생하는 배기가스도 예측해야 함)에 대해 설명할 수 있어야 한다.

영향을 예방하고 줄이며 또는 보상을 위해 취할 수 있는 대책 및 기타 예방책은 별도의 단락에서 제시되어야 한다. 건설과정에서 발생할 수 있는 피해에 대한 예방 조치들이 여기서 설명되어야 한다. 마지막으로 공공 협의 과정에 대한 요약정보와 EIA 리포트에 기초한 당국과의 협의가 포함되어야 한다.

허가 신청서가 제출될 때, EIA 보고서가 공개되어야 한다. 이 보고서는 전문가뿐만 아니라 반대자에 의해서도 면밀히 검토되어야 한다. EIA는 고품질이어야 하며, 훌륭한 EIA를 준비할 내부 능력이 없다면 컨설턴트를 고용하여 EIA를 준비시키고 EIA에 들어가는 조사를 맡도록 할 수 있다.

경제성 보고서

풍력발전 프로젝트의 경제성은 비즈니스 문제이며 개발자의 비스니스 계산은 내부 문서이다. 그러나 프로젝트의 자금조달을 위해서 은행, 금융기관 그리고 개인 투자가는 프로젝트의 경제적 성공 가능성, 리스크에 대한 아주 자세한 정보를 요구할 수 있다. 잠재적인 투자가 역시 실사과정을 수행할 것이며 이는 토지주 및 전력망 운영자와의 계약이 합법적인지, 모든 필요한 허가들을 받았는지, PPA가 타당한 조건으로 협약되었는지를 점검할 것이다.

▌바람 데이터 보고서

연간 에너지 발전량은 경제적 성공가능성의 근거이며 바람 데이터 보고서는 경제성 평가의 핵심이다. 풍력자원량을 어떻게 추정하였는지 자세히 설명하는 게 보고서에서 가장 중요하다. 이 문서에는 지역바람기후가 어떻게 조사되었는지를 자세히 설명하여야 한다.

사용된 방법에 대한 은행의 요구사항은 적어도 대형 프로젝트에서는 아주 엄격하다. 방법론, 측정 장비, 사용된 풍속계의 교정 증명서 그리고 측정기간, 수집된 바람 데이터, 어떻게 수집된 바람 데이터가 장기간 데이터로 변환되었는지를 자세히 설명해야 한다. 대체로 은행과 다른 투자가는 이 보고서에 대해 독립 국제 컨설턴트로부터의 제3자 평가를 요구할 것이다. 그러므로 측정을 시작하기 전에 잠재적인 금융기관과 상담하고 그들에게 요구사항을 설명하도록 요청할 필요가 있다.

▌경제적 전망

프로젝트 자금조달을 위해서는 근거가 충분하며 납득할 만한 프로젝트의 경제적 전망 서류를 준비하는 것이 필요하다. 개발자는 예산, 현금흐름, 재무상태표 그리고 손익계산서를 준비해야 하며, 은행과 자기자본 투자가에게 이를 증빙해야 한다. 잠재적인 자기자본 투자가를 위한 사업 설명서에 이를 증빙해야 하며, 설명서에는 투자에 따른 기회와 리스크를 설명해야 한다.

▌실제 예산

위에서 설명된 계산 방법만으로는 풍력발전 프로젝트의 실제 예산을 계산하는 데 충분치 않다. 이들은 프로젝트의 경제적 타당성에 대한 결론을 내리는 데 사용된다. 실제 예산을 계산하기 위해서는 입찰, 은행으로부터의 실제 신용상태, 자기자본 대 대출의 비율 등에 기초하여 더욱더 세분화된 분석이 수행되어야 한다. 이자율은 경제적 타당성 및 결과에 큰 영향을 주며, 인식된 투자 리스크 및 기회에 영향을 받는다. 실제 예산과 성과는 내부 보고서에 서술된다.

풍력발전단지 건설

건설 단계는 사이트를 준비하는 일을 시작할 때부터 정상 운전되는 풍력발전단지를 구매자나 소유자에게 이양할 때까지 일어나는 모든 활동을 포함한다.

중소 풍력발전단지에서는 풍력발전기를 주문하고 풍력발전기가 사이트에 배송될 때까지 걸리는 시간이 몇 개월에서부터 1년 또는 그 이상까지 다양하다. 그동안에 진입로, 발전기 하부기초 및 변전소 그리고 전기기초시설이 건설되어야 한다. 이에 더해서 설치는 날씨에 민감하다. 즉, 비 오는 날씨나 바람이 강하게 부는 날씨에서 풍력발전기를 설치하는 것은 좋지 않다. 악천후에 따른 지연은 비용을 증가시킬 수 있지만, 잘 계획한다면 이를 피할 수 있다.

개발자는 사이트를 준비하고 하부 기초를 건설해야 한다. 강화 콘크리트로 만들어진 풍력발전기 기초는 1개월 동안 경화되어야 한다. 풍력발전기는 보통 풍력발전기 공급자에 의해 조립 및 설치된다. 변압기(변압기가 풍력발전기 내부에 통합 설치되어 있지 않다면) 및 내부 전력망 설치, 공용 전력망으로의 연결은 개발자의 업무이다.

풍력발전기는 크고 무거우므로 운송을 위한 적합한 사이트 접근이 요구된다. 운송차량은 또한 꽤 길며 이는 도로의 커브, 오르막과 내리막에서 문제를 야기할 수 있다. 공급자는 보통 운송경로를 파악해야 하고 운송을 위해 급커브에서 몇몇의 나무를 베어야 할 수 있고 통신선과 전력선을 올리거나 일시로 제거해야 될 수도 있다. 현장에서의 보관과 조립 작업은 각 타워 밑에 약 50m × 70m 정도의 공터를 필요로 한다. 중장비 크레인이 현장에 필요하다. 2MW 풍력발전기의 경우 타워, 나셀 그리고 로터를 지정된 위치까지 끌어올릴 수 있도록 몇백 톤을 들 수 있는 크레인이 필요하다.

풍력발전기 구성부품이 모두 도착한 후, 모든 것이 잘 준비되어 있고 날씨가 허락한다면 현장에서 이를 설치하는 것은 하루 이상 걸리지 않는다. 일단 풍력발전기가 설치되면, 설치작업, 시스템의 시운전 그리고 풍력발전단지와 전력망 연결을 마무리하는 데 약 2주가 소요된다. 소형 및 중형 풍력발전단지의 건설 단계는 약 두 달에서 석 달이 소요된다.

공급업자 선택

모든 필요한 허가를 받았고 자금조달이 마련되었다면, 풍력발전기 공급업자 및 기타 장비 공급업자와 진입로 건설 및 프로젝트 마무리를 위한 기타 업무를 수행할 도급업자를 찾아야 할 때이다. 풍력발전기 기술 설명서 검토를 통해 용량, 사이즈, 가격 및 가동률에 관하여 어떤 모델이 프로젝트에 가장 적합한지 결정해야 한다.

풍력발전기 조달을 위해 몇몇의 서로 다른 공급업자에게 입찰을 공모해야 한다. 입찰 조회

서류TED: Tender Inquiry Document는 프로젝트의 일정표, 계획 상황, 재정, 기술 및 운전에 대한 정보, 계약상의 이슈, 공급의 범위, 기술 설명서, 유지 및 보수 조건, 보증기간 및 보험의 계약을 포함해야 한다.

가장 선호하는 하나의 공급업자를 선택하기 위해 입찰서류들이 평가된다. 그렇다고 항상 가장 낮은 가격을 제시하는 공급업자가 선택되는 것은 아니다. 공급업자의 경력, 훌륭한 서비스 및 유지보수를 제공할 수 있는 능력 그리고 다른 요인들이 고려되어야 한다. 이 단계에서는 주문한 풍력발전기 가격의 10~30%의 계약금을 공급업자가 계약 시 요구할지도 모른다.

개발자는 풍력발전기 구매 계약 및 보증을 협상하고 실행해야 하며 요구된 보증금으로 주문을 해야 한다. 보증에 따른 문제를 피하기 위해 공급업자는 운송되는 풍력발전기는 설치될 사이트에 적합함을 공식적으로 발표해야 한다. 건설 단계 동안에 많은 서로 다른 과정이 조정되어야 하므로 풍력발전기의 운송 스케줄이 풍력발전기 판매 계약에 포함되어야 한다.

계약

토지주, 전력망 운영자, 전력회사, 공익사업자 또는 전력을 사는 제3자와 계약이 이루어져야 한다. 이 외에 은행 그리고 타 금융기관과 대출 계약 역시 해야 한다. 다음으로는 진입로 건설, 크레인 및 장비용 패드, 변압기, 케이블 매설용 도랑, 전기 작업을 담당하는 도급업자가 있다. 계약 가능성이 있는 건설회사가 건실한지 살펴봐야 하며, 비용 견적서와 건설 계약서가 합리적인지 따져봐야 한다. 지역 회사와 지역 도급업자들로 하여금 진입로와 풍력발전기 기초 건설 및 기타 업무를 맡기는 것은 지역사회에 혜택을 줄 수 있는 좋은 기회이다. 이러한 모든 작업들이 체계화되어야 하므로 세분화된 시간표가 모든 계약에서 만들어져야 한다.

감독 및 품질 관리

풍력발전기 생산과 풍력발전단지 건설 중에 수많은 '체크 포인트'를 품질 관리 과정의 일환으로 두는 것은 흔한 관행이다. 이러한 체크 포인트는 소유자에게 작업의 진척사항과 작업품질을 검사할 수 있는 기회를 제공하며 구성부품들이 설계서에 맞게 제작되고 있는지 확인할 수 있다. 체크 포인트는 대부분 프로젝트 중요 이정표 직후에 계획되며, 이 체크 포인트에는 선적을 기다리는 구성부품의 공장인수시험factory acceptance test, 구성부품들이 사이트에 운반된 때 이루어지는 현지인수시험site acceptance test 그리고 건설 및 설치 시 이루어지는 몇몇의 검사들이 있다.

시운전 및 양도

풍력발전단지 인도 전 건설 단계가 마무리될 때, 종합적인 검사 및 시운전이 수행된다. 도급업자, 소유자 그리고 전력망 운영자 대표들이 이러한 마지막 시운전 검사를 한다. 시운전은 포괄적인 테스트 및 모니터링 계획을 포함한다. 시운전의 주목적은 시스템이 완전한지, 제대로 설치되었는지 그리고 잘 작동하는지 검증하는 것이다.

시운전 절차는 관련된 모든 당사자와 함께 상호 협력하여 마련되어야 한다. 결함은 보통 이러한 검사에서 발견되며 이러한 결함들이 기록되어야 한다. 당사자는 이러한 결함들을 해결하기 위해 어떤 조치를 취해야 하는지 결정해야 하며 때때로 재검사가 이루어진다. 시운전이 승인되면 마지막 프로젝트 비용결제가 이루어진다. 그다음에 풍력발전단지는 고객, 소유자 또는 운영자에게 양도된다.

운전

인도받은 날부터 소유자는 풍력발전단지의 운영을 맡게 된다. 이제 품질보증과 유지보수 계약이 발효되어 있다. 공급업자에 따라서 품질보증 조건이 상이하다. 품질보증과 유지보수 계약은 풍력발전단지 인도 이후부터 2년 또는 최대 12년까지 유효하며 수리 및 개조를 포함한다. 또한 몇몇의 품질보증 계약은 개개의 풍력발전기에 대한 기술적인 가동률을 포함하며, 인증된 풍력발전기 출력 곡선의 95% 이상을 만족해야 한다. 해당 사이트에서의 풍력에너지를 정확히 예측할 수 없으므로(바람은 매년 꽤 변할 수 있음), 품질보증은 실제 출력량에 대해서는 다루지 않는다.

가동률 또는 출력성능이 보증된 값보다 낮을 때, 공급업자는 그 차이를 해결해야 한다. 품질보증과는 별개로 제3자 책임, 풍력발전기 고장, 낙뢰 피격, 화재, 기물 파손, 고장 후 출력이 생산되지 못해 발생되는 업무중단에 대한 보상을 위해 보험 적용이 필요하다. 금융기관은 대출조건으로 적당한 보험에 가입할 것을 요구한다. 품질보증기간이 끝날 때까지 풍력발전기에 대한 보험은 필요하지 않다.

풍력발전기의 설치 및 운송 중에 생긴 피해는 공급업자가 보상한다. 풍력발전단지 시운전 및 양도 후에 소유자는 품질보증에 의해 보장되는 것들을 제외하고 모든 리스크를 감수해야 한다.

▌유지

풍력발전기가 설치되고 전력망과 연결되며 전력을 전력망에 공급하기 시작할 때, 풍력발전기는 무인으로 운영될 것이다. 풍력발전기의 제어시스템이 운영자의 PC와 연결되어 있으므로 소유자 또는 운영을 책임지는 사람은 사무실 책상에서 풍력발전기를 감시할 수 있다. 간단한 운전문제를 멀리서 해결할 수 있으며 PC를 통해 풍력발전기를 재작동시킬 수 있다.

좀 더 심각한 문제가 발생했을 때에는 풍력발전기를 재작동하기 전에 운영자는 풍력발전단지에 직접 가서 오류를 시정해야 한다. 오류 발생 시 운영자는 휴대폰 또는 PC로 알림을 받게 된다.

현대의 풍력발전기는 정기적인 유지보수 서비스가 1년에 2번 필요하다. 풍력발전기 제조사가 이러한 서비스를 제공할 수 있으며 이는 보통 2년 이상의 품질보증기간에 포함된다. 품질보증기간 이후에는 정기적인 서비스를 위해 제조사 또는 독립적인 유지보수 서비스 업자와 계약을 협상해야 한다. 또한 품질보증기간이 끝난 후에 발생할 수 있는 대규모 수리로 인한 비용에 대비하기 위해 소유자 또는 운영자는 긴급자금을 만들어둘 것이 권고된다.

MW급의 풍력발전기는 예정된 예방정비를 위해 2명의 기술자와 2~3일 동안의 작업시간이 필요하다. 기술자들은 제어장치 및 안전 장비를 검사하고 시험하며 작은 결함을 수리하고 기어박스 윤활유를 교체 또는 보충한다. 정기적으로 기어박스에서 회수된 오일 샘플들이 검사된다. 필터는 교체되며 기어는 손상되었는지 검사받는다.

풍력발전기 수리에 대한 수요는 풍력발전단지에 따라 상당히 다르지만 서비스 엔지니어가 방문해야 될 필요가 있는 기계적 또는 전기적인 손상이 평균적으로 1년에 3~4번 정도 발생한다. 각 고장으로 인한 풍력발전기의 정지시간은 하루에서 나흘 정도 걸릴 수 있다. 그러나 정지시간은 여분의 부품을 조달하기 힘들 때 훨씬 더 길어질 수 있다. 이러한 일은 보통 더 이상 제조되지 않는 구형의 풍력발전기에서 발생하곤 한다.

풍력발전기가 생산한 전력량은 전력망 운영자가 감시하는 미터기에 기록된다. 전력판매에 대한 정산은 보통 한 달에 한 번 이루어지며, 소유주는 전월에 전력망에 송전한 전력량을 기준으로 돈을 받는다. 이를 어떻게 이행할 것인지에 대한 규정은 전력구매계약에 포함되어 있다.

▌상태 감시

기술적인 결함으로 인해 발생되는 풍력발전기의 정지시간을 줄이기 위해 상태 감시시스템이 도입되고 있다. 현대의 풍력발전기는 포괄적인 상태 감시시스템을 시작 단계에서부터 갖추고 있으며 이는 온도, 회전속도, 전압 그리고 이외에 다른 수많은 파라미터를 감시한다. 이러한 파라미터가 정해진 특정 값을 벗어날 때, 풍력발전기는 정지하며 경고 메시지가 운영자에게 전달된다.

상태 감시시스템은 추가적인 센서 및 진동, 주파수 등을 해석할 수 있는 소프트웨어를 갖추고 있으며 어떤 부품에 대한 손상이 의심이 들면 경고 메시지를 전송한다. 상태 감시시스템의 목적은 고장이 발생하기 전에 문제를 해결하고 터빈이 정지하기 전에 부품을 수리 또는 교체함으로써 정지시간을 피하는 것이다. 장시간의 수리가 요구되는 원거리 그리고 해상풍력발전단지에서 상태 감시시스템은 비용을 줄일 수 있는 방안이다.

성능 감시

성능 감시란 성능을 바람조건과 관련하여 계속적으로 감시함을 말한다. 즉 풍력발전기가 항상 출력 곡선에 따른 출력을 생산하는지 감시하는 것이다. 풍력발전기의 성능이 저하되는 요인은 부품의 고장보다는 다른 요인에 기인하며 이는 제어시스템 또는 상태 감시시스템으로 확인하지 못한다. 하나의 예로 풍력발전기 로터 디스크가 풍향의 수직 방향으로부터 약간 기울어져 있도록 요 시스템이 맞추어져 있거나 또 다른 예로 전력망에 공급되는 출력을 측정하는 장비에 고장이 생겼을 때이다.

해 체

20~25년 동안의 운영기간 이후 풍력발전기가 노후화되었을 때 풍력발전기는 해체되어야 한다. 대부분의 부품들은 고철로서 재사용될 수 있다. 오늘날 재사용되지 못하는 유일한 부품은 로터 블레이드이다. 하지만 이를 재사용하는 방법을 찾으려는 노력 또한 이루어지고 있다. 풍력발전기의 잔존 가치scrap value는 해체비용과 거의 비슷하다. 강화 콘크리트로 지표면 밑에 건설된 기초는 지반 조건에 부정적인 영향을 끼치지 않는다면 그냥 남겨둘 수도 있다. 그렇지 않다면 기초는 제거해야 하고 도로 또는 건물을 위한 보강재로 재사용될 수도 있다.

풍력발전단지가 해체될 때 흔적을 남기지 않아야 한다. 그러나 사이트 조건이 좋다면 새로운 모델의 풍력발전기가 다시 설치될 수 있다. 이를 리파워링repowering이라 한다. 이러한 리파워링

과정은 이미 덴마크, 독일, 스웨덴에서 시작되었다. 새로운 발전기가 교체된 발전기보다 보통 높은 발전용량을 갖고 있으므로 리파워링은 풍력발전의 설치용량을 증가시킬 것이다.

요약

풍력발전 프로젝트의 설계와 수행을 위해서는 수많은 기술을 필요로 한다. 가장 중요한 업무는 풍력발전단지를 위한 좋은 사이트를 파악하는 것이다. 이러한 사이트는 에너지 함량이 많을 뿐만 아니라 바람의 질도 높다(즉, 저 난류). 그리고 전력시스템의 관점에서 보면 출력 변동이 적도록 풍력발전단지를 지리적으로 잘 분포시키는 것이 이점이 될 수 있다. 이는 풍력발전 점유율을 높게 만들 수 있다. 그러므로 풍력자원이 프로젝트 수행을 위한 절대적인 기준이 되지는 않는다.

풍력발전기가 특정 사이트에서 특정 바람조건에 맞게끔 제작될 수 있으므로 많은 다양한 지역에서 풍력발전을 이용할 수 있다.

풍력발전 개발을 위해 선택된 사이트는 논란의 여지가 없어야 한다. 반대 이익과 분명한 충돌이 있는 사이트는 피해야 한다. 여론의 지지는 중요하며, 이는 공개된 공공의 대화와 어떻게 프로젝트를 개발할지에 대한 유용한 정보 제공을 통해 얻을 수 있다. 이러한 대중의 신뢰를 쌓기 위해서는 몇 주 또는 몇 달간의 시간이 걸리지만 한 번에 이를 잃을 수도 있다. 그러므로 대중에게 알리기 위해 충분한 시간 및 재원을 쓸 수 있도록 항상 노력해야 하며, 제기된 의견은 고려해야 한다.

풍력발전기 및 풍력발전단지 크기는 계속 증가하고 있는 것으로 보인다. 하지만 여전히 단순하게 대형 풍력발전기와 대형 풍력발전단지에 초점을 맞출 이유는 없다. 이러한 크기는 현지 조건, 전력망 부하 및 전력망 용량에 따라 잘 조정되어야 한다. 분산된 발전과 분산된 소유권을 가질 수 있는 이점이 있으므로 희망컨대 제조사가 다양한 크기의 풍력발전기를 꾸준히 생산해 낼 것이다.

풍력발전단지의 구성, 즉 마이크로 사이팅micro-siting은 매우 중요한 사항이다. 시간과 노력을 여기에 투자함으로써 많은 것을 얻을 수 있다. 일례로 풍력발전 지역에 너무 많은 풍력발전기를 설치하는 것을 피해야 한다. 이는 풍력발전단지 효율을 떨어뜨리고 유지보수비용을 증가시킬 수 있다.

바람을 측정하는 방법과 연간 에너지 발전량을 계산하는 방법은 점점 더 발전하고 있고, 이는 예측 발전량의 정확도를 높이고 있다. 발전량을 정확히 예측하는 것은 중요하다. 발전량이 기대에 미치지 못하면 투자가는 풍력발전에 실망하게 되며 풍력발전 개발에 대한 신뢰성을 상실할 수 있다.

오늘날 풍력발전기의 기술적인 가동률이 높지만, 상태 및 성능 감시시스템의 사용량 증가는 가동률을 더욱 높이게 만들 것이다. 풍력발전기의 기술적인 기대수명 동안 좋은 성능과 비용 효율적인 운영을 위해 운전 및 유지보수에 관한 적당한 관리능력을 갖추는 것 또한 필요하다. 이는 풍력발전기의 정지시간을 줄이고 풍력발전단지의 기대수명을 늘릴 것이다.

:: 참고문헌

Dahlberg, J-Å. (2009) *Assessment of the Lillgrund Windfarm: Power Performance, Wake Effects*. Stockholm: Vattenfall / Swedish Energy Agency.

Donelly, A., Dalal-Clayton, B. and Hughes, R. (2009) *A Directory of Impact Assessment Guidelines*. 2nd den. Nottingham: International Institute for Environment and Development.

Earnest, J. and Wizelius, T. (2011) *Wind Power Plants and Project Development*. New Delhi: PHI Learning.

EWEA (2009) *Wind energy: The facts*. Brussels: EWEA.

Krohn, S., Morthorst, P-E. and Awerbuch, S. (2009) *The Economic of Wind Energy*. Brussels: EWEA.

McLaughlin, D., Clive, P. and McKenzie, J. (2009) 'Staying ahead of the wind power curve', *Renewable Energy World*. Accessed 18 November 2014 at http://www.renewableenergyworld.com/rea/news/article/2010/04/staying-ahead-of-the-wind-power-curve.

Milborrow, D. (2012) 'Wind energy economics' in A. Sayigh (ed.) *Comprehensive Renewable Energy*. Oxford: Elsevier.

Rathmann, O., Barthelmie, R. and Frandsen, S. (2006) T*urbine Wake Model for Wind Resource Software*. Roskilde: Risoe National Laboratory.

Redlinger, R.Y., Dannemand Anderson, O. and Morthorst, P. (2002) *Wind Energy in the 21st Century*. Basingstoke: Palgrave.

Schou Nielsen, B. and Stiesdal, H. (2004) 'Trees, forests and wind turbines: a manufacturer's view', presented as Trees Workshop. British Wind Energy Association, Glasgow, March.

van de Wekken, T. (2008) 'Doing it right: the four seasons of wind farm development', *Renewable Energy World*. Accessed 18 November 2014 at http://www.renewableenergyworld.com/rea/news/article/2008/05/doing-it-right-the-four-seasons-of-wind-farm-development-52021

Wizelius, T. (2012) 'Design and implementation of a wind power project' in A. Sayigh (de.), *Comprehensive Renewable Energy*. Oxford: Elsevier.

Websites

RETScreen. Available at www.retscreen.net

WAsP. Available at www.wasp.dk

Wind Atlas. www.windatlas.dk

WindFarm－ReSoft. Available at www.resoft.co.uk

WindFarmer. Available at www.gl-garradhassan.com

WindPRP. Module description. Available at www.emd.dk.

찾아보기

저자 및 역자 소개

저자

토어 위젤리어스(Tore Wizelius)

토어 위젤리어스는 풍력에 관한 책을 8권 집필하였다. 1998년부터 2008년까지 스웨덴 고틀랜드 대학교(Gotland University)에서 풍력에 관한 교수를 역임하였다. 현재 스웨덴에서 풍력개발자로 일하고 있다.

역자

고경남 2002 (일본)군마(群馬)대학교 공학박사
현재 제주대학교 대학원 풍력공학부 부교수
gnkor2@jejunu.ac.kr

김범석 2005 한국해양대학교 공학박사
현재 제주대학교 대학원 풍력공학부 부교수
bkim@jejunu.ac.kr

양경부 2016 제주대학교 공학박사
현재 제주대학교 대학원 풍력공학부 학술연구교수
kbyang@jejunu.ac.kr

허종철 1992 인하대학교 공학박사
현재 제주대학교 기계공학과 교수
jchuh@jejunu.ac.kr

풍력발전사업 이론과 실제

초판인쇄 2020년 5월 27일
초판발행 2020년 6월 3일

저 자 토어 위젤리어스(Tore Wizelius)
역 자 고경남, 김범석, 양경부, 허종철
펴 낸 이 김성배
펴 낸 곳 도서출판 씨아이알

책임편집 박영지, 김동희
디 자 인 윤현경, 윤미경
제작책임 김문갑

등록번호 제2-3285호
등 록 일 2001년 3월 19일
주 소 (04626) 서울특별시 중구 필동로8길 43(예장동 1-151)
전화번호 02-2275-8603(대표)
팩스번호 02-2265-9394
홈페이지 www.circom.co.kr

I S B N 979-11-5610-847-4 93530
정 가 20,000원